强子对撞机大横动量物理
High P_T Physics at Hadron Colliders

[美] 丹·格林（Dan Green）著

张一 张小兵 苏桂锋 译

清华大学出版社

北京

北京市版权局著作权合同登记号 图字：01-2021-2407

This is a simplified Chinese edition of the following title(s) published by Cambridge University Press:

High P$_T$ Physics at Hadron Colliders ISBN 9780521120487

© Dan Green 2009

图书在版编目（CIP）数据

强子对撞机大横动量物理 / (美) 丹·格林 (Dan Green) 著；张一，张小兵，苏桂锋译.—北京：清华大学出版社，2021.5（2022.12 重印）

书名原文：High PT Physics at Hadron Colliders

ISBN 978-7-302-57051-6

Ⅰ.①强… Ⅱ.①丹…②张…③张…④苏… Ⅲ.①高能物理学 – 研究 Ⅳ.①O57

中国版本图书馆 CIP 数据核字(2020)第 238154 号

责任编辑：鲁永芳
封面设计：常雪影
责任校对：刘玉霞
责任印制：丛怀宇

出版发行：清华大学出版社
　　　网　　　址：http://www.tup.com.cn, http://www.wqbook.com
　　　地　　　址：北京清华大学学研大厦 A 座　　　　邮　　编：100084
　　　社　总　机：010-83470000　　　　邮　　购：010-62786544
　　　投稿与读者服务：010-62776969, c-service@tup.tsinghua.edu.cn
　　　质　量　反　馈：010-62772015, zhiliang@tup.tsinghua.edu.cn
印　装　者：涿州市般润文化传播有限公司
经　　销：全国新华书店
开　　本：170mm×240mm　　　印　张：14.5　　　字　　数：275 千字
版　　次：2021 年 5 月第 1 版　　　印　　次：2022 年 12 月第 2 次印刷
定　　价：89.00 元

产品编号：087887-01

致　谢

科学是文化不可分割的一部分。它并非神秘的牧师所做的陌生之事。这是人类智力传统的辉煌之一。[1]

—— 斯蒂芬·J. 古尔德[2]

我们的某些思考应该揭示原子的真正结构和星体的真实运动。自然，以人的形式，开始认识自身。[3]

—— 维克多·维斯科普夫[4]

本书肇始于给在巴西的研究生授课的系列讲义，以及后来为 Fermilab 的学生准备的拓展形式。学生的评论和提问在改进本书上已被证明是非常宝贵的。格罗齐斯（T. Grozis）女士的秘书工作使混乱的讲义能够顺利地变成优美的文本。许多在 D0 和 CMS（见缩略术语表）工作的高能物理学家作为合作者已经无数次地分享了他们的知识和洞察。

---

[1] 原文: *"Science is an integral part of culture. It's not this foreign thing, done by an arcane priesthood. It's one of the glories of the human intellectual tradition."* —— 译者注

[2] Stephen Jay Gould (1894—1961 年)，美国古生物学家、进化生物学家和科学作家。—— 译者注

[3] 原文: *"···some of our thinking should reveal the true structure of atoms and the true movements of the stars. Nature, in the form of Man, begins to recognize itself."* —— 译者注

[4] Victor Weisskopf (1869—1951 年)，奥地利出生的美国物理学家。—— 译者注

缩略术语表

ALEPH	欧洲核子研究中心 (CERN) 正负电子对撞机 (LEP) 四个实验之一
ATLAS	CERN 大型强子对撞机 (LHC) 两个通用目的实验之一
BaBar	运行于 SLAC 的正负电子对撞机 (PEP-II) 实验
Belle	运行于日本 KEK 的正负电子对撞机实验
Bose-Einstein	整数自旋粒子遵从的玻色–爱因斯坦统计
Breit-Wigner	共振态 (不稳定) 粒子质量的布莱特–维格纳分布
CDF	Fermilab (FNAL) Tevatron 质子–反质子对撞机两个通用目的实验之一
CERN	位于瑞士日内瓦的欧洲核子研究中心
CKM	3×3 的幺正矩阵, 描写衰变中强相互作用 (夸克) 本征态同弱本征态的混合
CM	动量参考系的中心, 其中系统总动量为零
CMS	CERN LHC 两个通用目的实验之一
COMPHEP	一个高能物理计算程序包
CP	电荷共轭 (charge conjugation, C) 和宇称 (parity, P) 的组合操作
CTEQ	COMPHEP 程序包中可用的夸克和胶子分布函数集之一
$D(z)$	碎裂函数 (fragmentation function), 描述喷注如何碎裂为带有喷注动量百分比 z 的粒子集合
DELPHI	CERN LEP 四个实验之一
Dirac 方程	描写自旋 1/2 粒子运动的方程
D0	Fermilab Tevatron 质子–反质子对撞机两个通用目的实验之一

Drell-Yan	德雷尔–颜，来自一个强子的夸克同来自另一个强子的反夸克湮灭为玻色子的过程
EM	量能器的电磁舱室
EW	统一电磁和弱相互作用的电弱理论
Fermi-Dirac	半整数自旋粒子服从的费米–狄拉克统计。这种粒子遵守泡利不相容原理①，其中两个费米子不能处在同一量子态
Fermilab (FNAL)	美国国家实验室，其质子加速器位于伊利诺伊州
Feynman diagram	费恩曼图，发生于时空中的基本相互作用的一种图形表示
$\varGamma$	给定过程的衰变宽度，其倒数为过程寿命
G	4 费米子相互作用的有效耦合常数
GUT	大统一理论 (Grand Unified Theory)，在大质量尺度下统一电弱和强相互作用的理论
HAD	量能器强子舱室
Higgs	希格斯玻色子，标准模型的假想粒子，自旋为零，其场在真空取非零期待值
Jet	喷注，夸克或胶子碎裂后的"稳定"粒子集合，胶子具有一个母夸克或母胶子
KEK	位于日本筑波 (Tskuba) 的日本高能物理中心
Klein-Gordon **equation**	克莱因–戈登方程，描述无内禀自旋的相对论性粒子的方程
$\varLambda$	理论中定义的质量尺度截断的参数，在该尺度之外理论行为不佳
L3	CERN LEP 四个实验之一
LC	直线对撞机 (linear collider)。设想的具有足够能量直接形成希格斯玻色子的正负电子对撞机
LEP	运行于 CERN 的 LHC 建造前的大型正负电子对撞机
LHC	大型强子对撞机 (large hadron collider) 是总质心能量达 14 TeV 的质子–质子对撞机，2007 年开始在 CERN 投入运行

---

① 原文误作 "Fermi Exclusion principle"，已改正。—— 译者注

$\Lambda_{\mathbf{QCD}}$	QCD 的截断能标，在此强相互作用非常强，在极高的能标强相互作用强度趋于零
LSP	最轻的超对称粒子。在超对称模型中 LSP 被假定是绝对稳定的，因此是暗物质的候选者
Luminosity	亮度，对于特定过程它和截面乘积给出反应率
Monte Carlo	蒙特卡罗，一种通过从给定的分布函数里选取各种量来模拟过程的数值技术
MMSM	最小超对称模型。超对称假设有很多可能的实现。最小模型通过标准模型最小推广的假设而允许特定的预言
MRS	COMPHEP 软件包里可用的夸克和胶子分布函数集之一
OPAL	CERN LEP 四个实验之一
Pseudorapidity	赝快度，质量小于横动量的粒子接近快度的变量，它仅是极角的函数
$P_{\mathbf{T}}$	横动量。在质子–质子碰撞中横向方向垂直于入射强子(方向)。因此，大横动量意味着深入小距离尺度的猛烈碰撞
PYTHIA	包含夸克和胶子碎裂模型的蒙特卡罗程序包，它也模拟碎裂的强子碎片引起的"底层事例"
QED	量子电动力学 (quantum electrodynamics)。关于光子和基本的类点费米子的相互作用的相对论性理论
QCD	相互作用的相对论性理论
R, G, B	色荷指标：红、绿、蓝。赋值是任意的，只是简单标记包含在 SU(3) 中的 3 种不同色荷
Rapidity	快度，高能物理所用变量，因为它在"推动"(boost) 或洛伦兹变换下是相加的。它是速度的相对论类比，单粒子相空间意味着一个均匀的快度分布
SLAC	位于加利福尼亚州的斯坦福直线加速器中心，运营正负电子对撞机
SLD	SLAC 直线对撞机运营的探测器，研究共振形成的 Z 玻色子性质

SM	标准模型。描述以电弱及强力相互作用的费米子、夸克和轻子的高能物理模型。引力不包括在内
SUGRA	只有 5 个自由参数的、简化的超对称模型
SUSY	超对称 (supersymmetry)。设想的联系费米子和玻色子的对称性。因此标准模型中的每个粒子都有一个"伙伴"，目前还都没有被发现
Tevatron	Fermilab 运行的质子–反质子对撞机，质心能量 2 TeV
UA1, UA2	CERN 运行的质子–反质子对撞机地下实验，质心能量 0.27 TeV
V-A	通过矢量及轴矢量 (axial vector) 相互作用的弱流同费米子耦合，V-A，直接导致宇称 (parity) 和电荷共轭 (charge conjugation) 违反
Weinberg angle	温伯格角，刻画基本中性规范玻色子 Z 到物理现实的玻色子和光子的幺正旋转的角度
WW fusion	一个夸克从两个初始态强子中发出一个 W，从而引发 WW 散射或聚合进入多种末态的过程
Yukawa interaction	汤川相互作用，两个费米子和一个玻色子之间的线性相互作用，如果玻色子有质量，则相互作用力程在空间有限
Z* (W*)	"非在壳"(off shell) 规范玻色子，位于允许但不太可能的布莱特–维格纳 (Breit-Wigner) 质量分布的 "尾巴" 之外

引　言

概　述

高能物理学中的标准模型 (SM) 已成为人类智慧的集大成者之一，它发轫于大约一个世纪前电子——第一种基本的类点粒子——的发现。近十年来，神出鬼没的顶夸克和 τ 中微子相继被发现。已被标准模型预言但还未被发现的粒子仅剩下希格斯粒子，其真空场据信为宇宙间所有粒子赋予质量①。本书即致力于在质子-反质子对撞机上搜索希格斯粒子，这些加速器使质子和 (反) 质子发生对撞。的确，人们在正负电子对撞机上也进行了相辅相成的努力，但它们超出了本书的讨论范围。

概略而言，本书第 1 章是标准模型的一个总结，给出了组成标准模型的粒子以及它们之间的相互作用，相关的数学细节安排于附录 A。第 1 章以标准模型未回答、但看似又有基础重要性的 12 个问题结束。接下来的 4 章关注涉及电弱对称性破缺和希格斯玻色子的最初两个问题。

在第 2 章，我们考察 "一般的" 通用目的探测器，它是那些用于质子 -(反) 质子对撞机中的探测器的一个代表。特别地，我们要检查第 1 章介绍的标准模型粒子在何种程度上能被 "干净利落" 地鉴别和测量。标准模型粒子的动量矢量和位置能被测量的精度十分重要，因为这会影响希格斯粒子的搜索策略。

第 3 章涉及质子 -(反) 质子对撞机中粒子产生的一些特定议题。给出的相关公式使读者能估算任意过程的反应率。此外，COMPHEP 程序则可以改善最初的估计。不过，我们强烈鼓励读者在调用 COMPHEP 或其他蒙特卡罗程序前先进行 "粗略估算"。如在Ⅸ页 "工具" 一节的讨论，COMPHEP 程序在附录 B 中给予说明，读者可直接使用。运动学的细节在附录 C 中给出。

第 4 章讨论对撞机近期采集的数据如何透露出标准模型的预言。这一章是关于质子 -(反) 质子对撞机上探索的大横动量现象物理学现状的 "快照"。

第 5 章，我们开始冒险跳出现有数据的束缚。这一章致力于难以捉摸的希格

---

① 2012 年，欧洲核子研究中心宣布在大型强子对撞机上发现了希格斯玻色子。—— 译者注

斯玻色子的搜寻。大部分描述涉及位于欧洲核子研究中心 (CERN) 的大型强子对撞机 (LHC)，这一装置计划在 2007 年投入运行[①]，专门设计用来搜索和发现希格斯标量 (零自旋)。不过，我们将看到这一搜索可能是漫长而艰巨的。

最终在第 6 章，回到第 1 章提及的另外 10 个基本问题，给出了一些超出标准模型框架的理论线索及其结果。特别是讨论了自然界一种新的对称性——联系时空和粒子自旋的超对称性 (SUSY) 的可能性，它可能在不久的将来被发现。

适 用 范 围

本书用到的数学复杂性不超过微积分。然而，提到的概念则需要较好的量子力学和狭义相对论知识，以及对场论的些许熟悉。其中，费恩曼图的知识是必需的，部分因为正文给出了费恩曼图的例子，同时 COMPHEP 提供任意给定过程的费恩曼图。本书的目标读者是粒子物理方向高年级的研究生或研究人员。不过，为了适用于尽可能广泛和年轻的学生读者，不得不牺牲完整的理论严格性。

单 位 制

本书使用高能物理中的常见单位制。普朗克常数 $\hbar$ 的量纲为动量 (P) 乘以长度 (x) 或者能量 (E) 乘以时间 (t)。(请回忆海森伯不确定性原理 $\Delta x \cdot \Delta P \geqslant h$, $\Delta E \cdot \Delta t \geqslant h$。) 于是 $\hbar c$ 的量纲为能量乘以长度，数值上是 0.2 GeV· fm。这里，能量单位使用电子伏 (eV)，即 1 个电子通过 1 伏电势差所获得的能量，1 GeV $= 10^9$ eV。长度单位通常使用费米 (fm)，1 fm $= 10^{-13}$ cm，这是质子的大致大小。

其他具有能量单位的物理量正比于质量 (m)、mc^2 和动量 cP。本书采用 $\hbar = c = 1$ 单位制，这样质量单位和动量一样，由 GeV 给出；例如，质子质量是 0.938 GeV。利用 $\hbar c$，长度 x 和 ct 将具有能量倒数的量纲。符号 [ ] 表示一个物理量的量纲。读者应容易恢复单位制，只需将 P 换为 cP, m 换成 mc^2, 等等。

回想耦合常数表示相互作用的强度并刻画某个特定的力。例如，电磁学耦合常数是电子电荷 e, "精细结构" 常数 $\alpha = e^2/4\pi\hbar c$ 无量纲。电磁势能是 $U(r) = eV(r) = e^2/r$, 其中 $V(r)$ 是电磁势。这样 e^2 的量纲是能量乘以长度，$[e^2] = [V(r)r]$, 和 $\hbar c$ 的量纲一样。因此在我们采用的 $\hbar = c = 1$ 单位制中，e 也无量纲。$\alpha \sim 1/137$, 可以发现 $e \sim 0.303$。对于另外两种强力和弱力，耦合常数以 g_i 表示，相应的精细结构常数用 α_i 表示，其中 $i = s, W$。

本书截面 σ 的单位使用靶 b (1 b$= 10^{-24}$cm^2)。注意 $(hc)^2 = 0.4$ GeV^2·mb, 这

---

① CERN LHC 实际在 2008 年投入运行。—— 译者注

里 $1\ mb = 10^{-27} cm^2$。COMPHEP 软件中截面的单位用 pb，$1\ pb = 10^{-12}\ b$，能量单位用 GeV。举一个例子：当质心 (CM) 能量 $\sqrt{s}$ 为 $1\ TeV = 1000\ GeV$，不计动力学和耦合常量，简单的量纲分析给出截面的标度预期为 $\sigma \sim 1/s \sim 400\ pb$。

工　具

本书给出的例子和习题都广泛使用计算工具 COMPHEP，目的在于将正文略形式化的学术描述拓展为给与读者 "亲自动手" 操作的互动模式。我们的计划是读者应解决正文中的例题和课后练习，以期随后能够完全独立解决问题。COMPHEP 运行于 WINDOWS 平台，这也是我们采用它的原因，目的是提供计算工具的最大可用性。LINUX 操作系统也有相应的版本。

COMPHEP 程序是开源的。本书采用的方法是先代数计算，这使读者可以对考虑的物理量作粗略 "估算"。然后再用 COMPHEP 软件进行更细致的检查。附录 B 中详尽解释了 COMPHEP 的使用和说明，并给出了一个完整的例子。此外还给出了获取 (压缩的) 可执行程序和用户指南的网站。作者也在 uscms.fnal.gov/uscms/dgreen 网站提供了这些材料。在 www.winzip.com 和 www.pkware.com 可下载开源软件，用于解压文件。

简单介绍一下参考文献的获取。高能物理领域互联网档案的使用相当先进，读者可直接在相关网站搜索研究文献。最好的网站之一是洛斯·阿拉莫斯 (Los Alamos)[①]预印本服务器，xxx.lanl.gov[②]。在该网站的 "physics" 下面的 "High Energy Physics-Experiment" (hep-ex) 选项中可以检索作者，查找最新的论文预印本，或近期预印本，或摘要，还可以用 "find" 功能在选择的专题中检索。本书每章结尾引用的许多文献都指向此网站，读者可直接获取。

用以阅读存档文献的文件格式 ——ps 和 pdf 文件 —— 的开源程序也可以从网上获取。例如，pdf 文件可以通过 www.adobe.com 下载免费软件阅读，Postscript 或 ps 格式的文件可以从 www.wisc.edu/ghost 下载软件阅读。

另一个有用的站点是 Fermilab[③]预印本图书馆 fnalpubs.fnal.gov，它也在本书的参考文献中被大量引用。在这里可以下载 Fermilab 的文献，点击 "preprints" 后点击 "search" 能按作者或论文标题检索，然后就可以下载全文。第 1 章给出了一

---

① 洛斯·阿拉莫斯国家实验室 (LANL)。方便起见，以下将保留 LANL、Fermilab(费米国家加速器实验室) 等称谓，而不使用译名。—— 译者注

② 现址: https://arxiv.org/。—— 译者注

③ 费米国家加速器实验室（FNAL），https://www.fnal.gov。由于历史原因，它也常被称为 "Fermilab"。本书后文将直接使用 Fermilab，而不做翻译。—— 译者注

道读者搜索文献的练习。

高能物理的数据纲要可以在粒子数据组 (Particle Data Group) 网站 pdg.lbl.gov 中查到。较长的综述文献全文可在 www.AnnualReviews.org 找到，使得学生能检索一些参考文献中给出的更长的文章。

显然，本书旨在更即时地传递给读者信息。全书 6 章末尾处列出的部分参考文献实际是专著。它们本身就包涵了丰富的知识资源，并且是额外的原始文献资源。

目　录

第 1 章

标准模型和电弱对称性破缺

知道尚存的问题好过知道所有答案。[1]

——詹姆斯·塞尔博[2]

只有用以继续超越的理论才是好理论。[3]

——安德烈·纪德[4]

1.1　能 量 前 沿

高能物理学关注于研究基本粒子及其相互作用。以往高能物理学取得进步,通常归因于用以产生大量粒子的有效能量得到了提高。由于迎头碰撞的两物体使总质心 (CM) 能量最大,因而也使产生新粒子的有效能量达到最大。本书专门讨论对撞机,它与束流轰击静止于实验室中的 "固定" 靶情形正好相反。我们也对大质量现象感兴趣,它通常导致相对于对撞粒子轴向的大横向动量粒子。因此,我们专注对撞机上这种非常稀少的大横动量/能量 (P_T 或 E_T) 反应。

图 1.1 展示了近 30 年高能物理研究中加速器用以产生粒子的有效能量作为其开始运行年份的函数。注意到该能量作为时间的函数呈指数增长。这一增长驱使高能物理领域取得快速进展。这里有两条不同的曲线,一条对应质子 –(反) 质子对撞机,一条对应正负电子对撞机。限于篇幅,本书限于讨论前者。图 1.1 还给出近年来发现的,质量大于 0.1 GeV 的夸克和力的传递者 (规范玻色子),并示意地表示了希格斯玻色子质量的可能范围。

---

① 原文:"*It is better to know some of the questions than all of the answers.*" —— 译者注
② James Thurber (1894—1961 年), 美国作家。—— 译者注
③ 原文:"*No theory is good except on condition that one use it to go on beyond.*" —— 译者注
④ Andre Gide (1869—1951 年), 法国作家。—— 译者注

特别值得注意的是，发现更大质量的、新的基本粒子已成潮流。这一进展在 1996 年[①]Fermilab 发现质量达 175 GeV 的顶夸克而达到高潮。放眼未来，欧洲核子研究中心 (CERN) 的大型强子对撞机 (LHC) 已完全覆盖据信存在希格斯玻色子的质量范围。注意，图 1.1 中的组分质心能量是小于质子–(反) 质子的质心能量的，其原因将在第 4 章和附录 C 中加以解释。

因此，本书首先适时地简要总结粒子物理的巨大成就，即基本过程的标准模型 (SM)，接着展望将来对希格斯玻色子的搜索，它将被能量前沿新的进步实现。

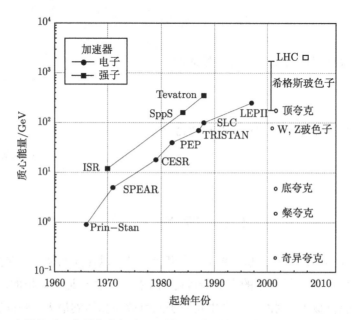

图 1.1 有效的质心能量作为加速器开始运行年份的函数。注意：两条平行的指数曲线分别表示强子或质子–反质子对撞机，以及轻子或正负电子对撞机。同时标出了夸克和规范玻色子的质量

1.2 标准模型的粒子

20 世纪，人们将相对论和量子力学结合起来创立了量子场论。这个理论导致了许多深刻的见解。例如，它要求每种粒子都有一种反粒子。第一个被发现的反粒子是正电子，即电子的反粒子。在下文中，我们假设每种粒子都有其反粒子，例如，夸克 q 的反粒子以 q̄ 表示。

20 世纪另一个巨大成就 —— 广义相对论无法被纳入到标准模型框架中。因

---

① 应为 1995 年。—— 译者注

此，现有高能物理的标准模型作为一个基本量子理论并不包含引力。因而标准模型显然还不是自然的一个完备理论。

标准模型中的三种力都可以重正化，意即量子场论的计算给出有限的结果，但是引力不行。经典上，这是引力"精细结构"常数 α_G 随质量尺度的平方增长的预期后果。这可以从引力势能 ($U_G(r) = G_N M^2/r$) 与电势能 ($U_{EM}(r) = e^2/r$) 相比更依赖质量得到。G_N 是牛顿引力常数。而标准模型中的精细常数，比如，电磁精细结构常数 $\alpha = e^2/4\pi\hbar c$ 约为 1/137，是无量纲的，且与质量无关。精细结构常数在引力下的类比，$\alpha_G = G_N M^2/4\pi\hbar c$，具有量纲且依赖质量。

标准模型粒子由自旋为 1/2(即内禀角动量 $J = \hbar/2$) 的实物粒子 —— 费米子 (遵从费米–狄拉克统计)，以及自旋为 1、负责传递费米子间相互作用的力的传递者 —— 玻色子 (遵从玻色 – 爱因斯坦统计) 构成。目前已知的这些粒子列于图 1.2 中。强相互作用的费米子称为夸克。以电子电荷为单位，夸克构成带有电荷 Q/e 为 2/3 和 −1/3 的"双重态"。只参与电弱相互作用的费米子称为轻子，其中不带电，因而只有弱相互作用的称为中微子。

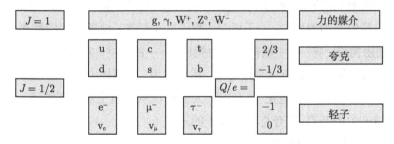

图 1.2　标准模型的基本粒子。力的传递者是自旋为 1 的玻色子，物质粒子则是自旋为 1/2 的费米子。图中自旋由 J 表示，Q/e 表示以 e 为单位的电荷

首先考虑费米子，让我们从夸克开始。最轻的夸克，即上夸克 (u) 和下夸克 (d)，结合形成我们熟知的束缚态，诸如被强作用力束缚的中子 (udd) 和质子 (uud)。据信夸克被强力永久地束缚于比如说，质子内。u 和 d 构成了通常的物质，它们组成第一"代"。更重的夸克除更大的质量外，参见图 1.1，普适地响应强力。夸克由"味"量子数区分，它是"电荷"的弱相互作用类比。这些更重的夸克组成了第二"代"和第三"代"。包含奇异夸克 (s) 的粒子在 20 世纪 50 年代的宇宙线事例中被发现，粲夸克 (c) 在 1974 年，底夸克 (b) 在 1977 年，顶夸克 (t) 在 1996 年[①]被相继发现。

轻子是费米子，但不像夸克，它们不带强"荷"(称为"颜色")。最轻的荷电轻子即电子，已为人所知一个多世纪了。它是 J. J. 汤姆孙在 1896 年发现的。

---

① 参见前注，应为 1995 年。—— 译者注

图 1.2 中的轻子带负电；电子被看作一种粒子，正电子是其反粒子。其他带电轻子似乎只是电子的更重的"副本"，都有相同的相互作用（"谁点的这道菜?"①）。这些荷电轻子质量分别是：电子 0.5 MeV，μ 子 0.105 GeV，τ 子 1.78 GeV。类似夸克，轻子成对地组成 3 代。τ 子是在 1975 年发现的。

不带电的轻子称为中微子。它们既无"色荷"，又不带电，相互作用很弱。发现原子核的放射性 β 衰变已有一个世纪。它们成为存在某种导致质子转变为中子和正电子的"弱力"的首个证据。中微子被假定由这些弱衰变 $p \rightarrow n + e + \nu_e$ 发射出来。但由于极低的相互作用概率，对它们的直接实验观测还是相当近的事。1953 年，在一个富含中微子源的反应堆附近探测到了电子中微子，2000 年在 Fermilab 发现了 τ 子中微子。测量到的中微子质量极小，就目前的研究而言，我们指定其质量为零。我们会在第 6 章继续讨论这个话题。中微子也有"味"，其三个变种和荷电轻子相匹配，如图 1.2 所示。

现在考虑标准模型中力的携带者。相互作用是由矢量 ($J = 1$) 玻色子传递的 ($[J] = [\hbar] = 1$)。电磁场的无质量量子 —— 光子 —— 自从 1905 年爱因斯坦解释光电效应后，作为已知的基本粒子也已有一个世纪之久了。强力由携带"色荷" —— 电磁作用中电荷的强力类比 —— 无质量"胶子"(g) 传递。电磁力由中性光子 (γ) 传递，弱力则由携带"味" —— 电荷的弱力类比 —— 的 W$^+$、Z^0 和 W$^-$ 粒子传递。

解释卢瑟福原子核之所以是束缚的，需要强力，否则核内质子间的静电排斥将会使原子核四分五裂。20 世纪 70 年代，人们首次从实验上观察到胶子，它作为正负电子对撞产生的夸克–反夸克对和胶子的末态 ($e^+ + e^- \rightarrow q + q + g$) 的辐射被观察到。共有 8 种胶子，每种对应一个独特的"色"组合。

弱力导致放射性衰变，伴随放射出电子和反中微子，原子核的电荷发生了改变，$n \rightarrow p + e^- + \nu_e$。由于相对电磁衰变这一 β 衰变的衰变率很低，因此起初人们认为这种力很弱。直到 1983 年 CERN 发现了 W 玻色子和 Z 玻色子后，人们才完全理解了弱相互作用的动力学机制。W 玻色子和 Z 玻色子的质量分别约为 80 GeV 和 91 GeV。它们获得质量的方式称为"电弱对称性破缺"，由"希格斯机制"带来。寻找希格斯粒子是本书的一个中心主题。

电磁量子，或称光子，与电荷耦合，胶子与"色"荷耦合，W 玻色子和 Z 玻色子则与弱作用的"味"荷耦合。胶子是"味盲"的，除去因质量差异导致的纯运动学效应，所有夸克都与胶子以同样的动力学发生相互作用。因此，在强相互作用中"味"量子数守恒，这意味着强作用过程中重味粒子必须以正反粒子对的形式产生。弱相互作用是"色盲"的，夸克的三个色都有相同的弱作用。

---

① 这是美国物理学家拉比 (I.I.Rabi) 在听说实验上发现 μ 子后发出的著名疑问。—— 译者注

目前，标准模型理论要求的、但尚未被发现的粒子只剩下希格斯玻色子[①]。它是一种假设的、自旋为 0 的基本场量子，未在图 1.2 中标明。希格斯玻色子被提出不仅用来为 W 玻色子和 Z 玻色子也为标准模型中的费米子赋予质量。

这部分简介完成了高能物理学标准模型 "周期表" 的目录，简要陈述了所有已知的基本粒子。

1.3　规范玻色子与费米子的耦合

截至目前给出的标准模型粒子或多或少还只是标记在如图 1.2 所示的高能物理 "元素表" 上的静态粒子。为了将它们带进现实，就需要研究其动力学。在标准模型中，关于标准模型相互作用存在一个重要的、称为 "规范对称性" 的组织原则。我们将不从第一性原理出发，而是 "走捷径"，直接与非常成功的电磁场论作类比。所以，正如在电磁学中一样，我们预期无质量的矢量玻色子普适地和费米子耦合。

另一个熟知的力是引力。广义相对论主张物理现象在任何一般坐标系中都是相同的。这导致要求一个自旋为 2 的、无质量的 "引力子" 量子和以牛顿耦合常数 G_N 普适地同质量耦合。

因此，再次通过类比，我们预期弱力和强力均具有无质量的矢量量子普适的耦合。那么，究竟是什么严格地规定着玻色子和费米子之间的相互作用呢？还得求助于电磁学。在经典力学的哈密顿表述中，读者想必清楚：若要使自由粒子哈密顿量转换成描述费米子和光子相互作用的哈密顿量，只需要将动量 P 替换成 $P - eA$ 即可。这里 A 是电磁场矢势。

在非相对论量子力学中电磁作用的表述亦然，读者也必熟知，$P \to i\hbar\partial$ 完成了经典到量子的替换。因此，为了描述电磁作用，只需要将自由粒子拉格朗日量中通常的微分 ∂_μ 替换成协变微分 D_μ 即可。此处下标 μ 表示 1~4 的数，这是相对论方程中的标准记号。

$$\partial_\mu \to D_\mu = \partial_\mu - ieA_\mu. \tag{1.1}$$

这样，光子和标准模型中所有带电粒子对耦合。出现在费恩曼图中的基本相互作用顶角包含两个费米子和一个玻色子，在反应振幅中的耦合强度为 e。耦合强度是普适的，且在反应率中是 $\alpha(Q^2)$，其中夸克或轻子的电荷 Q 在图 1.2 中已经给出。光子耦合夸克和轻子可以示意地写为

$$\gamma q\bar{q}, \gamma l^+l^-. \tag{1.2}$$

---

① 2012 年，欧洲核子研究中心宣布在大型强子对撞机上发现了希格斯玻色子。—— 译者注

对于无质量的带色胶子和带色夸克的相互作用，强相互作用有非常类似的耦合方式。强耦合常数是 g_s，强力精细结构常数是 α_s，数值约为 0.1，是电磁精细结构常数 α 的 14 倍，正是强力的应有之义。强力的费恩曼顶角包含和夸克反夸克对耦合的胶子 g。振幅正比于 g_s。胶子 g 和夸克 q 按如下示意的方式耦合：

$$gq\bar{q}. \tag{1.3}$$

对于弱力，存在电荷改变的相互作用，如 β 衰变，由带电的 W 玻色子引起，中性弱相互作用则由中性玻色子 Z 传递。实际上现在已认识到 "弱" 相互作用并非本性上弱。它和电磁作用统一在一起，具有大致相同的强度。因此，我们谈论的是统一的 "电弱" 力。弱力精细结构常数是 $\alpha_W \sim 1/30$，力的统一体现在由温伯格 (Weinberg) 角 θ_W 所定义的关系 $e = g_W \sin\theta_W$，$\alpha_W = g_W^2/4\pi$ 中，温伯格角数量级为 1。它的数值不能被标准模型预言，必须通过实验测量。其观测值是 $\sin\theta_W = 0.475$。

对带电及中性弱作用的相互作用顶角是

$$W^- q\bar{q}', W^- l^+ \nu_1, Zq\bar{q}, Zl^+ l^-, Z\nu_1 \bar{\nu}_1. \tag{1.4}$$

W 通常可以和所有的带电夸克对 $q\bar{q}'$ 耦合。然而，测量到的最可能的配对是 $W^- u\bar{d}$、$W^- c\bar{s}$ 和 $W^- t\bar{b}$。和 Z 耦合的是无味的夸克对以及轻子，$l = e, \mu, \tau, \nu_e, \nu_\mu, \nu_\tau$。

在非相对论量子力学中，反应矩阵元是相互作用势 $V(r)$，夹在玻恩近似下初末态自由平面波内，因此振幅是相互作用势的傅里叶变换 $V(q)$。我们再次求助于读者已熟悉的电磁学的情形。库仑势为 $V(r) \sim 1/r$，熟知的无质量光子 "传播子"$V(q) \sim 1/q^2$，其中 q 是初末费米子态动量矢量的差，即 "动量转移"。例如，卢瑟福散射具有 $\sim V(q)$ 的反应振幅，或 $\sim 1/q^4$ 特征行为的截面。

对于一个质量为 M 的粒子，在动量转移 q 空间中傅里叶变换给出跃迁矩阵元 A。因为力程 λ(康普顿波长)$\sim 1/M$，所以重的量子被局限在空间中，只有小的反应率，对于 $q \ll M$，$\Gamma \sim |A|^2 \sim V^2(q) \sim 1/M^4$。

$$V(r) \sim e^{-Mr}/r, \quad V(q) \sim 1/(q^2 + M^2). \tag{1.5}$$

W 玻色子必须有大的质量以使相互作用较弱，力程较小。对于质量为 $M \sim 1/\lambda$ 的矢量玻色子，其相互作用势的汤川形式为 $V(r) \sim e^{-r/\lambda}/r$，由于指数因子，它在大的 r 处很弱，但 $r \ll \lambda$ 时，它大致是库仑类势 $V(r) \sim 1/r$。对于质量为 80 GeV 的 W 玻色子，有效力程 λ 约为 0.0025 fm。在 1 GeV 能标，指数衰减因子约为 10^{-36}。这解释了为什么核的 β 衰变看似很弱 (长寿命、低衰变率)。它要求可同 W 玻色子质量相比的、足够高能量的加速器出现。如此才能理解电磁作用和弱作用是同一种力的不同方面，展现出同样的内禀强度。

1.4 规范玻色子的自耦合

以下我们假设所有自由粒子拉格朗日量[①]中的通常微分都被包含耦合常数和规范玻色子场的协变微分替代。这个步骤是类比电磁学给出的。在拉氏量里协变导数代替通常导数的规范描述有一个直接的结果。拉氏量中代表玻色场的自由粒子动能项是场及其微分的二次型。这来自能量、动能和质量三者之间的相对论关系 (附录 C) $E = \sqrt{P^2 + M^2}$, $P_\mu P^\mu = M^2$, 以及量子力学算符替换 $P \to i\partial$, 导致与玻色子相称的克莱因 – 高登拉氏量密度 l, $l = (\partial\bar{\phi})^*(\partial\phi) - M^2\bar{\phi}\phi$, 其中含有一个 “动能” 项和一个质量项。

为了描述量子场，本书将用 ψ 表示费米 $(J = 1/2)$ 场，用 ϕ 表示标量 $(J = 0)$ 场，用 φ 表示 $(J = 1)$ 矢量规范场。用 m 表示费米子质量，M 表示玻色子质量。

因此，对于耦合常数为 g 的矢量规范场 φ，在规范变换 $D = \partial - ig\varphi$, $\varphi = W$, Z, g 下，自由动能项给出三次型和四次型的耦合，如式 (1.6) 所示。在熟知的电磁作用情形，因为光子没有电荷，它也就没有自耦合。然而，对于带色的胶子和带味的弱作用玻色子，这些耦合已经被标准模型预言，这些拉氏量密度中的新作用项将导致可观测的截面：

$$\begin{cases} (\partial\bar{\varphi})^*(\partial\varphi) \to (D\bar{\varphi})^*(D\varphi), \\ \ell_l \sim g(\partial\varphi)\bar{\varphi}\varphi, g^2\bar{\varphi}\varphi\bar{\varphi}\varphi. \end{cases} \tag{1.6}$$

尽管光子不存在自耦合，但这一情况在经典物理中并不是完全新奇的。广义相对论中就有一个读者熟悉的例子。根据等效原理，引力结合能必具有质量，因为所有能量等效于质量。因此，引力场自身产生引力；它携带等于其质量的引力 “荷”。在广义相对论中，它导致经典的爱因斯坦非线性场方程。

类比引力，在 W 玻色子、Z 玻色子和胶子的情况，它们携带 “荷” 的事实表明它们将自耦合。规范玻色子的这些相互作用甚至在没有物质场 (费米子) 时也存在。它们于式 (1.7) 中被示意的指出，代表费恩曼图中最基本的顶角。

$$\begin{cases} ggg, gggg, \\ W^+W^-\gamma, W^+W^-Z, \\ W^+W^-\gamma\gamma, W^+W^-\gamma Z, W^+W^-ZZ, W^+W^-W^+W^-. \end{cases} \tag{1.7}$$

[①] 简便起见，以下皆称拉氏量。—— 译者注

1.5 COMPHEP 计算玻色子自耦合

我们刚刚完成对标准模型的一个快速的介绍。本节将放慢速度、开始进入高能物理的当代研究中。本书将使用国立莫斯科大学开发的 COMPHEP 程序包获得标准模型过程的数值结果。它既可用以计算衰变,也可计算两体碰撞到任意数目末态的过程。它可用于 Win 98 操作系统或更高版本,在任何一个装有 WINDOWS 操作系统的个人电脑上运行。我们极力推荐读者下载该程序、阅读用户手册、完成附录 B 中的练习,并重复正文中的例子。读者可以通过这样的方式,"亲自动手"接触高能物理的最新研究,提高本书的利用率。

最近有来自正负电子对撞机有力的实验证据表明三重胶子耦合的存在。在正负电子湮灭而产生 WW 对的特例中,$e^+ + e^- \to W^+ + W^-$ 的费恩曼图 (COM-PHEP 里可找到) 如图 1.3 所示。光子和 Z 与 W 对的三次耦合 $W + W\gamma$ 和 $W + WZ$ 是复杂的。

图 1.3 COMPHEP 中正负电子湮灭成 W 对的费恩曼图

图 1.4 给出 COMPHEP 计算的作为有效质心能量函数的截面。注意其中曲线在约 2 倍 W 质量的阈值处的上升。因为 W 在弱衰变下是不稳定的,它有一个有限的寿命 τ,因此有限的质量宽度 $\Gamma \sim h/\tau$。这个宽度导致截面从 W 对产生的阈值处开始缓慢增大,并在质心质量约 $2M_W \pm \Gamma$ 的范围内"抹平"了这一趋势。

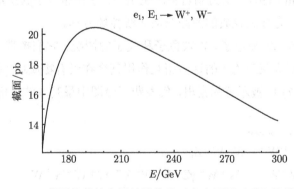

图 1.4 WW 截面的蒙特卡罗结果作为正负电子湮灭质心能量的函数

图 1.5 显示了 CERN LEP 的实验数据。这和 COMPHEP 预言的结果 (图 1.4) 吻合得很好，意味着预言的三次规范玻色子耦合的实验确证。在图 1.5 中我们也看到，简单中微子交换的截面 (图 1.3) 比总标准模型截面要大许多，因此需要量子力学的振幅相消去解释实验数据。COMPHEP 工具可以让我们迅速进入对高能物理最新结果的核验。

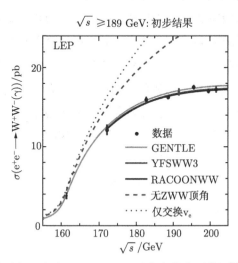

图 1.5 LEP L3 实验组正负电子湮灭 WW 对产生的截面数据[1] (惠允使用)。ZWW 耦合 (图 1.3) 可合理解释这些数据

Z 玻色子对产生的 LEP 数据如图 1.6 所示。注意到其截面大约比 WW 对产生的低一个数量级。研究这些数据很有意思，因为标准模型预言不存在驱动 Z

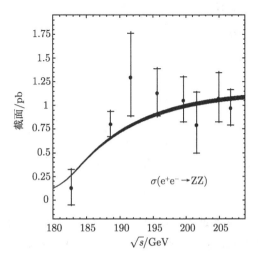

图 1.6 LEP OPAL 实验组的正负电子湮灭、ZZ 对的截面 [2] (惠允使用)。曲线是标准模型的预言

对产生的 Z 玻色子三次耦合。预期 ZZγ 或 ZZZ 耦合不存在。因此这个过程被认为是通过双 Z 辐射来实现的。LEP 实验数据表明，在观测到的事例数设置的灵敏度水平上没有在此过程中发现异常的耦合。读者可以使用 COMPHEP 来预测图 1.6 所示数据，并检查 COMPHEP 为这个过程提供的费恩曼图。

那么预言的四次耦合会怎样？CERN LEP 设备没有足够的能量来产生三个重的规范玻色子，因此至今没有数据来核对预言中的四次耦合，除非第三个玻色子是光子。三重规范玻色子末态可以由图生成，其中一些包含四次规范玻色子耦合。读者在 COMPHEP 可通过检查 $e^+ + e^- \rightarrow W^+ + W^- + Z$ 的费恩曼图来验证上述断言。

在预言的截面处观测到这些过程将是对标准模型的重要肯定。然而，目前尚不能观察这些过程，需要等到新一代加速器之后才能采集数据作出理论上的结论，以拓展图 1.1 所示的正负电子对撞机质心能量范围。提议的装置称为直线对撞机 (LC)，如图 1.7 所示。产生 ZWW 末态需要大于 $(80 + 80 + 91)$ GeV=251 GeV 的质心能量。

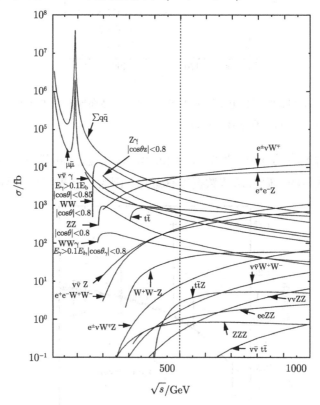

图 1.7 正负电子湮灭中各个过程以 fb 为单位 (1 fb = 0.001 pb) 的截面作为质心能量的函数 [3](惠允使用)。当质心能量为 1 TeV 时，WWZ 和 ZZZ 耦合具有四次规范玻色子贡献，截面分别为 100 fb 和 1 fb。质心能量低于 200 GeV 的区域已被 LEP 实验研究过

同时，对于 $W^+W^-\gamma$ 末态的产生作为质心能量的函数，LEP 对撞机在最后的数据采集周期获得了截面数据。如图 1.6 所示，同 WW 的 20 pb 截面相比，预期的截面约为 0.3 pb。图 1.8 所示数据同标准模型预言相吻合暗示了这一特定的四次规范玻色子耦合似乎存在，并有预计的强度。这一事实为弱规范玻色子本身携带弱荷提供了额外的支持。

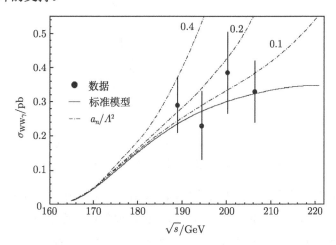

图 1.8　LEP 中产生 $WW\gamma$ 末态的截面 [4](惠允使用)。点画线代表超出标准模型的其他模型的结果

1.6　玻色子和费米子的希格斯机制

现在转到最后尚未发现的标准模型粒子 —— 希格斯玻色子①。首先需要进一步讨论弱相互作用。20 世纪 30 年代，费米将其参数化为一个以普适强度 G 约为 $10^{-5}\mathrm{GeV}^{-2}$ 耦合的四费米子有效相互作用。参数 G 带有量纲，因此预期它不是一个基本量。由量纲分析 (G 按照衰变率正比于 G^2 的方式定义，$[G^2] = [1/M^4]$, $[\Gamma] = [M]$)，μ 子的衰变宽度正比于 μ 子质量的 5 次幂，$\Gamma_\mu \sim G^2 m_\mu^5$，给出 $1/(6.6 \times 10^{-10}\,\mathrm{s})$ 的衰变宽度，或寿命 τ 是 0.66 ns 的估计。衰变宽度单位是质量，而寿命具有时间或质量倒数的单位，$[\Gamma] = M$, $[\tau] = 1/M$。由于强作用过程寿命估计为 $\tau \sim \hbar/\Gamma \sim (\hbar/\alpha_s m_\mu) \sim 10^{-22}\,\mathrm{s}$，上述衰变相对强相互作用率确实缓慢。

费米有效理论是不可重整的。初步改进的尝试是将四费米子"点接触"相互作用替代为一个使相互作用在时空中伸展开的"传播子"，从而降低奇异性。对 $q^2 \ll M_W^2$，这一点示意显示于图 1.9 中。为确保低能时相互作用是弱的，需要为弱

---

① 2012 年，欧洲核子研究中心宣布在大型强子对撞机上发现了希格斯玻色子。—— 译者注

W 玻色子赋予大的质量。于是有效的 $G \to g_{\mathrm{W}}^2/M_{\mathrm{W}}^2$。此时弱相互作用的基本强度 g_{W} 可以和电磁作用强度 e 可比。假设 $g_{\mathrm{W}} \sim e = 0.303$,则有 $1/\sqrt{G} = 296$ GeV 或 $M_{\mathrm{W}} \sim g_{\mathrm{W}}/\sqrt{G} = 89.7$ GeV。

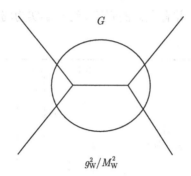

图 1.9 当动量转移远小于 W 质量时,有效费米耦合常数 G 分解为无量纲耦合 g_{W} 以及质量为 M_{W} 的矢量玻色子传播子的示意表示

上述做法改进了状况但并未解决问题。实际上,弱相互作用低能时明显很弱,要求 W 和 Z 获得约 100 GeV 的质量。而且也需要理论是可重正化的。

原来简单的在基础拉氏量中,添加一个明显的 W 质量项,破坏了理论的可重整性。因此在最简单的情形,有必要假定一个具有形如式 (1.8) 相互作用势 $V(\phi)$ 的基本标量场的存在。它代表的相互作用诱导出矢量规范玻色子的质量。该势代表希格斯玻色子的自耦合,并包含两个任意参数。参数 λ 为无量纲的 (附录 A),而参数 μ 具有质量的量纲。

$$V(\phi) = \mu^2|\phi|^2 + \lambda|\phi|^4. \tag{1.8}$$

拉氏量的最小值 $\partial V/\partial \phi = 0$,确定为真空态,它并不出现于零场,而是出现于非零的 "真空期待值" $\langle\phi\rangle$ 处:

$$\langle\phi\rangle^2 = -\mu^2/2\lambda. \tag{1.9}$$

物理学中多数其他情况下真空是零平均场的态。但是具有类似唯象的经典情形发生在读者也许熟悉的超导电性中。在朗道 – 金兹堡 (Landau-Ginzburg) 超导理论中,自由无质量的光子在超导体内获得质量,除去接近超导体表面的一个很小的趋肤深度,电磁场被排斥出超导体 (回想有质量玻色子势的指数压制)。通过类比将看到:正是希格斯真空场与所有其他费米子、玻色子的相互作用赋予了后者质量。对一组特殊选择的 λ 和 μ,式 (1.8) 的图形如图 1.10 所示,$V(\phi)$ 的最小值出现于场的非零值处。

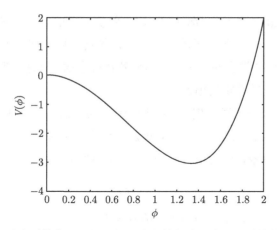

图 1.10　定义希格斯相互作用的两个参数的特定选择下希格斯势的图形

机警的读者会注意到真空态的拉氏量密度 $l \sim (\partial\bar\phi)^*(\partial\phi) + V(\phi)$，并不为零。存在一个 $V(\langle\phi\rangle) \sim \lambda\langle\phi\rangle^4$ 的"宇宙学项"，留待第 6 章讨论。该项意味着真空态拥有能量密度，但不幸的是它远远超出自然界中所观测到的值。

回想协变微分包含着 W 和 Z 场。假定一个额外的 ϕ 场存在且有真空期待值。前面已描述过的矢量规范玻色子的四次耦合将给 W 和 Z 带来质量。这被称为"自发的电弱对称性破缺"，因为这些质量并非最初明显指定的，而是经由与希格斯真空场的相互作用而自发出现的。假设的标量场动能的规范替换导致一个弱的玻色子质量 $\sim g_W\langle\phi\rangle$，因为拉氏量密度中的 W 质量项是 $\sim M^2\bar\varphi_W\varphi_W$，其中 φ_W 是 W 玻色子的矢量规范场。

$$(D\bar\phi)^*(D\phi) \sim [g^2\langle\phi\rangle^2]\bar\varphi_W\varphi_W. \tag{1.10}$$

弱规范玻色子 W^+、Z^0 和 W^- 经由与希格斯场的"真空期待值"相互作用而获得质量，而光子 γ 保持无质量。注意到四费米子相互作用同有效传播子 $G \sim g_W^2/M_W^2$，$g_W = e\sin\theta_W$ 有关，由此耦合常数 g_W 联系着 G。这样从 G、e 和 $\sin\theta_W$ 可以预言 M_W。温伯格角可通过弱中性流中微子相互作用得以确定 (附录 A)。20 世纪 80 年代早期，CERN 质子 – 反质子对撞机 UA1 和 UA2 从实验上确认了预言 $M_W \sim 80$ GeV。这样希格斯真空场具有实验确定值 $\langle\phi\rangle \sim 174$ GeV。

$$M_W = g_W\langle\phi\rangle/\sqrt{2}, \quad M_Z = M_W/\cos\theta_W. \tag{1.11}$$

W 和 Z 的质量比的预言为 $M_Z = M_W/\cos\theta_W$(附录 A)，标准模型的这一预言已经在实验上得到高精度确认。

W 和 Z 的质量由希格斯机制给定，并由此确定了希格斯势的两个参数中的一个。现在转向费米子。轻子和夸克的质量范围跨越 5 个数量级之多，从电子的约

0.5 MeV 到顶夸克的 175 GeV(图 1.1)。出于经济的考虑，再次利用希格斯场的真空期待值产生质量。一个费米子的质量可经由希格斯粒子与费米子对的汤川耦合诱导出来。不过，这类耦合并不是由规范对称性确定的，只是人为设置。这一做法方便而紧凑，但不会导致新的预言。

希格斯场与费米子的汤川耦合 g_f 规定为 $l \sim g_f[\bar{\psi}\psi]$。取希格斯场的真空期待值，$l \sim g_f\langle\phi\rangle[\bar{\psi}\psi] = m_f[\bar{\psi}\psi]$，这就诱导出费米子质量项 m_f(附录 A)。相对与 W 的耦合，希格斯粒子与轻夸克的耦合相当弱 —— 相差 m_f/M_W 之多。

$$
\begin{cases}
m_f = g_f\langle\phi\rangle = g_f[\sqrt{2}M_W/g_W], \\
g_f = g_W(m_f/M_W)/\sqrt{2}.
\end{cases}
\tag{1.12}
$$

正如规范玻色子的情况一样，所有费米子的质量能借助希格斯场产生。除此之外，虽未增加预言能力，但如同规范玻色子的情况一样，所有费米子的质量均可借助希格斯场产生。对于每一种费米子质量，我们只是把对它的无知转嫁到了一个未知的耦合常数 g_f 上。不过，仍然有希格斯粒子以正比于费米子质量的强度与其耦合的预言。对标准模型这一预言的证实十分重要，这也是未来需要探索的。

1.7　希格斯相互作用和衰变

在 1.6 节看到，希格斯场的真空期待值如何给出标准模型所有粒子的质量。希格斯场的激发 ϕ_H，$\phi \sim \langle\phi\rangle + \phi_H$，说明存在着一种场量子，正像电磁场的激发是光子一样。希格斯激发与玻色子和费米子的耦合如图 1.11 所示。

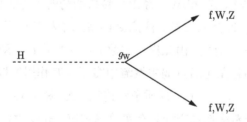

图 1.11　希格斯玻色子与玻色子和费米子的三线相互作用的示意表示

H 粒子既有与规范玻色子的相互作用，也有自相互作用，正如已研究过的矢量规范耦合的情况。检查希格斯场的动能项 $l \sim (\partial\bar{\phi})^*(\partial\phi)$，并对微分进行规范代换，则会出现希格斯场量子与电弱规范玻色子的三次和四次耦合项。因此，我们预期存在类比式 (1.7) $\varphi_W\bar{\varphi}_W\phi_H$，$\varphi_W\bar{\varphi}_W\phi_H\phi_H$ 等的耦合。胶子和光子不携带味量子数，因而它们是 "味盲" 的，不与希格斯场直接耦合。

我们推迟讨论式 (1.8) 规定的希格斯自相互作用。只需指出，作为规范耦合，它们像 W 和 Z 的情况一样，是由规范原理所规定的，因此，它们是标准模型的清晰预言，应接受实验的挑战。

三次耦合是与 W 玻色子和 Z 玻色子质量的耦合，$l \sim g_W^2 \langle \phi \rangle [\varphi_W \bar{\varphi}_W \phi_H] \sim g_W M_W [\varphi_W \bar{\varphi}_W \phi_H]$。这类相互作用的存在表明：只要能量许可，希格斯粒子优先衰变为 W 对和 Z 对，因为这类耦合比费米子对的耦合强得多。

以下表明希格斯到 W 对的衰变宽度。该比值依赖于弱精细结构常数和 β，其中 β 是 $L = 0$ 时 (L 是 WW 角动量) 的阈值因子 $\sqrt{1 - (2M_W/M_H)^2}$，后者是在希格斯质心系中 W 相对于 c 的速度：

$$\Gamma(H \to WW)/M_H \sim (\alpha_W/16)(M_H/M_W)^2 \beta. \tag{1.13}$$

离心压低因子 β^{2L+1} 来自如下的事实：大的角动量意味着大的离心力，将 W 对驱离希格斯粒子，从而减小衰变概率。这一因子在研究量子力学中心力场问题时，比如氢原子，是熟知的。

很遗憾，两个参数定义了式 (1.8) 的希格斯势。实验发现的场真空期待值只能固定一个参数 (附录 A，$G \sim \alpha_W/M_W^2 \sim 1/\langle \phi \rangle^2$)。这样希格斯质量是标准模型中一个未知的参数，必须由实验确定。利用希格斯势 $V(\phi)$，围绕其最小值处 $\phi = \langle \phi \rangle$ 展开，并将拉氏量密度 l 中的质量项认定为 $M_H^2 \bar{\phi}_H \phi_H$，我们发现希格斯质量为 $M_H = \langle \phi \rangle \sqrt{2\lambda} = 246 \text{GeV} \sqrt{\lambda}$。鉴于 λ 是任意的无量纲耦合参数，标准模型不能对希格斯质量作出预言。

当弱相互作用变得够强时，希格斯激发不再是可识别的共振态，此时可以推断一个粗略的质量上限作为其质量：

$$\Gamma(H \to WW)/M_H \sim 1 \text{ 若 } M_H \sim M_W(4/\sqrt{\alpha_W}) \sim 1.7 \text{ TeV}. \tag{1.14}$$

现在转到希格斯玻色子与费米子的耦合，它由包含费米子耦合常数 g_f 的汤川型耦合定义。因此希格斯粒子以正比于费米子质量的强度与费米子耦合 (式 (1.12))。构成质子 (参与对撞的粒子) 的 u 夸克和 d 夸克的很小的质量，约 4 MeV，意味着希格斯玻色子与通常物质的耦合是极弱的。其耦合 $g_u \sim 0.000023$，与 $e = 0.303$，$g_W = 0.65$ 以及 $g_s = 1.12$ 相比非常弱。胶子也不直接参与耦合。这一弱耦合使得发现和测量希格斯性质是极大的实验挑战。与此对照，最重的顶夸克却是强耦合的，$g_t \sim g_W(m_t/M_W)/\sqrt{2} \sim 0.99$。希格斯玻色子到夸克的衰变宽度如式 (1.15) 所示。这个结果对于轻子末态也成立，除去色因子 3 应被忽略，因为不再对所有末态色荷进行求和。它到正反费米子对的衰变具有 $P = $ 宇称，$L = $ 轨道角动量，$S = $ 自旋角动量等量子数。还有电荷共轭 C 和电荷宇称 P，$C = (-1)^{L+S}$，$P = (-1)^{L+1}$。希格斯是一个标量，$J^{PC} = 0^{++}$，这样正反费米子对一定有 $L = 1$，因为夸克和反夸克的内禀宇称相反。对 $L = 1$，上述阈值因子为 β^3。

$$\Gamma(\mathrm{H} \to q\bar{q})/M_{\mathrm{H}} \sim (3\alpha_{\mathrm{W}}/8)(m_{\mathrm{f}}/M_{\mathrm{W}})^2\beta^3. \tag{1.15}$$

希格斯的总衰变宽度作为希格斯质量的函数如图 1.12 所示。注意大质量处如所预期的 M^3 行为，这是 WW 和 ZZ 衰变模式的优势造成的。在小质量，由式 (1.15)，到夸克的衰变宽度对希格斯质量呈线性依赖，同时看到，随着希格斯质量下降出现陡降。LHC 实验预期的质量分辨率 (第 5 章) 远大于小质量时的希格斯固有宽度，因此总衰变宽度主要依赖于实验的质量分辨率，而固有宽度将无法观测。显而易见，若希格斯是一种质量相对小的粒子，尽可能优化探测器的质量分辨率将至关重要。

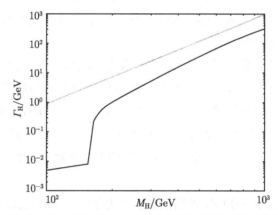

图 1.12 计入所有费米子和玻色子末态的希格斯衰变宽度 (以希格斯质量为变量)。点线表示宽度对质量的三次方依赖性

利用 COMPHEP 能计算 WW 和 ZZ 的宽度，并与图 1.12 进行比较。我们鼓励读者自己重复这一结果。COMPHEP 程序还可计算希格斯到 $ZZ^* = Zl^+l^-$ 的"非在壳衰变"，由于布莱特 – 维格纳宽度 (附录 A) 表征的不稳定的 Z 共振态的质量弥散，这一衰变可发生于质量低于 $2M_{\mathrm{Z}}$ 的情况。

注意希格斯质量约为 2 倍 W 质量时的阈值行为，以及最终在大质量时对希格斯质量的三次方依赖。也注意对于 1 TeV 的质量，希格斯玻色子到 WW + ZZ 对的衰变宽度为 ~ 0.3 TeV，所以宽度质量比已达 30% 之多。由于希格斯到顶夸克对的分支比小于到 W 对或 Z 对，上面的估算中前者的贡献已被忽略。

在以后面 3 章所需的工具武装自己后，我们将在第 5 章重返发现希格斯的主旨。

1.8　标准模型尚未解决的问题

本章我们尝试概述高能物理学在过去 40 余年积累下来的智慧。处理上力求简洁，并简化了数学。不过，我们希望标准模型的基本洞见已经有所展现并部分得到解释，这样读者对标准模型有恰当的理论背景。同时假定读者现在掌握了 COMPHEP 软件的一些便利，并将随着阐述的展开重复本书给出的例子。

标准模型包含着许多"任意"的参数，诸如三种精细结构常数 α、α_s、α_W，六种夸克质量，三种轻子质量 (如允许中微子具有小的质量，则为六种)。它们中的许多都同标准模型中的三代模式的复制有关，我们尚不理解它们取实验测量值的原因所在。

由于尚未理解的基本原因，许多其他实验事实只能"人为"塞进标准模型。比如，电荷量子化是强加的，所有电荷 Q 以 1/3 单位的电子电荷 e 出现。又比如，质子稳定性是人为植入的，质子不衰变的基本动力学原因尚不得而知。与之相反，"色荷"和电荷与强相互作用、电磁相互作用的精确对称性相联系，因此预期它们严格守恒。

已观测到夸克和轻子有三"代"，如图 1.2 所表明的。缘何有且仅有三"代"，仅仅被"味"量子数如奇异性 (s)，粲 (c)，底 (b)[①]，或顶 (t) 所区分，原因不得而知。

由带电的 W 玻色子传递的、电荷改变 (β 衰变) 的弱相互作用，味不守恒。因此较重的夸克和轻子最终衰变为通常物质的组分，即我们熟知的 u、d 和 e。最可能电荷改变的夸克转换包含于一代之内，如 $u \rightarrow d + W^+$，$c \rightarrow s + W^+$，$t \rightarrow b + W^+$。这些夸克转变的强度与电荷改变型轻子转变 $e^- \rightarrow \nu_e + W^-$，$\mu^- \rightarrow \nu_\mu + W^-$，$\tau^- \rightarrow \nu_\tau + W^-$ 的强度几乎相同，这体现在普适的费米衰变常数 G 上。在图 1.2 中，优先的夸克和轻子转变可视为一个伴随 W 发射的向下转变。

在 20 世纪 70 年代，人们还发现由 Z^0 玻色子传递的中性弱相互作用。就其构造而言，不存在味改变的中性弱相互作用；要求它们在味上是"对角的"。例如，$c \rightarrow u + Z^0$ 的转变是禁戒的。Z 玻色子可以衰变为夸克和轻子的味对，但是诸如 $Z^0 \rightarrow \bar{u} + c$ 是禁戒的，$\mu^+ + e^-$ 衰变亦然。从图 1.2 中看到，不存在"水平方向"的中性弱转变。另一个标准模型禁戒转变的例子是 $\mu \rightarrow e + \gamma$，原因在于味不守恒且电荷不变。实验上发现 μ 到这一末态的衰变概率上限是 2×10^{-11}，确实很小。

下面给出标准模型框架下尚未解决的一些基本问题。正在安装的实验项目将

①　原文为"beauty"。——译注

探索第二个问题, 这也是本书第 2~5 章要讨论的。设想我们能比厘清这些项目做得更多未免有些自以为是。但是, 第 6 章将再次简略地涉及这些问题, 目的是使读者直面它们, 并意识到虽然标准模型是一座精彩绝伦的大厦, 能解释现有的所有实验数据, 却看起来还不完备, 因而不尽如人意。毫无疑问, 还有大量的工作要等待新一代高能物理学家去完成!

问　题

W 和 Z 如何获得质量? 光子怎么不会获得? (第 1 章)

M_H 对应什么物理? 如何去测量它? (第 4、5 章)

为什么有三 "代" 之分? 为什么只存在三个轻的 "代"? (第 6 章)

什么物理能解释夸克和轻子质量及混合的图谱?

为什么以下已知的质量 (能量) 标度会相差如此悬殊: $\Lambda_{QCD} \sim 0.2$ GeV(强相互作用场) $\ll \langle \phi \rangle \sim 174$ GeV(电弱标度) $\ll M_{GUT} \sim 10^{16}$ GeV(大统一标度) $\ll M_{PL} \sim 10^{19}$ GeV(引力变强时对应的普朗克质量标度)?

电荷为什么会量子化?

为什么中微子有那么小的质量?

为什么物质 (质子) 是近似稳定的?

为什么宇宙统统由物质构成? (CP 破坏)

"暗物质" 由什么构成尚无合理的标准模型候选粒子。"暗能量" 又如何?

为什么宇宙常数那么小? 希格斯真空场给出的常数值是宇宙封闭密度的10^{55}倍之多。

引力如何与强力、电磁力及弱力相匹配?

练　习

1.1　下载 COMPHEP 源代码, 并阅读使用手册。

1.2　阅读附录 B 中的工作范例, 求出质心能量为 200 GeV 时正负电子对产生 W 对的截面, 并与图 1.4 的结果比较。

1.3　从 Adobe 网站下载 pdf 文件阅读器。

1.4　找到费米实验室的发布网站: fnalpubs.fnal.gov, 点击 preprints 和 search, 寻找作者为 "Montgomery" 的文章 "The physics of Jets"(喷注物理), 将它下载为 pdf 文件。这样, 就得到 fnalpubs.fnal.gov/archive/1998/conf/Conf-980398.pdf。请与本书第 2 章参考文献 [8] 相比较。

1.5　计算汤川势的傅里叶变换, 验证它具有含质量的 "传播子" 的形式 (式 (1.6))。

1.6 利用 COMPHEP 求出正负电子对产生 ZWW 的截面,在质心能量为 1 TeV 时与图 1.6 的结果相比较。

1.7 求解希格斯势式 (1.10) 的最小值,验证式 (1.11)。

1.8 估算 1 TeV 的希格斯玻色子到 W 对的衰变宽度。

1.9 估算 120 GeV 的希格斯玻色子到 b 夸克对的衰变宽度。

1.10 利用 COMPHEP 求解 8 题、9 题的宽度,并比较结果。

1.11 若质子寿命为 10^{31} 年,在一年内你身体内会发生多少次衰变?

1.12 若宇宙内中微子与质子之比为 $\sim 10^9$,且宇宙的质量密度为 1 p/m³,试估算中微子质量 (假定中微子承担了整个质量密度)。

1.13 利用 COMPHEP 研究正负电子对产生 Z + H,考察其费恩曼图。对质量为 130 GeV 的希格斯玻色子,求质心能量为 250 GeV 时的截面。能量为 500 GeV 时产生 Z + H + H 截面的结果又是怎样的?请通过费恩曼图考察 H 的三次型和四次型耦合在后一过程中的贡献。

1.14 检查一下 COMPHEP 中作为模型参数的夸克和轻子质量,并与图 1.1 所示的量级相比较。

1.15 COMPHEP 中指定标准模型,考察其中的 "粒子",并与图 1.2 所示的粒子简表相比较。

1.16 在 COMPHEP 中研究 W 衰变和 Z 衰变的宽度和分支比,如 $W \to 2*x$, $Z \to 2*x$,并与第 4 章给出的数据相比较。

1.17 利用 COMPHEP 研究正负电子对产生 W 对的过程,请考虑以下问题: 共有多少费恩曼图? 若依次计算每个费恩曼图 (在 "关闭" 其他图的情况下),哪个的贡献最大? 全部截面又是什么? 是否存在破坏性干扰? 此外,请检查每个图的能量依赖性,并特别以只包含中微子交换图的情况为例,说明质心能量为 200 GeV 时的截面为 43 pb.

1.18 利用 COMPHEP 求解 1 TeV 质心能量时正负电子对产生 WWZ 的截面,考察费恩曼图并说明该过程可用作四次规范玻色子自耦合的 "探针"。

1.19 利用 COMPHEP 考察标准模型拉氏量给出的顶角,并与本章引用或附录 A "推导" 的结果相比较。

参 考 文 献

1. Bethke S., MPI-PhE/2002-02.

2. OPAL Collaboration, CERN-EP/2003-049, July (2003).

3. Linear Collider Physics, Fermilab-Pub-01/058-E, May (2001).

4. L3 Collaboration, CERN-EP/2001-080.

拓 展 阅 读

Aitchison, J. R. and A. J. G. Hey, Gauge Theories in Particle Physics, 2nd edn. Philadelphia, Adam Hilger (1989).

Bjorken, J. D. and S. D. Drell, Relativistic Quantum Fields, New York, McGraw-Hill (1965).

Cottingham, W. and D. Greenwood, An Introduction to the Standard Model of Particle Physics, Cambridge, Cambridge University Press (1998).

Gottfried, K. and V. Weisskopf, Concepts of Particle Physics, Vol. II, New York, Oxford University Press (1986).

Green, D., Lectures in Particle Physics, Singapore, World Scientific (1994).

Halzen, F. and A. D. Martin, quarks and Leptons, New York, John Wiley (1984).

Particle Data Group, Review of particle properties, Phys. Rev. **D50**, August 1 (1994).

Quigg, C., Gauge Theories of the Strong, Weak, and Electromagnetic Interactions, Reading, Massachusetts, Benjamin/Cummings (1983).

第 2 章

探测器基础

事实无法改变；无论我们的希望、倾向或激情的指引，都无法改变事实和证据的状态。[1]

—— 约翰·亚当斯[2]

当你可以度量、并用数字来表示你所说的，你才对它略有所知。[3]

—— 威廉·汤姆孙[4]

2.1　标准模型粒子———映射到探测器子系统

第 1 章定义了标准模型 (SM) 的粒子及相互作用。在第 1 章中关于希格斯玻色子宽度的讨论也表明，探测器的分辨率决定了搜寻低质量希格斯粒子的灵敏度。本章计划讨论如何探测到标准模型的基本粒子并测量其运动学性质。特别是，讨论在测量一次碰撞中所产生的标准模型粒子的位置矢量和动量时，预期所能实现的精度。

我们也希望进行 "粒子识别"，即明确地识别一个已产生的粒子是否属于如图 1.2 所示的标准模型 "周期表" 中某个独一无二的元素。随后几章将使用这些信息，因为它将揭示寻找新粒子的优化策略。

---

① 原文：*"Facts are stubborn things; and whatever may be our wishes, our inclinations, or the dictates of our passions, they cannot alter the state of facts and evidence."*——译者注

② John Adams (1735—1826 年)，美国首任副总统，后任美国第二任总统。—— 译者注

③ 原文：*"When you can measure what you are speaking about, and express it in numbers, you know something about it."*—— 译者注

④ William Thomson (1824—1907 年)，即开尔文勋爵 (Lord Kelvin)，英国数学物理学家、热力学温标 (绝对温标) 的提出者。—— 译者注

这里对探测原理的讨论是非常概要性的。本章末尾给出了一些参考文献，补充了读者可能感兴趣的许多细节。这里假定读者已掌握磁场、储存在物质中的电离能，以及带电粒子的电磁相互作用等内容。

图 2.1 显示了高能物理实验中一种典型的通用目的探测器的概观。这种探测器从逻辑上可拆解为不同的子系统。一个螺线管电磁线圈，产生大体积的轴向磁场，在本例中其强度为 4 T(1 T = 1 特斯拉 = 10000 高斯)。该磁场的目的是偏转所有从产生点，或产生顶点发出的带电粒子，偏转程度取决于这些粒子的动量和荷电的正负。

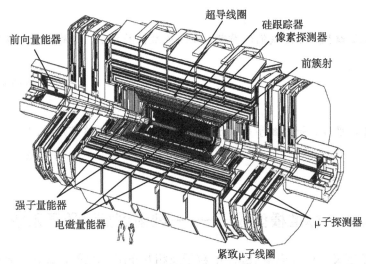

图 2.1 一种用于质子–(反) 质子对撞机实验中的通用目的探测器。其中使用的子系统有：追踪系统；密封量能器系统，可再分为电磁 (ECAL) 和强子 (HCAL) 部分；一个大的螺线管电磁线圈，用于提供一个充满磁场的大的空间；以及为磁铁提供返回磁通所需的铁块。返回磁通本身安装了腔室以测量 μ 子轨迹[1] (CMS 合作组惠允使用)

对带电粒子轨迹的测量可确定其位置和动量。在径迹探测器部件中的电离能损失很小。因此，该探测装置对于粒子性质不具破坏性。相反，这意味着可以对一些物理量，如逃离产生顶点的粒子能量，随后做冗余测量。

随着距离逐渐增加而远离相互作用点，粒子离开径迹探测器，随后进入电磁量能器，继而是强子量能器。量能器的目的是测量入射的带电粒子和中性粒子的能量。这些探测器系统向下延伸至与入射粒子束方向约成 0.8°。它们是量能器上主要的两个纵向，或深度分隔的 "隔间"。

电磁量能器触发光子和电子的相互作用。回想这些基本粒子都只参与电磁相互作用和弱相互作用。强子量能器各部件触发所有强相互作用粒子间的相互作用，如夸克和胶子, 或更准确地说, 它们的 "衰变" 产物。通过完全吸收入射粒子能量并对吸收的能量进行采样, 量能器对几乎所有产生的粒子能量完成测量。

最后, 只参与电磁相互作用和弱相互作用的 μ 子在嵌入磁铁的磁回轭径迹室中被探测和识别。μ 子和电子具有相同的相互作用, 却比电子重 200 倍 ("谁点的这道菜?")。因此, 在此处所考虑的能量下它们的辐射并不显著, 只通过电离损失能量。当所有其他粒子被吸收后, 所剩即 μ 子。

比较垂直于质子与 (反) 质子束方向的初始能量 (E_T 近似为零) 和探测到的末态所有粒子的横能, 我们可以检查二者是否匹配。任何丢失的能量意味着要么出现了测量不准, 探测器覆盖不全, 要么有仅参与弱相互作用的中微子产生并逃脱了探测。我们仅考虑横能的不平衡, 因为能量在载有束流的真空管附近能逃脱探测, 这意味着对末态总的纵向能量的测量十分糟糕。

单个粒子的动量 P 或能量 E 的测量精度由磁场中的径迹探测器分辨率或量能器的能量分辨率决定。这时分辨率由两项含有分数误差的、"折叠正交" 表达式 (即 $a \oplus b = \sqrt{a^2 + b^2}$) 给出。径迹探测器的分辨率 dP/P 有一项随动量增加, 而量能器的分辨率 dE/E 有一项随能量减少。如果 b 和 d 这两个因子可忽略, 那么能量分辨率的这种不同行为将使量能器成为在极高能量下的首选探测器。

$$\begin{cases} dP/P = cP \oplus d, \\ dE/E = a/\sqrt{E} \oplus b. \end{cases} \tag{2.1}$$

径迹分辨率的 c 项源于磁场中粒子偏转角测量的有限精度, d 项源于多重散射。量能器的各项源于采样能量中的随机涨落 a 和介质的非均匀性 b。本章稍后将给出一些例子来设定数值尺度。

第 1 章提供了表格 (图 1.2), 其中定义了标准模型下除希格斯玻色子之外所有的基本粒子。出于探测的目的, 现将它们分成强相互作用粒子、电磁相互作用粒子和弱相互作用粒子。

强相互作用粒子是胶子 (g) 和夸克 (u, s, c, t, d, b)。参与电磁相互作用的粒子是光子和带电轻子 (γ, e, μ, τ)。弱相互作用粒子是电弱规范玻色子 W 和 Z, 及中微子 ν_e, ν_μ, ν_τ。严格来说中微子并非是直接探测到的。它们于末态的存在是从 "丢失的" 横能推断来的, 即所有末态的横能总和显著异于零。

按照标准模型粒子所感受到最强的力的这一分类, 是粒子识别的第一部分。

见表 2.1, 基本上量能器承担了所有粒子能量测量的大部分工作。量能器的电磁室给出了电子和光子的能量和位置 (由相互独立记录的极角和方位角的 "像素" 详细说明), 而强子室给出夸克和胶子的能量和位置。实现分隔强子和电子的特性源于电磁相互作用平均自由程——辐射长度 X_0 与强相互作用的平均自由程 λ_0 的巨大差异。对于铅，这一比例约 1:30。

表 2.1 标准模型中的几种基本粒子，探测它们的特定探测器子系统以及在这些子系统中能够识别出该粒子的信号

粒子	信号	探测器
$u, c, t \to W + b$	强子喷注 (λ_0)	量能器
d, s, b		
g		
γ, e	电磁簇射 (X_0)	量能器 (ECAL)
ν_e, ν_μ, ν_τ	"丢失的" 横能	量能器
$W \to \mu + \nu_\mu$		
$\nu, \tau \to \mu + \nu_\tau + \bar{\nu}_\mu$	仅电离作用 dE/dx	μ 子吸收器
$Z \to \mu + \mu$		
c, b, τ	$c\tau > 100~\mu m$ 的衰变	硅径迹

μ 子之所以能被唯一的识别，是因为那些只有电离作用的带电粒子会穿透到钢制旁轭深处。轭中那些探测器的目的就是完成 μ 子识别。

表 2.1 最后一行需要进一步的解释。通过探测器各部件间约 50 μm 的隔断，或 "节距"，很容易搭建硅探测器。因此，如果一级顶点和次级顶点距离超过 10~100 μm，在一级顶点产生，随后在次级顶点弱衰变的粒子就可以探测和识别。这一类型的标准模型粒子包括 c 夸克、b 夸克和 τ 轻子。

让我们来估计一下特定衰变 $c \to s + e^+ + \nu_e$ 中 c 夸克到 s 夸克的衰变宽度。这是一个代内衰变，于是预期混合矩阵元趋近于 1。该衰变可以形象化为先是一个虚 W 玻色子的发射，$Q \to q + W$，进而虚衰变为 $l + \nu$。两个不同的顶点意味着费恩曼振幅正比于弱精细结构常数，而衰变宽度正比于振幅平方。虚 W 传播子导致 $1/M_W^4$ 行为。这样，基于量纲考虑，预期标度行为是母夸克质量的 5 次幂 (第 4 章)。

$$\begin{cases} \Gamma \sim \alpha_W^2 (m/M_W)^4 m, \\ \Gamma \sim 2 \times 10^{-10}~\text{GeV}. \end{cases} \tag{2.2}$$

取 c 夸克质量为 1.5 GeV(图 1.1)，就可以十分粗略地估计粲夸克的寿命 τ 和衰变宽度 Γ。固有衰变距离 $c\tau$ 估计为 1.0 μm。

$$\begin{cases} \tau = h/\Gamma, \\ c\tau \sim 1~\mu m. \end{cases} \tag{2.3}$$

因此，现在可以理解为什么只有 c 夸克、b 夸克和 τ 轻子出现在表 2.1 最后一行了。可通过寻找可分辨的衰变顶点来识别重夸克和轻子，在伸展超过 1 m 的径

迹体积内可以获得这些顶点。表 2.1 中显示的顶夸克、W 玻色子和 Z 玻色子的衰变非常迅速, 产生和衰变顶点无法分辨。

更轻的不稳定夸克和轻子 (如 s 夸克和 μ 子) 的典型衰变距离比探测器本身还大, 因此可认为是准稳定的。例如, μ 子是不稳定的, 但有 2.2 μs (660 m) 寿命, 它极不可能在退出图 2.1 中所示的 "通用" 探测器之前衰变。因此, 标准模型粒子有些几乎立即衰变, 有些在径迹探测器中衰变, 有些在探测器外衰变。

更敏锐的粒子识别, 经常可以通过综合通用目的的探测器不同子系统所得信息来完成, 其原理见表 2.2。例如, 电子和光子均产生局域在电磁量能器中的能量沉积。然而带电电子在径迹子系统中有一个关联径迹, 而电中性的光子不发生电离, 从而没有径迹留下。因此, 结合径迹和量能法使我们可以区分电子和光子。μ 子、夸克和胶子喷注及中微子都在通用目的的探测器中有独特的信号, 见表 2.2。此外, 重夸克和轻子 b、c、τ 都有可分辨的次级衰变顶点。

表 **2.2** 通用目的探测器中的粒子识别

粒子类型	径迹	ECAL	HCAL	μ 子
γ				
e				
μ				
喷注				
横能丢失				

将不同子探测器的信息结合起来, 不仅有助于粒子识别, 还有助于形成 "触发器"。触发, 或在将其储存于磁带这样的永久介质之前那些感兴趣的预选事例, 对于质子–(反) 质子对撞机中的数据采集是头等重要的。当代探测器产生的数据是海量的。有几百万个独立电子信道记录关于一次相互作用的数据, 而每秒有 10 亿次相互作用。显然, 这些信息只有极小比例可被永久保存, 其余的必须随即抛弃。考虑到每秒也许只有 100 次相互作用可被保存用于后续研究, 我们必须迅速地在每千万次相互作用中选出一次。因此必须极其谨慎, 并确保 "我们在大海里捞到了想要的针"。即便如此, 留存的数据量仍然十分巨大。

2.2 径迹和 "b 标识"

现在回过头顺便看看主探测器子系统一些更多的细节。对于一个典型的对撞机探测器, 径迹探测器从概念上讲可由一系列同心圆柱体构成。产生轴向磁场的螺线管磁铁线圈经常选择这一几何构造，由此粒子在方位角或 (r, ϕ) 平面内的轨迹是圆形。搜寻希格斯粒子要求很高的相互作用率，因而需要具有最佳可能相互作用率能力的探测器。这种探测器的例子如图 2.2 所示，它由硅条和硅栅格组成。从图中可以看出，这些探测器实际上是用适当取向的小的平面探测器以近似圆柱体排列而成的。

图 2.2 一个完全由平面硅探测器构成的径迹探测器系统的机械原型照片。探测组件的同心圆柱体是由完全相同的矩形子部件组成的 (CMS 合作组照片，惠允使用)

对于径迹探测器子系统来说，一个主要的问题是如何有效地检测带电粒子遗留的电离能，给出优良的信噪比，从而排除噪声脉冲所导致的虚假信号。空间精度显然是最重要的。构成完整探测器的所有平面部件的相对校准也非常重要。要对磁场中粒子的螺旋路径进行 "模式识别"，再 "重建" 其空间轨迹，就需对粒子在不同半径的轨道位置进行足够次数的测量。理想情况下，径迹测量的结果是充分有效地确定所有在相互作用中产生的，但没有 "发现" 虚假径迹的带电粒子的位置和动量矢量。

实验上测量每一条轨迹的偏转角 α，即动量矢量在磁场中发生转动或 "弯折" 的角度。偏转表明粒子所带电荷的正负。这一角度反比于粒子的动量，$\alpha \sim 1/P$。这样分数动量误差有一项就是由于角度误差 $\mathrm{d}\alpha$ 引起的，而 $\mathrm{d}\alpha$ 则正比于动量 (式 (2.1))。

$$
\begin{cases}
\mathrm{d}\alpha \sim \mathrm{d}P/P^2, \\
\mathrm{d}P/P \sim (\mathrm{d}\alpha)P = cP.
\end{cases}
\tag{2.4}
$$

这个在式 (2.1) 中正交折叠的额外项由于多重散射造成, 多重散射仅在低动量时才重要。我们主要对大横动量物理感兴趣, 所以从现在起忽略此项。

偏转角随着磁场的增大而增大, 即 $\alpha \sim B$, 而偏转角的误差则随着空间分辨率的提高而减小。因此, 基本上可以利用两种不同的策略来改善径迹探测器对动量的测量: 增强磁场或者提高空间分辨率。目前, 硅探测器提供的 4 T 磁场和几微米空间分辨率在技术上已达极限。这些在高磁场下运行的精密径迹探测器都有良好的动量分辨率。典型地, 一个 100 GeV 粒子的动量测量精度可达 1% 的水平。

另一个由径迹子系统执行的重要任务是识别及测量次级顶点。已在第 1 章看到, 规定希格斯粒子与质量耦合。因此, 重夸克和轻子衰变的探测是希格斯粒子搜索的一个重要组成部分。这些重的粒子很不稳定, 分别弱衰变为更轻的夸克和轻子。

粒子静止系中 c 夸克、b 夸克和 τ 轻子的寿命用长度单位来表示:

$$
\begin{aligned}
c\tau &\sim (124 \sim 320)\mu m & &\text{c 夸克} \\
&\sim (468 \sim 495)\mu m & &\text{b 夸克} \\
&\sim 87 \ \mu m & &\text{τ 轻子.}
\end{aligned}
\tag{2.5}
$$

以上引用的 c 夸克和 b 夸克的寿命范围与以下事实有关: 人们实际测量的是强力引起的大的结合能修正后的夸克–反夸克束缚态衰变, 而非 "裸的" 重夸克衰变。根据假设, 孤立的带色夸克不能存在, 因此测量的是无色的夸克束缚态。在大质量标度下强相互作用会变弱, 这意味着质量越大其修正越小 (附录 A 和第 6 章), b 夸克比 c 夸克重约 3 倍, 因此 b 夸克的寿命展宽减小。

在第 1 章中已看到, 弱相互作用导致第二代和第三代夸克和轻子的衰变。图 2.3 给出了典型衰变模式的衰变宽度与有效质心能量之间的函数关系, 以及弱相互作用的 V-A 性质 (第 4 章和第 5 章) 所诱导的自旋关联。图 2.3(b) 中粗箭头指示此处的自旋方向, 而细箭头则表明动量方向。我们只断言弱相互作用附加如下限制: 粒子具有负螺旋度, 或自旋反平行于动量, 而反粒子则具有正螺旋度。"一般的" 衰变是重夸克 Q 到轻夸克 q、轻子和反中微子的过程, 即 $Q \rightarrow q + l^- + \bar{\nu}_l$。

图 2.3(a) 中的条目包括自由中子 β 衰变和带电 π 介子衰变中上、下夸克间的转变。其他条目是上夸克和奇异夸克、粲夸克和奇异夸克, 以及底夸克和粲夸克之间的转变。图 2.3 中有关处显示了以卡比波角 θ_c 的幂形式 (第 6 章) 表示的特定夸克衰变下近似的混合矩阵元平方 $V_{qq'}^2$。图中直线表示了如下的事实: 衰变宽度, 跨越大约 15 个数量级, 都接近正比于可用能量的 5 次方。

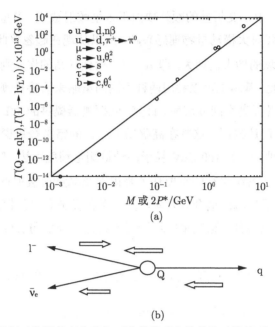

(a)

(b)

图 2.3 (a) 弱相互作用衰变宽度与可获得的质心能量的函数关系。与 μ 子和 τ 轻子
一样，上夸克和下夸克、奇异夸克、粲夸克和底夸克遵循同一条曲线 (m 的
5 次方)。其中奇异夸克和底夸克的衰变宽度经夸克混合矩阵元的平方调整
(第 6 章)。(b) 使粒子为左手征 (负螺旋度)、反粒子为右手征 (正螺旋度) 的
V-A 弱相互作用诱导的 $Q(-1/3) \to q(2/3) + l^- + \bar{v}_1$ 衰变的螺旋结构。动
量的方向用细箭头来指示，自旋方向用粗箭头来指示

在不稳定粒子的静止系，其中固有时间标记为 t'，存在一个特征寿命 τ，如
式 (2.6) 中所示。实验室时钟所观察到的时间是 t，而 $N(t)$ 是时间 t 内存在的粒
子数：

$$\begin{cases} N(t') = N(0)\mathrm{e}^{-t'/\tau}, \\ t = \gamma t' = R/v, \\ N(t) \sim \mathrm{e}^{-t/\gamma\tau} \sim \mathrm{e}^{-Rm/Pc\tau}. \end{cases} \tag{2.6}$$

我们使用狭义相对论中能量 E 与静质量 m 的关系：$E = \gamma m$，其中 $\gamma = 1/\sqrt{1-\beta^2}$。动量 P、能量 E 与速度 v 关于光速 c 满足 $\beta = v/c = P/E$ (附录 C)。
在衰变前总运行距离是 R，因此 $R = vt$。在探测器参考系测量到的时间 t 膨胀。重
夸克和轻子的平均衰变距离是 $\langle ct \rangle = c\tau\gamma$。由于 $\gamma > 1$，因此使用 50 μm 或更小带
螺距的硅探测器已足够 (式 (2.5))。

图 2.4 中的例子是在 FNAL 加速器综合设施中运行的 CDF 探测器。请注意径
迹探测器用硅来分辨次级顶点的能力。在 5 mm 或 5000 μm 距离尺度上，重夸克

的初级产生顶点和次级衰变顶点的分隔是很明显的。

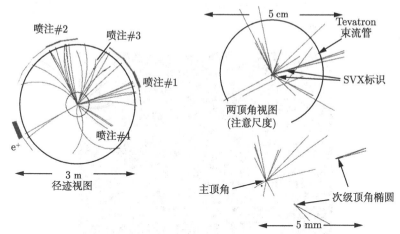

图 2.4 CDF 探测器中多喷注事例的轴向视角。在 1 mm 的尺度上,粒子发射的顶点被分辨为一个初级顶点和两个次级衰变顶点 (CDF 惠允使用)

在对撞机物理过程的许多研究当中,识别末态重夸克是非常重要的。例如,顶夸克几乎唯一地衰变为 b + W。如果能用次级顶点识别一个 b 夸克 (称为 "b 标识"),那么我们就向识别顶夸克迈进了一大步。

2.3　电磁量能学 ——电子 (e) 和光子 (γ)

从产生点出射的粒子遇到的下一个探测子系统是电磁量能器。产生电磁 "簇射" 的两个基本特征辐射过程是电子的韧致辐射,以及由光子产生的正负电子对。量能器材料中的辐射过程有一个特征长度尺度,称为辐射长度 X_0。如在铅内 X_0 是 0.56 cm。由于电磁簇射从触发到完成行程约需 20 倍的辐射长度,或在铅内约 11.2 cm,所以电磁量能器可以相当紧凑。

存在着一个特征能量决定电磁簇射倍增过程的终结,此即临界能量。低于此能量时,辐射过程大部分停止,且簇射中的粒子仅通过电离或其他非辐射过程损失能量。簇射的这一深度称为 "簇射最大值",其中簇射粒子达到最大数目,所有的粒子拥有近似相同的能量,即临界能量。如果不考虑进一步产生的粒子,这些簇射中的粒子随后会失去能量逐渐静止。

对于电磁量能器中使用的那些典型材料,其临界能量 $E_c \approx 2.5$ MeV。假设簇射中的所有粒子均分能量,那么一个入射到量能器的 1 GeV 电子在簇射最大值处就变成 400 个粒子的簇射,即 $N \sim E/E_c$。簇射中粒子数目 N 的随机涨落导致约

5% 的分数能量误差 $(E = E_c N,\ dE = E_c \sqrt{N},\ dE/E = 1/\sqrt{N})$。

图 2.5 展示了一张在一系列铅板中演进的簇射照片。簇射始于前两个铅板，达到最大值后开始逐渐消失。

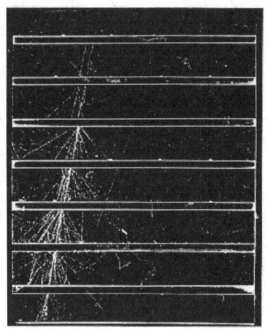

图 2.5　电磁簇射在铅板中演进的照片。簇射中的粒子数目呈几何式增长。簇射在达到最大值后，因电离损耗而缓慢消失[2] (惠允使用)

簇射也有一个大致为 X_0 的特征横向尺度。这意味着通过量能法测量，光子和电子能被很好地定域在量能器冲击点的横向方向上。这样量能技术既测量能量，也测量位置，虽然位置测量相对于径迹数据要粗糙一些。

有几种不同类型的量能器信号输出。在图 2.5 中可看到量能器的 "抽样" 种类，其中簇射在被动重元素板中形成，然后在气态或其他低原子量的主动探测器层中取样。全主动情形中的另一类输出如图 2.6 所示。具有代表性的是使用含有重元素的透明闪烁晶体。产生的光随后被某种光子传感器读出。原则上，这是量能法能量测量的最精确方法，因为其中没有惰性物质带来的未抽样能量沉积的涨落。

如图 2.6 所示，在 280 GeV 能量的情况下，可能有 0.4% 的分数能量测量误差。因此，电磁量能器可达很高的精度，甚至可以与能量约 100 GeV 以上的径迹探测的精度相媲美。

式 (2.1) 定义了量能器能量测量中的两个参数。一项是随机项，来自簇射抽样能量的统计涨落，另一项是常数项，来自探测器构造方式的非均匀性，它们都对微小的能量误差有贡献。对于电磁量能法，如果能量以吉电子伏表示，随机系数为 2%，常数项为 0.25%，达到了目前的技术极限。

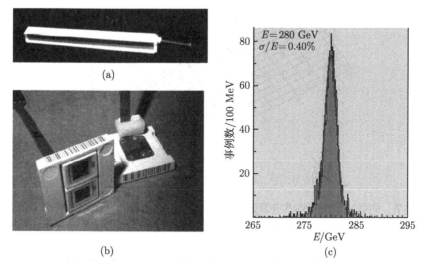

(a)

(b)

(c)

图 2.6 一台全主动晶体电磁探测器的照片 (a)。从这些晶体发出的光被半导体器件探测到 (b)，然后转换成电子信号，并被记录下来 (c)。这一装置在能量测量上是极其精确的 (CMS 照片，惠允使用)

如下面将讨论的，量能器通常分割成极角和方位角都有限的 "像素"。每个 "像素" 均独立运作，并输出作为表征我们感兴趣的相互作用的不同信息。用于等空间分割的变量不是极角而是一个叫作赝快度 η 的量。后面将看到 (第 3 章，附录 C)，这个变量对轻粒子而言就是单粒子径向相空间。因此在缺乏全面的动力学情况下，预期粒子按赝快度均匀分布。由于已知质子-(反) 质子的碰撞中自旋与极化效应很小，同样预期粒子在方位角上均匀产生。这些独立的单元，或 "像素"，按照在 (η, θ) 空间中近似面积恒定的方式挑选，其中 θ 是粒子在球坐标系中的极角，入射束流方向沿 z 轴。

$$\eta = -\ln[\tan(\theta/2)]. \tag{2.7}$$

图 2.7 显示了 CDF 探测器获得的一个事例，其中包括一个单独产生的 W 玻色子衰变成一个电子和一个中微子。图的横轴是方位角和赝快度，纵轴是横能。每个 "像素" 给出一个独立的能量测量。W 规范玻色子可能会衰变成夸克-反夸克对，例如 $W^+ \rightarrow u + \bar{d}$, $c + \bar{s}$，或者衰变成轻子对，$e^+ + \nu_e$, $\mu^+ + \nu_\mu$, $\tau^+ + \nu_\tau$。对这些两体衰变，如在图 2.7 中所观察到的，对称衰变有 $E_T \sim M_W/2 \sim 40$ GeV。

几乎所有能量都沉积在电磁量能器的单一 "像素" 中。这个事实，以及匹配动量的关联径迹的存在，为我们提供了电子的识别方法。同时注意，末态中微子的存在可以由横能平衡的失效推断出来。丢失的横能① 用符号 $\not{E}_T$ 表示，大小为 41 GeV。

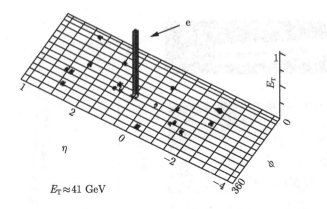

$E_T \approx 41$ GeV

图 2.7 单个 W 玻色子产生并衰变成一个电子和一个中微子的示意图。平面内的"像素"或量能器各部分被定义为方位角和赝快度。纵轴是横能 (CDF 惠允使用)

通过将电磁量能器暴露于制备良好的粒子束中，并记录沉积的能量，就可对它们用能量定标。它们也可以"原位"定标。图 2.8 展示了利用中性 π 介子的双光子衰变来对电磁量能器进行定标。数据来自 Fermilab Tevatron 对撞机设施的 D0 以及 CDF 实验组。

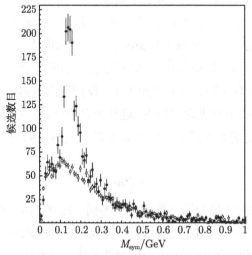

图 2.8 取自 D0 量能器数据的双光子不变质量分布。请注意位于中性 π 介子质量 ($M = 0.14$ GeV) 处的共振峰及实验宽度。当使用来自不同事例的无关联光子时，就会出现光滑的背景曲线[3] (D0 惠允使用)

---

① 原文误作"横动量"。—— 译者注

图 2.9 展示了利用荷电 π 介子径迹探测和 $\rho^{\pm} \to \pi^{\pm} + \pi^0$ 衰变中的中性 π 介子量能法所进行的 CDF 校准。

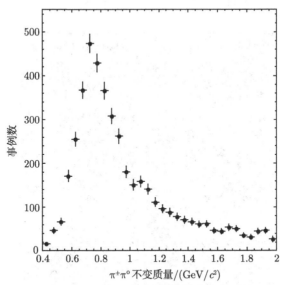

图 2.9 取自 CDF 量能器数据的双 π 介子不变质量分布。请注意位于 ρ 介子质量 $(M = 0.769 \text{ GeV})$ 处的共振峰[4](CDF 惠允使用)

2.4 强子量能法 —— 夸克与胶子喷注及 中微子(丢失的 E_{T})

通用探测器的量能器外围径向室的作用是检测 "强子",或者说强相互作用粒子。我们必须谨慎定义这些强子,因为迄今为止的定义并不精确。目前我们将强力定义为由带色胶子传递的带色夸克之间的长程 (无质量胶子) 相互作用。然而,这些带色客体在实验上似乎是绝对禁闭的,例如,尚未发现自由夸克,所以独立的夸克和胶子并不存在,仅存在夸克–反夸克或三夸克束缚态的无色 "强子" 组合。

这些 "强子" 态之间的剩余力把质子 (uud 束缚态) 和中子 (ddu 束缚态) 束缚在原子核内。观测发现此力很强 (它克服了核内质子间的库仑斥力) 且短程。在原子物理学中也存在类似的情形。在带电的质子和电子间存在长程电磁力而导致中性原子形成。在这些不带电的原子之间的剩余范德瓦耳斯 (van der Waals) 力是短程的 $(\sim 1/r^6)$,并导致分子 —— 这些中性原子的束缚态 —— 的形成。典型地,我们将专注于夸克和胶子相互作用,因为复杂的强子相互作用实际上就是 "夸克分子化学",而我们旨在研究基本相互作用。不过,在讨论量能法时需要探索强子本身。

代表性的强子相互作用如图 2.10 所示。请注意次级粒子的有限横动量或小的出射角。同时注意一次相互作用中产生的次级粒子数量极大。大的末态多重性与电磁过程形成了对比，后者每个入射粒子只产生两个粒子。

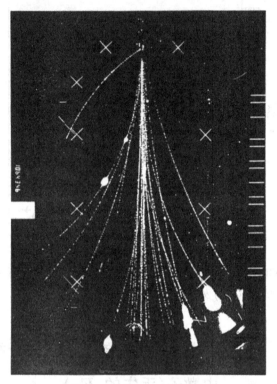

图 2.10 200 GeV π 介子相互作用的照片[5](惠允使用)

在非弹性强子碰撞中存在一个约 0.4 GeV 的特征横动量。粗略地讲，产生的次级粒子全都是 π 介子，而且 π^+、π^0、π^- 产生的数量大致相同。π 介子是最轻的强子，即夸克-反夸克束缚态 ($\pi^+ = u\bar{d}$，$\pi^0 = u\bar{u}$，$d\bar{d}$，$\pi^- = d\bar{u}$)。中性的 π 介子迅速衰变为两个光子，随后以簇射的方式 —— 类似前面电磁量能法一节中讨论的那样 —— 被探测到。带电 π 介子衰变较弱，衰变的距离远大于在此处描述的探测器，因此我们认为它们是稳定的。

然而 π 介子的确继续发生相互作用。强子相互作用发生的特征长度，即相互作用长度 λ_0，是 π 介子经历一次强相互作用的平均自由程。在铁中这一长度尺度是 16.8 cm。为了完全吸收从而测量这一能量，至少需要整个路径长度达到 10 倍相互作用长度，或者说约 1.7 m 的量能 "深度"。图 2.11 展示了一台典型的强子量能器的吸收器结构。其结构显然不如那些电磁量能器紧凑。

图 2.11 CMS 强子量能器 (HCAL) 中的吸收器照片。请注意散布在铜吸收器结构
上的那些用于插入主动探测 (抽样) 元件的插槽。同时注意吸收器总深度约
1 m (Fermilab 惠允使用)

类似于电磁量能法中的临界能量，这里也存在着一个阈能 E_{th}，低于它就不会
产生新的粒子。一个 π 介子通过反应 π＋p → π＋π＋p 产生另外一个 π 介子的阈
值能量为 $E_{th} \sim 2m_\pi \sim 0.28$ GeV。这比电磁临界能量要大得多。因此，在一个 "强
子" 簇射中产生的 "簇射最大值" 的粒子数，$N \sim E/E_{th}$，始终比电磁簇射少。由于
量能器能量分辨率至少部分地取决于簇射中粒子数的随机涨落，预期强子量能法
最终的能量分辨率也将不如电磁量能法精确。

$$dE/E \sim dN/N \sim 1/\sqrt{N} \sim \sqrt{E_{th}/E}. \tag{2.8}$$

例如，利用式 (2.8) 去估计式 (2.1) 中的 "随机系数"，当 E 以吉电子伏为单位
时，我们发现 $a \sim 53\%$。如所预料，这个值比电磁量能法中引用的系数要大得多。

有时强子或者电磁量能室本身是纵向分段的。图 2.12 展示了在初始的 7 个吸

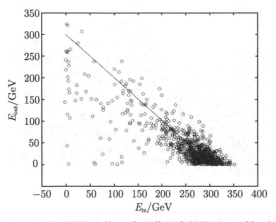

图 2.12 沉积于 CMS 强子量能器前 7 个吸收长度的能量 (x 轴) 相对于沉积于随后
4 个吸收长度的能量 (y 轴) 的散点图。点线表示这两部分室中沉积的总能量
为 300 GeV

收长度的室中沉积的能量与在随后的 4 个吸收长度中的沉积能量的对比。在某些情况下,大量能量沉积在尾室中。这意味着,一旦量能器被截掉尾室,那么由于纵向簇射形成过程中的涨落以及随后由于量能器尾部泄漏造成的能量损失的涨落,能量分辨率将会严重降低。

不过,量能深度存在固有极限。建造一个很厚的设备是没有意义的,因为一个出射的胶子实际上会发生虚 "衰变",或以 α_s/π 的概率分裂成一个重夸克 Q 对,$g \to Q + \bar{Q}$。继而发生 $Q \to q + e^- + \bar{\nu}_e$ 类型的衰变,分支比约 10%。因此,由于有大约 0.3% 的时间中中微子逃逸,一个胶子喷注将 "泄漏" 其能量的 1/6。图 2.11 中的照片所示量能器是抽样型的。主动探测元件插入散布在吸收器上的槽中。图 2.13 所示为一种可能的主动元件的例子。本例中,光学上独立的 "闪烁" 贴片由 "波长转换" 光纤读出。这种布局使我们能够生产一种主动抽样几乎覆盖所有立体角的强子量能器。如果要精确测量丢失的能量,那么就需要一种 "密封" 结构。显然,在量能器中要避免出现 "盲区",因为在其中丢失的粒子会被误认为未探测到的中微子发射。

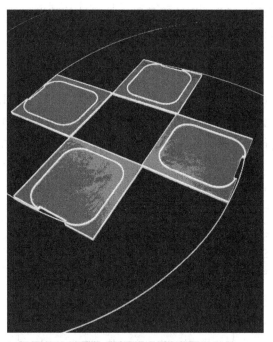

图 2.13 量能器闪烁计数器 "贴片" 的照片,其中显示了 "贴片" 及其 "波长转换" 光纤。光信号由这些 "贴片" 中的蓝光转换为光纤中的绿光,然后通过细微的光纤将其俘获并读出 (Fermilab 惠允使用)

所有量能器探测元件的制造都必须达到良好的一致性。否则，簇射位置在深度及不同 "像素" 中的变化，会导致一个单能入射粒子记录能量的变化。例如图 2.13 所示，一个强子量能器中贴片输出的光输出变化 10% 的标准差，就将导致大约 3% 的能量误差 (式 (2.1) 中的 b 因子)。类似但更苛刻的一致性是高精度电磁量能法所必需的。

量能器通常利用加速器中具有明确定义的动量的预制束流来校准。此外，我们还可以利用宇宙线中的 μ 子，因为它们在每一块贴片中都沉积了良好定义的能量 (最小量的电离粒子)。如前所述，贯穿量能器抽样层的 μ 子仅沉积电离能。图 2.14 展示了 μ 子穿越产生的输出信号。这个尖峰很容易从那些零能量沉积的 "基座" 尖峰中分辨出来，电子学输出的噪声加宽了它。显然，量能器也可被用来进行 μ 子的 "粒子识别"。

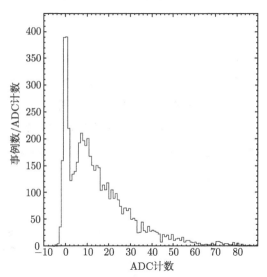

图 2.14 一块量能器贴片中的沉积能量分布。请注意由于零能沉积形成的 "基座" 峰和由于 μ 子通过而引起的电离峰[5] (CMS 惠允使用)

那么对于角度覆盖的范围要求多大呢？我们知道，我们想要探测的是在一次事例中发射的所有粒子，以便推断出射但未被探测到的中微子动量矢量。然而从技术上讲无法实现全覆盖，例如，必定存在的包含质子–反质子束流的真空管，以及由于加速器磁聚焦元件所带来的障碍。需要覆盖的角度可以小到什么程度呢？图 2.15 显示了我们希望探测的、一个虚 W 或 Z 规范玻色子出射后的粒子赝快度分布，这可以通过，比如说，"辐射" 过程获得：束缚在初始态质子中的 d 夸克辐射一个 W^- 而转变成 u 夸克，$\mathrm{d} \to \mathrm{u} + \mathrm{W}^-$。这些过程在希格斯搜寻中是非常重要的，所以在 LHC 实验中，量能法应延伸到 $|\eta| \sim 5$，或约 $0.8°$ 的极角。

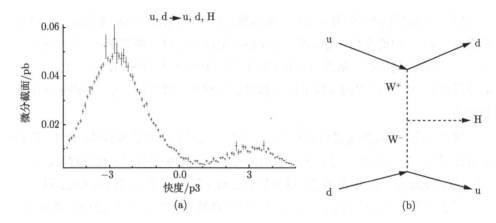

图 2.15 (a) 在产生希格斯玻色子的 WW 聚合过程中引起的反弹或 "标识" 喷注的赝快度分布; (b) WW 聚合过程 $u + d \to d + u + H$ 的费恩曼图

在图 2.7 里, 我们从产生的 W 玻色子衰变为一个电子和一个中微子的事例中观察到了电子信号。量能法信息作为沉积在独立的 (η, ϕ) "像素" 中的横能显示出来。那么需要何种角度大小呢? 在图 2.16 中我们看到一种选择是像素宽度为 $\Delta\eta \sim \Delta\phi \sim 0.087$ (η 是一个无量纲量, ϕ 的单位是弧度, 因此本例像素大小为 $5°$, 或者说分成 72 个方位角, 即 $\Delta\phi = 2\pi/72$)。选择这样划分意味着我们可以分辨一个 1 TeV 质量、衰变成 ZZ 后继而衰变成 4 个夸克的希格斯粒子。

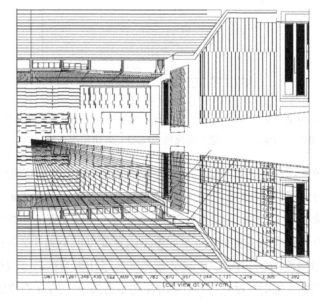

图 2.16 CMS 强子量能器的布局示意图。以赝快度和方位角的恒定步长划分为各段或各 "像素"。图中还给出了像素边界的赝快度 (CMS 惠允使用)

1 TeV 希格斯粒子在静止时衰变为 ZZ 对, 各具有约 500 GeV 的动量。随后 Z 衰变成夸克对, 对于无质量夸克, 对称衰变下夸克和反夸克之间的总横动量等于 Z 的质量或 91 GeV。夸克之间的张角是 0.2 rad。这些夸克随后进入宽度为 0.087 的不同量能器分段, 并被分辨为两个不同的粒子 (参见第 5 章的讨论)。由于希格斯质量存在一个约 1 TeV 的理论上限, 这样的像素大小选择对 HCAL 是可以接受的。

截至目前我们讨论了强子, 并回避了如何探测夸克和胶子的问题。后者带色荷, 而色荷被认为是完全禁闭的。我们断言色力在短程时弱而在长程时强 (附录 D)。所以这些带色粒子间隔不能超过由 QCD 参数所设定的特征长度 1 fm ~ $1/\Lambda_{\mathrm{QCD}}$。因此, 夸克和胶子必须通过组成无色强子的集团而褪色, 例如, 像 $R\bar{R}$, $G\bar{G}$, $B\bar{B}$ (R = 红色, G = 绿色, B = 蓝色) 这样的夸克–反夸克无色组合。

总而言之, 如图 2.17 所示, 当某过程的质量标度使 QCD 很强时, Λ_{QCD} 约 0.2 GeV, 就会发生 "强子化"(hadronization)。整个过程可以因子化为对应不同距离尺度的不同能量区域。在极大的质量标度下会出现基本过程, 因为色相互作用很

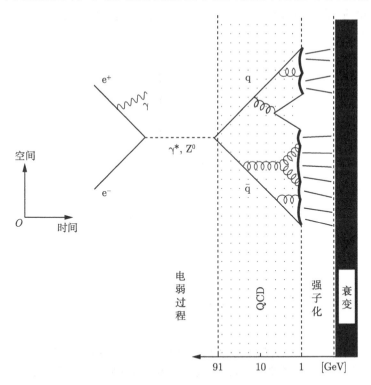

图 2.17　于一次相互作用末态中产生的夸克演化示意图。在高能区域夸克几乎成为自由粒子, 该过程可以用微扰论计算。在中间能量范围, 仍然可以使用微扰 QCD。在 QCD 标度因子为典型能量 0.2 GeV 的范围时, 会发生强子化及强子共振的强衰变, 此时由于耦合很强, 必须唯象的处理[7] (惠允使用)

弱，它们可以进行微扰计算。在中等的质量或者横动量尺度，$P_T \gg \Lambda_{QCD}$，仍可使用微扰 QCD，带色的夸克和胶子以 QCD"簇射"的形式辐射出来。当强相互作用变得很强时，这些带色粒子会被"漂白"并逐渐发展成一个系综或无色强子"喷注"。预计胶子或者夸克的"喷注"看起来类似图 2.10 所示。出现的这些强子"喷注"同母夸克或胶子有相近的方向和动量。

像 W、Z 及顶夸克之类的不稳定粒子，其衰变宽度都是 1 GeV。因此它们在 1 fm 的距离尺度"强子化"之前，就已经在 0.2 fm 内发生衰变。这就是为什么不存在"顶夸克偶素"——顶夸克和反顶夸克的 QCD 束缚态——的原因。它在束缚态能够形成前就发生了衰变，$t \to b + W^+$。 我们暂时假设的、存在于质子内部的夸克散射导致那些与母夸克前进方向相同，并带走其动量的粒子"喷注"。我们假设质子和 (反) 质子中含有夸克和胶子，后者具有有限大小的横动量 Λ_{QCD}。图 2.18 展示了"双喷注"，或两个喷注的事例。现在在 (较低的) 电磁室和 (较高的) 强子室中都沉积能量，这与图 2.7 中电子将其所有能量都沉积在电磁室中的情况相反。同时注意，"喷注"覆盖好几个像素。然而，两个喷注准直地相当好，并且方位角接近于"背靠背"，即 $\phi_1 - \phi_2 \sim \pi$。

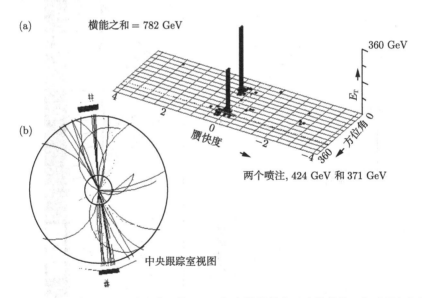

图 2.18 (a) 一个 CDF 双喷注事例的展示，竖直轴是量能器中的横能，水平面由方位角和赝快度的"像素"构成；(b) 双喷注事例的径迹探测器数据 (CDF 惠允使用)

图 2.18 中还显示了这一事例的径迹探测器方位角–径向图。回想一下在磁场中大动量对应于小"偏折"角。很显然喷注具有内部粒子结构。在喷注的轴线附近存在着一个动量相当大的粒子"核心"，而与喷注关联的越低动量的粒子其出射方向

与喷注轴之间的角度越大。此外,如图 2.18(b) 所示,磁场还有将低动量粒子从喷注轴附近 "清扫" 出去的效应。

一个 D0"双喷注" 事例的极角投影如图 2.19 所示。喷注沿立体角仍然准直得相当好,量能器的两个室中都沉积了能量,并且极角也接近背靠背。

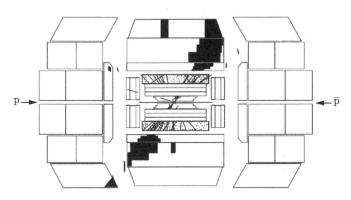

图 2.19　两个 D0 喷注事例的示意表示。阴影区域代表沉积在量能器中的能量范围。第一室是电磁量能器,后面是两个强子室。此图为极角投影[8](D0 惠允使用)

对于 "强子化" 的描述必须借助于喷注中发现的强子的动量分布实验数据 (例如图 2.18)。代表性的数据如图 2.20 所示。我们简单地定义夸克或胶子的强子 "碎片" 按 z 的分布为 $D(z)$,其中 z 定义为强子所带走的喷注动量百分比,即 $z = P_h/P_{jet}$。$D(z)$ 的分布近似为 $zD(z) = (1-z)^a$ 的形式。

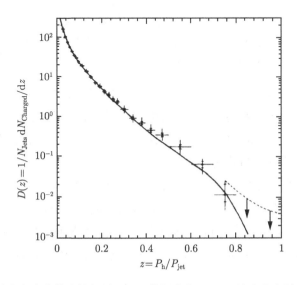

图 2.20　强子喷注碎片的分数能量 CDF 数据分布 $D(z)$。请注意它随着 z 的增加而急剧下降[9]。图中曲线是对数据点的拟合 (惠允使用)

"标识" 一个源自某重味母粒子 (比如 b 夸克) 的喷注的效率依赖于喷注的动量。喷注能量越高其衰变长度越大 (相对论时间膨胀)。然而, 在高能部分存在很多令人费解的碎片, 这意味着找到次级顶点的能力并不完美。因此, 如果我们希望将轻 (u, d) 夸克或胶子喷注大的本底压低到一个可以接受的程度, 那么标识 b 喷注的效率就会降低。多重散射误差使我们对低喷注动量更难做排除。Tevatron 的 CDF 实验蒙特卡罗预言如图 2.21 所示。对于大于 50 GeV 的喷注横动量, 请注意效率随着横动量上升到 50% 的水平。

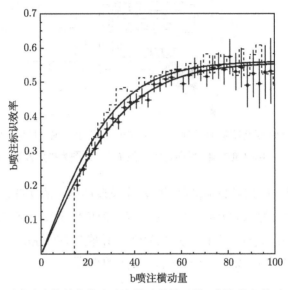

图 2.21 标识重味喷注的效率作为喷注横动量的函数。在这些条件下, 对于全部动量, 错误标识轻夸克和胶子喷注的效率很低[10] (惠允使用)。图中的曲线分别对应于不同蒙特卡罗模型的结果

可以通过对局域强子系综能量的量能法测定来完成对喷注的检测。如已知量能器对单个粒子的分辨率, 我们可以知道对喷注的测量能够达到多高的精确度。假定我们知道式 (2.1) 中常数项 a 和 b 的数值。例如, 通过利用加速器提供的测试粒子束就可以获取单粒子的数据。

系综能量是单粒子能量的总和, $E = E_1 + E_2 + E_3 + \cdots$。如果随机项在单个强子的测量误差中起主导作用, 则可以发现系综能量的分辨率与单粒子的能量分辨率相同, $\mathrm{d}E/E \sim a/\sqrt{E}$。因此, 如果有以下代表性数值, 即 $a \sim 50\%(\mathrm{GeV})^{1/2}$ 和 $b = 3\%$, 预期对一个能量为 100 GeV 夸克或者胶子喷注的测量精度为 5%。

$$\mathrm{d}E^2 = \mathrm{d}E_1^2 + \mathrm{d}E_2^2 + \mathrm{d}E_3^2 + \cdots \tag{2.9}$$

$$\approx aE_1 + aE_2 + aE_3 + \cdots = aE. \tag{2.10}$$

在极端高能的情况下，仅常数项是重要的，此时对系综的测量将比对单粒子的测量更为精确。

$$\begin{cases} z_i \equiv E_i/E, \\ \mathrm{d}E/E = b\sqrt{z_1^2 + z_2^2 + z_3^2 + \cdots}. \end{cases} \tag{2.11}$$

如果喷注碎片的能量是等分的，那么就有 n 项相同大小的 $z_i = 1/n$，这样式 (2.10) 中的级数就可以进行求和：

$$\mathrm{d}E/E \sim b/\sqrt{n}. \tag{2.12}$$

对喷注–喷注质量 M 的测量，我们假定角度误差并非主导因素。对于那些能量/动量在 $\hbar = c = 1$ 单位制下的粒子来说情况正是如此，因为这样喷注间的角度很大，对小的误差不敏感。请注意两体质量是 $M^2 = (P_1 + P_2)_\mu \cdot (P_1 + P_2)^\mu \sim 2P_{1\mu} \cdot P_2^\mu = 2(E_1 E_2 - \boldsymbol{P}_1 \cdot \boldsymbol{P}_2)$。对于近乎静止 "衰变" 的无质量喷注，通过假设 $\cos(\theta_{12}) \sim -1$，$E_1 \sim E_2 \sim E \sim M/2$，可得到由于双喷注的能量误差导致的质量误差。对于 100 GeV 的质量，测量误差预计 5%。

$$\begin{cases} M^2 = 2E_1 E_2(1 - \cos\theta_{12}) \approx 4E_1 E_2 \sim E^2, \\ \mathrm{d}M/M \sim a\sqrt{2E} \sim a/\sqrt{M}. \end{cases} \tag{2.13}$$

衰变为两个夸克喷注的 W 玻色子的重建质量如图 2.22 所示。W 质量的测量标准偏差为 3 GeV。因此质量误差百分比约为 3.75%，数量级如预期。此外，从径迹探测子系统得到的个体强子的精确能量信息也可以被用于带电强子。这一技术将使我们能够将喷注的运动学测量提高到超过纯量能法所能达到的精度。

中微子通过假设初态横能为零，检查 "丢失横能" 的方法来间接 "测量"。这种测量方法涉及一个 "集体" 变量，因为一次相互作用中的全部横能都必须被检测才能得知其中丢失了多少。由于探测器有限的覆盖角、量能器有限的能量分辨率，以及由于螺线管强磁场造成的低动量粒子甚至无法达到量能器，导致一些误差。

在一次相互作用中只包含两个没有纵向动量喷注的理想情况下，喷注能量为 $E_1 \sim E_2 \sim M/2$，我们假设随机项主导能量分辨率。丢失的横能用 $\not{E}_T$ 表示。于是由于简单的喷注能量测量不准而导致的丢失横能就是 $\not{E}_T \sim E_1 - E_2$。丢失能量的误差为

$$\mathrm{d}\not{E}_T \sim a\sqrt{M} = \mathrm{d}M \sim a\sqrt{\sum E_T}. \tag{2.14}$$

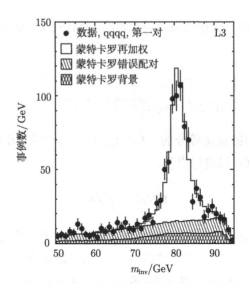

图 2.22 根据量能器测得的能量重建的双喷注质量分布。请注意 W 质量处的共振峰以及部分由于能量测量误差而导致的实验宽度[11](惠允使用)

因此若 a 为 50%，那么包含 100 GeV 质量的双喷注的事例由于喷注能量测量不准而导致的总横动量为 5 GeV(图 2.18)。我们断言，近似推广到许多末态喷注的情况如式 (2.13) 所示，其中相互作用中产生的所有粒子的横动量都进行了求和。

现在有了喷注能量、双喷注质量和丢失横动量的预期量能误差的近似表达式。在讨论希格斯玻色子的搜寻策略时将会使用这些估计。

图 2.23 中显示了 D0 探测器中产生的单个 W 玻色子衰变成一个电子和一个中微子的事例。电子的能量完全进入电磁室 (这里沿 $+y$ 方向)。图中还显示了电磁和强子量能法中丢失的能量 (大致沿 $-y$ 方向)，从而表明了 W 衰变的两体性质。

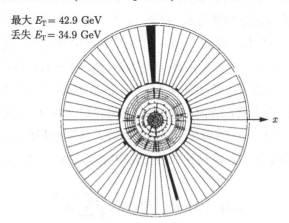

图 2.23 末态具有单一 W 的 D0 事例的方位–径向视角示意图。该事例中丢失的能量与沉积的电子能量接近于背对背 (D0 惠允使用)

另一个末态丢失能量的事例展示在图 2.24 中。在这种情况下产生了 W 玻色子和 Z 玻色子，其中的 W 玻色子衰变成 e+μ，而 Z 玻色子衰变成 e⁺ +e⁻ 对。请注意 Z 和 W 衰变都具有背对背的性质，这表明 W 和 Z 都是在几乎没有横能的情况下产生的，并且丢失的能量与来自 W 衰变的电子的横能大致平衡。

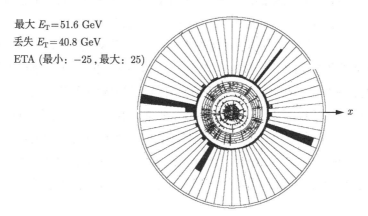

最大 E_T=51.6 GeV
丢失 E_T=40.8 GeV
ETA (最小：−25，最大：25)

图 2.24 末态产生 W 和 Z 的 D0 事例的方位–径向视角示意图。W 衰变成一个电子 (沿 −y 方向) 和一个中微子 (沿 +y 方向)，而 Z 则衰变成一个电子–正电子 对 (分别沿 +x 和 −x 方向)[12] (D0 惠允使用)

横动量平衡也可以用来作为对原位探测器校准的约束。可以简单地假设横动量平均而言是平衡的，并且这一假设可用于将对平均值的校准从已校准像素扩展到未校准像素。这一过程展示在图 2.25 中。

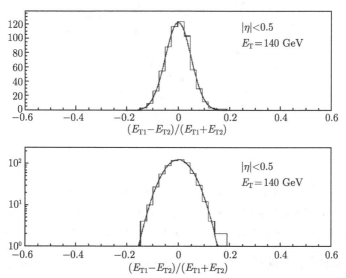

图 2.25 双喷注事例中的喷注横能差分数的分布。请注意 0 处的尖锋和分布的陡降，呈现几乎纯高斯分布。曲线是对数据的高斯拟合[8] (D0 惠允使用)

2.5 μ 子 系 统

从顶点出射的 μ 子是带电粒子，需先在径迹子系统中对它们的位置和动量矢量进行准确测量。然而，出射的 μ 子非常稀少，我们的任务是挑选出 μ 子径迹，以便触发它。通过首次筛选的触发事例将作为罕见事例成为数据记录的一部分。实现 μ 子识别利用了这样一个事实：(能量小于 300 GeV 的)μ 子既不会产生明显的辐射，也没有强相互作用。因此，当它们穿过量能器时仅沉积电离能 (图 2.13)。当它们穿过磁铁旁轭时，所有其他粒子都已经被量能器吸收，参见图 2.11。

因此，在 μ 子系统中探测到的粒子可被假定为就是 μ 子，问题在于要利落地触发这些产量稀少的粒子。对于 μ 子动量的最精确测量来自径迹子系统，而冗余动量的反复核对及粒子识别则来自 μ 子径迹室。图 2.26 示意地说明了两个不同的测量过程。

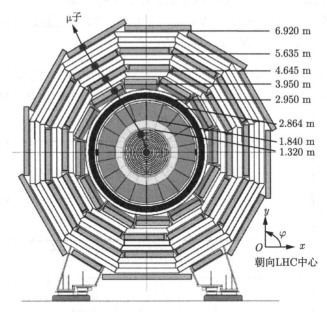

图 2.26 CMS 实验中的 μ 子探测方位–径向布局示意图。μ 子首先在中心磁场被偏转，并在径迹子系统中被探测/测量。μ 子在横穿量能器和磁线圈后，随即在钢制旁轭中被偏转，并在嵌入钢中的 μ 子探测室内再次被测量[1](CMS 惠允使用)

μ 子系统的主要功能是针对 μ 子进行粒子识别，并提供一个 μ 子触发器。由于那些幸存下来并进入 μ 子探测器的只有 μ 子，因此该触发器被大幅简化了。因此，首要任务是在 μ 子探测器中相当稀疏的粒子分布环境下 "模式识别" 出一条干净的轨迹。

触发装置还要求对 μ 子横动量进行相当精确的测量。之所以需要精确的测量是由于存在着许多并不令人感兴趣的低横动量的 μ 子。这些 μ 子来自重夸克 Q 衰变：$Q \to q + \mu^- + \bar{\nu}_\mu$，其中 Q 本身可能是由虚胶子 "衰变" 产生的，即 $g \to Q\bar{Q}$。这些 μ 子大量产生 (图 2.27)，必须从触发装置中排除，以免淹没我们感兴趣的更大动量 μ 子，后者是由 W 玻色子和 Z 玻色子以及其他产量稀少的粒子衰变而产生的。

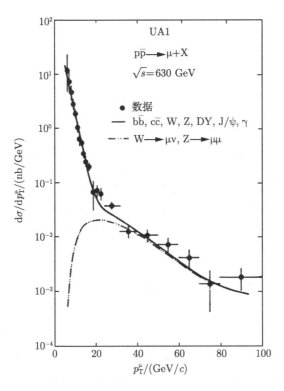

图 2.27 CERN UA1 对撞机实验中测得的 μ 子横动量分布。μ 子的两个主要来源是小横动量重夸克的衰变，及大横动量 W 和 Z 规范玻色子的衰变[13](UA1 惠允使用)

在探究质子–反质子对撞机中的 μ 子来源时，任务非常清晰。来自产生的 b 夸克和 c 夸克的 μ 子在小横动量占主导地位，b 夸克质量设定了标度约 5 GeV。在更大的动量，质量尺度由规范玻色子 W 或 Z 质量的一半 (两体衰变) 给出，或为 $40 \sim 45$ GeV，μ 子的主要来源是规范玻色子衰变 (表 2.1)。在此之上尚不知道别的质量尺度，因此对新的、更重的粒子的搜寻工作应当在 W 和 Z 衰变产生 μ 子分布的尾部展开。

来自 D0 的双 μ 子事例不变质量分布如图 2.28 所示。已观察到共振质量为

3.1 GeV 的 ψ 的两体衰变 ψ⁻ → μ⁺μ⁻。ψ 是 c-c̄ 夸克对的一个窄束缚态。这一共振峰可以用来就地检测 μ 子探测室的校准与准直。

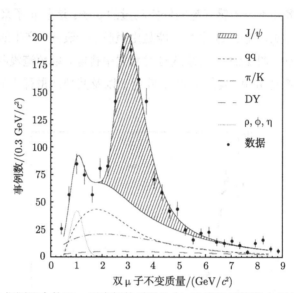

图 2.28 D0 探测器中的双 μ 子事例的质量分布。注意用于校准 μ 子探测器动量标度的共振 ψ 峰。同时注意，其宽度是由 μ 子在钢中的多重散射决定的，而不是由 μ 子探测室的内禀精度造成的[14](D0 惠允使用)。图中各曲线表示双 μ 子事例的背景源

　　这里显示的质量分辨率相当差。这是因为图 2.28 所用的动量完全由 μ 子探测室确定。由于这些探测室散布在一个钢制旁轭中，因此动量测量受到多重散射 (式 (2.1)) 限制而有约 15% 的误差。在距离 L 上存在磁场 B 导致冲量或横向动量的改变为 BL。横穿同一区域的多重散射的冲量是 $\sqrt{L}$，其中平方根是随机行为的特征。因此决定分数动量分辨率的比值具有 $1/B\sqrt{L}$ 的标度。由于铁饱和度磁场被限制在 2 T。钢的长度出于经济与机械的考虑而被限制在 1 m，因此 μ 子的有限动量分辨率是在钢中测量的。多重散射冲量是 $(\Delta P_{\mathrm{T}})_{\mathrm{MS}}$，而磁场冲量是 $(\Delta P_{\mathrm{T}})_B$。

$$dP/P \sim (\Delta P_{\mathrm{T}})_{\mathrm{MS}}/(\Delta P_{\mathrm{T}})_B \sim 0.15. \tag{2.15}$$

　　为了获得更好的测量结果，必须要提供一个处于有磁场但没有多重散射的空间体积内的径迹探测室。如果这放在量能之后进行，那么径迹就很干净了，因为几乎只有 μ 子能幸存下来。但是，这会导致探测器大型化从而变得昂贵。与之相反，如果我们希望使用内置径迹系统，那么就必须从来自 μ 子系统的径迹反向外推到径迹探测室，并尝试从矢量位置和动量两方面来匹配这些径迹。这种匹配过程转而

受到多重散射误差的限制，而这种误差是由于 µ 子穿过将两种径迹系统分隔开的量能器而引起的。在不同的实验中有不同的选择，无论如何在这一问题上并没有所谓 "正确的" 决定。

2.6　典型的非弹事例

质子–(反) 质子对撞机中的绝大多数相互作用并不是我们感兴趣的。它们发生在小质量尺度 $\Lambda_{\rm QCD}$，在此尺度内动力学很强，因此很难进行计算。次级粒子在此类碰撞中具有小横动量，$P_{\rm T} \sim \Lambda_{\rm QCD}$。我们对大质量态感兴趣，因为这意味着末态粒子具有大横动量。

在接下来几章中将要讨论的许多令人感兴趣的物理过程都具有 pb(1 pb= 10^{-36} cm²) 量级的截面，而 "最小偏差" 的总非弹性截面，或单举非弹性事例，则约为 100 mb，这要比前者大 10^{11} 倍。很明显，我们在寻找的是一些罕见的过程，因此需要进行敏锐的触发，即如前文所提醒注意的。

还必须记住一点，即使在一次相互作用中获得了在大 $P_{\rm T}$ 时发生的 "令人感兴趣的" 过程，同时也存在着剩余夸克和胶子的所有的软碎片，它们会强子化并形成 "底层事例"。事实上，在一个 "令人感兴趣的" 事例中，大多数粒子本身并不是我们感兴趣的。不仅如此，所使用的探测器可能还不够快，不足以分辨单次相互作用。在这种情况下，在探测器的分辨时间内，就有一个对于 "最小偏差" 事例的 "积累"。我们需要理解这些事例的一些基本特征，这是因为它们构成了一个不可削减的背景，叠加在我们感兴趣的、可能蕴藏着新发现的大 $P_{\rm T}$ 基本相互作用上。

图 2.29 展示了在 "最小偏差" 事例或典型非弹性相互作用中产生的所有带电

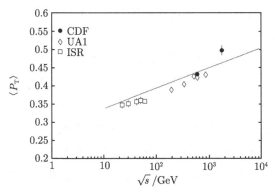

图 2.29　质子–(反) 质子碰撞中产生的带电粒子平均横动量与质心能量的函数关系。注意图中的直线表示对质心能量的对数依赖性[8] (D0 惠允使用)

粒子的平均横动量。$\langle P_{\mathrm{T}} \rangle$ 是总质心能量的弱的函数。在 10 TeV 时，它约等于 0.5 GeV。

如所预计，平均横动量的标度与 QCD 标度相同。

$$\langle P_{\mathrm{T}} \rangle \sim \Lambda_{\mathrm{QCD}}. \tag{2.16}$$

我们断言 π^+、π^0、π^- 以大致相等的数量产生，它们是非弹性碰撞过程中产生的强子的主导类型。π 介子在赝快度上大致均匀的产生。每个单位赝快度的带电粒子密度如图 2.30 所示。它是质心能量的弱的函数。在 10 TeV 时，该密度被外推到大约每单位赝快度 6 个带电粒子，或者说大约每单位 η 内有 9 个 π 介子。

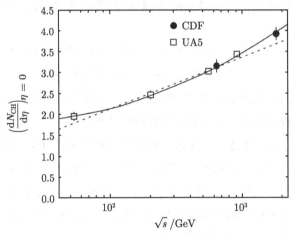

图 2.30 质子–(反) 质子碰撞中产生的每单位赝快度带电粒子平均数与质心能量的函数关系。注意粒子密度与质心能量大致呈对数依赖性[16] (CDF 惠允使用)。曲线表示对数据的拟合

因此，在 LHC 的 14 TeV 质心能量上运行的、完整覆盖 $|\eta| < 5°$ 的探测器上，所测得的每个 "最小偏差" 相互作用都产生 $90 = 10 \times (6+3)$ 个带电的和中性的 π 介子，它们具有 45 GeV 的总标量横能沉积。我们断言在一个 "硬的" 或者说大横动量对撞中，"底层事例" 与 "最小偏差" 事例基本是相同的。

如果运行在高相互作用率下，比如 CERN LHC 所预期的，那么在一次束流-束流团交叉过程中可能会存在 20 个不能即时被分辨的 "最小偏差事例"。这是最小的 "累积"，因为两个成团粒子束流交叉之间的分隔时间仅 25 ns，因此如果想要 "仅有" 20 个重叠事例的话，就必须使用非常快速的探测器。这一最小 "累积" 是一束包含 1800 个粒子、沉积为 900 GeV 横能的束流团。如果盲目地应用式 (2.13)，则我们预期平均每一次束流团交叉中丢失的横能为 15 GeV，这只是由量能法在一次交叉中测量所有粒子能量带来的误差造成的。

喷注的典型定义是在 (η, ϕ) 相空间中，有大的横能沉积在半径为 R，$R < 0.7$ 的圆形小区域中的粒子群体。如果要像图 2.17 和图 2.18 中所见那样记录下所有的喷注能量，就要求喷注尺度 R 是有限的。由于存在着横能的大量"堆积"，因此就可能在低喷注横能 30 GeV 下探测到伪喷注，而在更高的喷注能量下，必须要说明额外的累积能量，并对喷注能量进行校正。

触发器及重建算法可以通过检查喷注锥体内部的横能流来选出真正的喷注，这些喷注有一个"内核"，这与近似均匀分布的累积相反。例如，一个半径 R 约为 0.7 的锥体中包含着超过 100 个如图 2.16 所示尺寸大小的像素。其颗粒度足以分辨定义总喷注能量的锥体内部能流的细节。喷注具有垂直于母体方向的有限动量 k_T，以及强子碎片的动量分布 $D(z)$，平均而言"领头"强子碎片会带走母喷注能量的一部分，$\langle z_{\max} \rangle \sim 0.2$（图 2.20）。

平均来看，在任意半径 R 为 0.7 的锥体内发现的"累积"横能，是 20 个事例 $\times 0.5$ GeV/粒子 $\times 9$ 粒子/面积 $\times \pi R^2 / 2\pi \sim 22$ GeV。我们必须利用关于喷注内部能流结构的额外信息来减少由于累积而造成的伪喷注。

如图 2.31 所示，一个锥体内部的横向能流截断是区分横能量为 30 GeV 左右的喷注与"伪喷注"一种很好的方式。图 2.31 中的信号由来自 WW 聚合过程（图 2.14）的"标识喷注"构成，而本底平均而言是由 $\langle n \rangle = 1.73$ 的最小偏差事例的累积造成的。显然，寻找占总喷注横能很大百分比的"领头喷注碎片"的方法卓有成效。

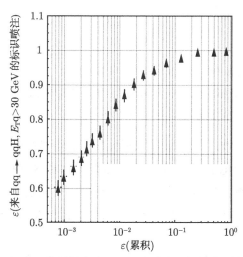

图 2.31　在 CMS 探测器的设计亮度下，排除伪喷注的效率与寻找标识喷注的效率之间的关系。在锥体能量为 30 GeV 的事例的领头像素横能上首先作了截断（CMS 惠允使用）

2.7 D0 和 CDF 的复杂事例拓扑

显然, 标准模型下有好几种不同的粒子会出现在一个复杂事例中。如图 2.32 所示的一个 CDF 事例可作为范例。CDF 探测器具有三个主要的探测系统: 示踪硅 + 磁场中的电离、闪烁体抽样量能器 (EM-e、γ 和 HAD-h) 及 μ 子测量的电离示踪。

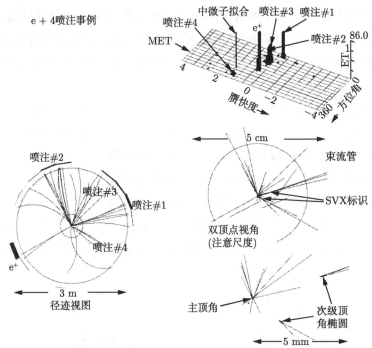

图 2.32 CDF 探测器中的一个复杂事例。该事例包含一个电子、四个喷注以及由于中微子而丢失的能量。同时请注意, 在该事例中存在着次级顶点, 表明其中一些喷注是重夸克衰变的产物 (CDF 惠允使用)

该事例中包含四个喷注, 可通过识别沉积在量能器像素中的局域化能量而辨认出来。此外还有一个电子, 可通过沉积在量能器电磁室中的能量来辨别, 它在径迹探测器中有一条匹配的带电轨迹。另有一个中微子, 可通过量能器中存在丢失的横能来识别。此外, 其中两个喷注在径迹子系统中具有次级顶点, 因此它们可能是 b 夸克的候选者。

D0 的一个复杂事例如图 2.33 所示。D0 探测器有三个主要探测系统: 电离示踪、液氩量能器 (EM、e 和 HAD 喷注) 及磁化钢 μ 子电离径迹探测/识别。

以极坐标形式显示的该事例在量能器的两个室中都有喷注。它还有一个 μ 子

候选 $(+y)$，由量能器中出现的小电离能及相应的径迹可予以确证。此外还有一个电子候选，它的能量仅沉积在电磁室 (小半径)，并有相应的径迹 $(-y)$。最后，该事例中还有一个中微子候选者，可由丢失的横能进行推断得知。

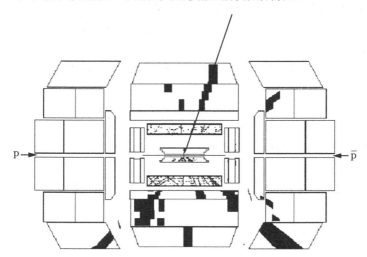

图 2.33 D0 探测器中的一个复杂事例。该事例包含喷注、一个 μ 子、一个电子，以及丢失的能量 (D0 惠允使用)

此处给出的这些例子表明可在通用目的探测器中研究的这些事例的复杂性。我们认识到，一台精心设计的通用目的探测器可以利用一些专门的子系统来识别和测量光子、电子、μ 子，以及夸克、胶子喷注，还有中微子。重夸克与轻子可以进一步通过在分离的次级顶点径迹探测器中进行搜寻而加以识别。W 与 Z 规范玻色子会快速衰变，可以用它们的衰变产物来进行识别。

粒子径迹探测提供了对电子和 μ 子的极高精度测量。精密电磁量能法则提供了 1% 量级 (100 GeV 能量) 的光子和电子能量测量。强子量能法对胶子和夸克喷注的测量相对较差，可能在 5% 的水平 (100 GeV 能量)。中微子也可利用量能法以类似的精度加以 "测量"，但是由于探测器覆盖极角必定是不完整的，因此其动量的径向分量并未得到很好的测量。

练 习

2.1 平均而言，一个寿命为 $c\tau = 475\ \mu m$、能量为 60 GeV 的 b 夸克在衰减之前会运动多长距离？

2.2 用式 (2.2) 估算质量为 0.105 GeV 的 μ 子的寿命。

2.3 用 COMPHEP 求出 μ 子的寿命，$e_2 \to e_1$，N_1，n_2。检查图表，它们和你的预期是否一样？

2.4 用 COMPHEP 找出所有的 Z 的两体衰变，即 $Z \rightarrow 2*x$，并估算分支比。

2.5 假设一个动量为 1 GeV 的带电粒子，在穿越 1 m 的径迹探测器的过程中被偏折了 1 rad。若角度的误差 $d\phi \sim 100$ μrad，则对于动量为 1 TeV 的粒子，预期的误差动量为多少？

2.6 赝快度的微分 (式 (2.7)) 与极角之间的关系是什么？

2.7 对于一个 100 GeV 的 π 介子，估计产生的簇射粒子总数 (式 (2.8)) 以及隐含的分数能量误差。

2.8 若 7 TeV 入射质子中的一个 1 TeV u 夸克发射出一个横动量为 40 GeV 的 W，试估计赝快度 (图 2.14)。

2.9 若 100 GeV 喷注的一个 $z = 0.1$ 的碎片横动量为 1 GeV，试估算该碎片相对于喷注轴线的发射角。

2.10 明确计算出式 (2.9) 中所给出的结果，即粒子系综的随机误差与单个粒子的随机误差相同。

2.11 明确计算出式 (2.10) 中所给出的结果，即粒子系综的恒定误差小于单个粒子的恒定误差。

2.12 对于一个能量为 10 GeV 的 "ψ 介子" 衰变 (质量为 3.1 GeV)，双 μ 子的张角是多大？

2.13 用 COMPHEP 找出 "τ 轻子" 的衰变宽度。对比第 2 章所引用的宽度，$e_3 \rightarrow n_3, 2*x$。对六个次级过程进行评估以求出分支比和总宽度。

2.14 用 COMPHEP 求出本章所讨论的重夸克与轻子的总衰变宽度，$e_3 \rightarrow 3*x$，$c \rightarrow 3*x$，$b \rightarrow 3*x$，并与本章所绘图中的数据作比较。

2.15 明确计算出在 π 介子–质子相互作用中产生 π 介子的阈值。当反应过程中所有的能量都用来产生质量，而反应产物没有获得任何动能时，就达到此能量阈值。因此在此阈值时，所有粒子都静止在质心。

2.16 用 COMPHEP 来观察 $d, u \rightarrow u, d, H$ 的 "标识喷注"。画出 u 的快度分布，并与文中给出的结果作比较。

参 考 文 献

1. CMS Technical Proposal, CERN/LHCC-94-38(1994).

2. Leighton, R.B., Principles of Modern Physics, New York, McGraw-Hill Book Co. Inc. (1959).

3. D0 Collaboration, Phys. Rev. D 58, 12002 (1998).

4. CDF Collaboration, Fermilab Pub-01/390-E (2002).

5. Kleinknecht, K., Detectors for Particle Radiation，Cambridge, Cambridge University Press (1987).

6. CMS HCAL Group, Nucl. Inst. Meth. A 457,75 (2001).

7. Bethke, S., MPI-PhE/2002-02.

8. Montgomery, H., Fermilab-Conf-98-398 (1998).

9. CDF Collaboration，Phys. Rev. Lett. **65**, 968 (1990).

10. Carena, M., Conway, J., Haber, H., and Dobbs, J., arXiv: hep-ph/0010338 (2000).

11. Glenzinski, D. and Heintz, U.,arXiv: hep-ex/0007033 (2000).

12. Montgomery, H., Fermilab-Conf-99/056-E (1999).

13. Alterelli, G. and Di Lella, G., Proton-Proton Collider Physics, Singapore, World Scientific (1989).

14. D0 Collaboration, Phys. Rev. Lett. **82**, 35 (1999).

15. CDF Collaboration, Phys. Rev. Lett. **61**, 1819 (1988).

16. CDF Collaboration, Phys. Rev. **D 41**, 2330 (1990).

拓 展 阅 读

Anjos, J. C., D. Hartill, F. Sauli, and M. Sheaf, Instrumentation in Elementary Particle Physics, Rio de Janeiro, World Scientific Publishing Co. (1992).

Fabjan, C. W. and H. F. Fisher, Particle detectors Repts. Progr. Phys. 43, 1003 (1980).

Fabjan, C. W. and J. E. Pilcher, Instrumentation in Elementary Particle Physics, Trieste, World Scientific Publishing Co. (1980).

Ferbel, T., Experimental Techniques in High Energy Physics, Menlo Park, CA, Addison-Wesley Publishing Co. Inc. (1987).

Green, D., The Physics of Particle Detections, Cambridge, Cambridge University Press (2000).

Jensen, S., Future Directions in Detector R&D in High Energy Physics in the 1990s-Snowmass 1988, Singapore, World Scientific Publishing Company (1988).

Kleinknecht, K., Detectors for Particle Radiation, Cambridge, Cambridge University Press (1987).

Sauli. F. (ed.), Instrumentation in High Energy Physics, Singapore, World Scientific (1992).

Williams, H. H., Design principles of detectors at colliding beams, Ann. Rev. Nucl. Part. Sci. **36**, 361 (1986).

第 3 章

对撞机物理

> 侦探艺术中的最高价值在于能够从一系列事实中甄别出哪些是偶然因素，哪些是关键因素 …… 我提醒你注意那天夜里狗的古怪。那天晚上狗没有什么异常。这正是奇怪的地方。[1]
>
> —— 柯南道尔[2]
>
> 科学是在希望的基础上拒绝相信。[3]
>
> —— 查尔斯·珀西·斯诺[4]

在前两章首先定义了标准模型的基本粒子及它们之间的相互作用，然后讨论了如何探测它们并测量其性质。现在我们对测量的质量已有大致了解。最后给出了一些 COMPHEP 计算的例子，这一软件是现成的。这样我们已经准备启动强子对撞机物理的详细研究。

现在转向粒子如何在质子-(反) 质子 (p-p, p̄-p) 对撞中产生的问题。基于如下原因，我们将仅处理大横动量，或大质量相互作用。首先 QCD 在大质量标度下相互作用很弱，因此大质量过程能够进行微扰计算。其次，绝大部分相互作用在小横动量处产生粒子。这样，大横动量是凸显于本底上的稀有事例。人们预期新的现象在大横动量粒子的事例中具有良好的信噪比。第三，我们将看到，处理大质量基本相互作用，可以将强相互作用从问题中 "析出"。

我们初始质子中夸克和胶子的分布必须用实验数据来定义。这一动力学是非

---

① 原文："*It is of the highest importance in the art of detection to be able to recognize out of a number of facts which are incidental and which are vital ··· I would call your attention to the curious incident of the dog in the nighttime. The dog did nothing in the nighttime. That was the curious incident.*"—— 译者注

② Sir Arthur Conan Doyle (1859—1930 年)，英国侦探小说家。—— 译者注

③ 原文："*Science is the refusal to believe on the basis of hope.*"—— 译者注

④ Charles Percy Snow (1905—1980 年)，英国物理化学家和小说家。—— 译者注

微扰的，因此目前尚无法计算。但对一个给定的过程可以预言标准模型粒子的基本相互作用，因为它是由基本粒子之间的类点相互作用构成的基础过程。我们将论证在大横动量时，基本的质子–(反) 质子相互作用可以因子化 (factorize) 为质子中基本粒子源的一个实验描述、一个可计算的基础过程，以及 (也许) 另一个末态基本粒子到渐近无色末态的强子化实验描述。

3.1　相空间和快度 —— "平台"

我们从所产生的，或者说 "次级" 粒子运动学开始。附录 C 中定义了快度变量 y。粒子动量大小为 P，能量为 E。平行于束流的动量分量记为 $P_{\parallel}$，垂直分量定义为 P_T。静质量 M_T，立体角元是 $\mathrm{d}\Omega$，方位角为 ϕ，

$$\begin{cases} E = m_T \cosh y, \\ m_T^2 = m^2 + P_T^2. \end{cases} \tag{3.1}$$

如果横动量被动力学所限制，那么预期 (附录 C) 当粒子质量相比横动量很小时，在小快度 y 产生的粒子会有关于 y 的均匀分布。

如附录 C 所示，快度 y 可以用第 2 章定义的赝快度变量 η 来近似。因此，第 2 章中显示的探测器有意分割为相等的单粒子相空间 "像素" $\Delta\eta\Delta\phi$。

作为数值例子，对于 Fermilab Tevertron 和 CERN LHC 质子–(反) 质子碰撞中入射质子快度在下面给出。给定 E 时快度 y 的最大值出现在 $P_T = 0$, $\cosh y_{max} = E/m = \gamma$。

$$\text{质子-质子碰撞　质心能量 } \sqrt{s} \; 2, \; 14 \text{ TeV}$$
$$y_{max} = 7.7, \quad 9.6. \tag{3.2}$$

现在给出一个快度 "平台"，或以 $y = 0$ 为中心、y 均匀分布的区域的例子。在本章和后面各章，蒙特卡罗结果要么是作者 "自编" 程序，要么来自 WINDOWS 2000 系统下运行的 COMPHEP 程序。附录 B 给出了更多 COMPHEP 的细节。读者可以获得这些工具，利用 COMPHEP 程序 "亲手" 探索。

COMPHEP 显示对用户定义的过程有贡献的费恩曼图，它们会被频繁用到，因为它们对特定问题的性质可视化大有助益。费恩曼图显示标准模型基本粒子的时空演化，它们在交换第 1 章讨论过的力的携带者时发生散射。本书的费恩曼图里空间沿垂直方向，时间沿水平方向。图 3.1 显示了由 COMPHEP 提供的胶子散射

图, 其中入射质子里的两个胶子或者湮灭形成一个虚胶子 (三重胶子耦合), 或者类似于卢瑟福散射, 交换一个虚胶子。

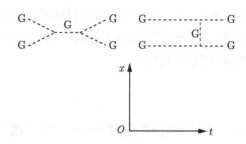

图 3.1 COMPHEP 中的胶子–胶子散射费恩曼图

后文将解释, 质子–(反) 质子散射包含这一基础过程作为子过程。现在我们简单地接受质子–质子碰撞的 COMPHEP 蒙特卡罗程序结果, 如图 3.2 所示, 并注意到存在一个快度 "平台", 这表明产生的粒子在大角度上服从单粒子相空间分布。

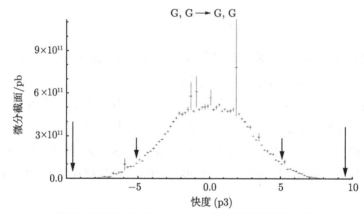

图 3.2 LHC (质子–质子质心能量 14 TeV) 产生的胶子的快度分布。小箭头指示第 2 章显示的探测器的角度覆盖限制, 大箭头指示质心系初始的质子束流快度

请注意图中显示的 "误差棒", 这是 COMPHEP 提供的对给定数据点的误差估计, 它们源于生成的蒙特卡罗事例数目有限。感兴趣的读者可以运行不同次数的 COMPHEP 程序, 画出结果, 看看误差棒如何随着更长时间的运算而缩小。

运动学极限位于快度 9.6 处 (末态粒子能量不可能超过初始粒子能量)。对于 LHC 围绕 $y = 0$ 的区域 (90° 极角) 有个宽度 $\Delta y \sim 6$ 的近乎平坦的 "平台"。回忆第 2 章的讨论, 探测器覆盖赝快度区 −5 到 +5 的范围。的确, 这和如图 3.2 所示的分布吻合得很好。"平台" 宽度仅对数性地依赖于所产生的粒子的质量及横动量 (式 (3.1))。因此对 LHC 而言平台宽度为 6 的量级, 不依赖于动力学或产生过程, 至少对相较质心能量为小的质量尺度如此。

在 Fermilab Tevatron 加速器综合设施，有两个正在进行的通用目的实验，分别称为 D0 和 CDF。我们已经在第 2 章展示了一些 D0 和 CDF 事例的例子。现在利用它们的实验数据说明粒子如何产生。例如，D0 数据如图 3.3 所示。对不同的快度，来自夸克和胶子碎裂的 "喷注" 产生截面作为喷注横能的函数。由于假定喷注的质量可以忽略，我们将不加区分地使用喷注的能量和动量。

显而易见，由于 E_T 相对 2 TeV 质心能量较小 ($E_T \sim 100$ GeV)，Tevatron 存在一个快度 "平台" $\mathrm{d}y \sim \pm 2$，总宽度 $\Delta y \sim 4$。将 Tevatron 数据 (图 3.3) 和 LHC 蒙特卡罗模型预言 (图 3.2) 相比较，可以看出平台宽度随着质心能量的增加而增加。同时给定质心能量，平台宽度随着横能增加而收缩，正如式 (3.1) 的快度定义所预期。

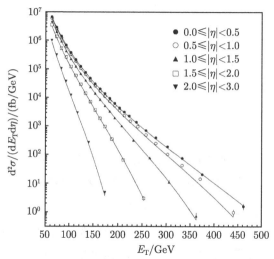

图 3.3 D0 数据：在不同赝快度范围的喷注截面作为喷注横能的函数[1] (惠允使用)。实线代表不同分布函数的拟合

3.2 源函数 —— 质子到质子

我们将假定质子是 u 和 d "价" 夸克、辐射胶子，以及夸克–反夸克对 "海" 的非相干的和 (即没有波函数的量子相位)。如果将其设想为一个 "价" 夸克 u + u + d 的束缚态，那么质子量子数是满足的。"海" 中的胶子可以由价夸克辐射产生，反夸克可来自于胶子随后的 "分裂" 或虚衰变到夸克–反夸克对。

量子振幅缺乏相干来自如下事实，该反应存在两个基础尺度：束缚能标或质子大小，以及 "碰撞硬度" 或基础碰撞尺度。我们将工作在远超束缚能能标之上 "硬的" 或大横动量 P_T 的尺度，$P_T \gg \Lambda_{\mathrm{QCD}}$。质子将离解为 "部分子"(parton)，或标准模型基本粒子的虚态。其寿命为 $1/\Lambda_{QCD}$，较碰撞时间 $1/P_T$ 长。在硬碰撞过程中，可以认为部分子是自由的。因此这些部分子发生不相干散射，且质子截面仅是单独的部分子截面之和。

在此极限下，质子内的夸克和胶子可以用经典概率分布函数来表示。观测到质子内给定组分的概率由一个分布函数 $f_i(x)$ (图 3.4) 来描述，其中 i 指部分子的种类，x 定义为部分子携带的质子动量的百分比。这些分布不可避免地要由实验确定，因为它们描述质子在 QCD 无法进行微扰计算的质量尺度下的束缚机制。本书单单将它们作为已知输入。我们断言分布函数对所有基础过程都是普适的，如同描述末态部分子到渐近强子态的碎裂函数 (第 2 章)。

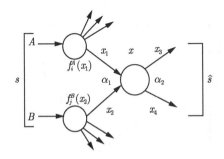

图 3.4　质子 (A)–(反) 质子 (B) 碰撞中的部分子示意图。显示了初始态部分子的分布函数，连同部分子两体散射的运动学定义以及耦合常数

质子 -(反) 质子态 $A+B$ 的质心能量是 $\sqrt{s}$。基础 "部分子"(或类点粒子) 反应是 $1+2 \to X \to 3+4$。其动力学作为两个耦合常数的乘积示意地给出。第一个指的是初始态，$1+2$，而第二个指末态，$3+4$。两体部分子散射发生在质心能量 (或复合态 X 的质量) $\sqrt{\hat{s}}$。如果适用，这一过程因子化为初始态的部分子分布，随后的部分子散射，以及末态部分子最终碎裂为强子。

接下来将从左到右依次调查不同的因子。首先观察起源于初始态部分子硬出射后破碎的质子和 (反) 质子碎裂的 "底层事例"，然后考虑分布函数。3.3 节将研究初始态 $1+2$，继而在 3.4 节研究类点散射，$1+2 \to 3+4$。3.5 节和 3.6 节将分别讨论单体和两体末态。3.7 将考虑末态部分子的碎裂，然后本章结束。

破碎的质子和 (反) 质子的残余碎片演变为 "软"π 介子，其 $P_T \sim 0.4$ GeV，每单位快度荷电粒子密度为 6，以及等量的 π^+、π^0 和 π^-。第 2 章已讨论过 "底层事例"。预期所有相互作用都将包含类似的 "软的"，或低横动量粒子分布。图 3.5 显示了末态无约束的质子–(反) 质子碰撞中，在低横动量产生的粒子的横动量谱及赝快度分布。这些事例的术语是 "最小偏差"(minimum bias) 事例或 "单举"(inclusive) 非弹性相互作用，其产生并未对末态施加选择或触发。

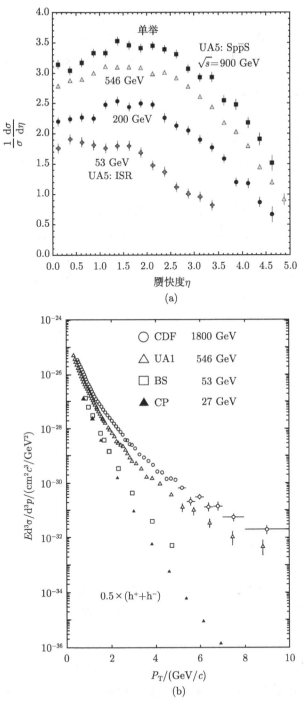

图 3.5　(a) 不同质心能量下产生的荷电粒子截面作为质心赝快度的函数的数据[3] (惠允使用)；(b) 不同质心能量质子–(反) 质子碰撞中产生的荷电粒子截面作为其横动量的函数的数据[2] (惠允使用)

在某粒子密度明显可见赝快度的平台，它随质心能量缓慢抬升。如所预期，平台宽度亦随质心能量增加。横动量分布密集局域在小于 0.5 GeV 左右。一般而言，$P_T < 1$ GeV 时对质心能量的依赖很小。在低横动量处其行为可利用幂律拟合。

$$\begin{cases} \mathrm{d}\sigma/\pi \mathrm{d}y \mathrm{d}P_T^2 \sim A/(P_T + P_0)^n, \\ A = 450 \text{ mb/GeV}^2, \ P_0 \sim 1.3 \text{ GeV}, \ n \sim 8.2. \end{cases} \tag{3.3}$$

系数 A 是 100 mb 量级。由于 100 mb 近于总非弹性散射截面，小横动量粒子构成了那些质子-质子碰撞中非弹性相互作用产生的粒子的主体。在远大于 P_0 之上，截面按照横动量的幂律下降。

在小的 P_T 强子 A 和 B 的碎片同 "迷你喷注"(minijets) 或在 10 GeV 以上的 "小" 横动量喷注平滑的融合。在横动量为 10 GeV 处胶子喷注产生的截面约 1 mb。如图 3.5 所示的 "软" 物理和图 3.6 所示的 "硬散射" 之间的边界并非十分确定。如图 3.6 所示是 COMPHEP 对 14 TeV 质子-质子碰撞 (LHC) 中胶子-胶子散射的蒙特卡罗预言结果，其中并未考虑胶子碎裂。

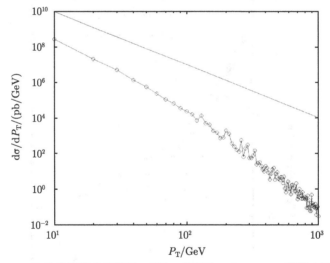

图 3.6 LHC 产生的低横动量胶子 "喷注" 截面的 COMPHEP 蒙特卡罗结果。实线表明一个随横动量的负三次方降低的基础截面，$\mathrm{d}\sigma/\mathrm{d}P_T \sim 1/P_T^3$

离开解体的碎裂质子-(反) 质子，现在考察部分子分布函数 (parton distribution function，PDF)。我们先试着定性地理解它们的最简单的特性。首先假定质子中的 u + u + d"价" 夸克之间存在很弱的束缚。正是这些夸克赋予质子诸如电荷，$a = e(2/3 + 2/3 - 1/3)$ 等量子数。由于弱束缚，3 个夸克将有相同的速度，如图 3.7 所示。

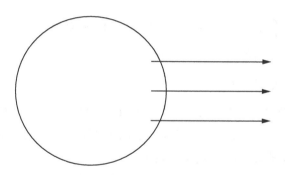

图 3.7 质子内部三个价夸克的动量分数示意图。假定它们之间的束缚非常微弱

在这种情况下，预期价夸克分布函数 $f(x)$ 是中心位于 $x = 1/3$ 处、尖锐成峰的函数。变量 x 是基本粒子，或部分子携带的质子动量的百分比。但是，u 夸克和 d 夸克质量约为 5 MeV（图 1.1），而质子质量是 940 MeV。因此质子内部的夸克运动必然是相对论性的，因为系统总的有效质量远大于组分质量之和。由于夸克被束缚在约 1 fm 大小的质子内，估计 $(\Delta x \cdot \Delta P \sim \hbar, \Delta x \sim 1\,\mathrm{fm}, P \sim \Delta P \sim 0.2\,\mathrm{GeV} \sim \Lambda_{\mathrm{QCD}})$ 它们具有约 200 MeV 的动量，远大于其静止质量。

由于束缚态夸克处在相对论性运动状态，它们很容易辐射胶子。这意味着对于很小的 x 值，胶子的分布 $xg(x) \sim$ 常数，其中 $g(x)$ 是胶子分布函数。胶子可以虚"分裂"或"衰变"为夸克–反夸克对，这意味着 $xs(x) \sim$ 常数，这里 $s(x)$ 是奇异夸克分布函数。出于这个原因，要对价夸克、辐射胶子的"海"及夸克–反夸克对做区分（图 3.9）。

现在证明 $xg(x)$ 为常数的断言。图 3.8 给出了由一个动量为 P 的相对论性费米子出射一个动量为 k，能量为 ω 的无质量玻色子的运动学定义。x 定义为玻色子带走的母动量的百分比。

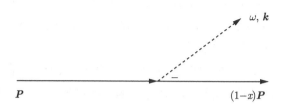

图 3.8 一个动量为 P 的粒子辐射出一个能量为 ω，动量为 k 的无质量粒子的示意图。末态的费米子携带初始态动量的百分比为 $1 - x$

在非相对论量子力学微扰论中，反应振幅 A 正比于初末态（不含玻色子）之间能量差的倒数，$A \sim 1/\Delta E = 1/(E_{\mathrm{f}} - E_{\mathrm{i}})$。因此，辐射一个动量分数为 x 的胶子的振幅呈 $1/x$ 行为，发射的胶子因此是"软的"。利用高能粒子具有的近似关系，

$$\begin{cases} E = \sqrt{P^2 + m^2} \approx P + m^2/2P \sim P \ ^{①}, \\ \Delta E \sim P - (1-x)P, \\ A \sim 1/x. \end{cases} \tag{3.4}$$

利用能量以及动量守恒，$E = E' + \omega$，$\boldsymbol{P} = \boldsymbol{P}' + \boldsymbol{k}$，经过冗长的代数运算，可以发现如下关系：$\omega = k\cos\theta = k_{\parallel}$。因此无质量的辐射胶子将同母粒子近似共线，$\theta \sim 0$。辐射胶子既是软的又是共线的。

实验上所确定的价夸克、胶子，以及夸克-反夸克海的分布函数如图 3.9 所示。对于价夸克，存在 $x \sim 1/3$ 的残存"记忆"，但由于辐射，x 的平均值减小了。胶子和反夸克海在小 x 处具有 $xf(x) \sim$ 常数的特征辐射行为。胶子是小 x 处的主导"部分子"。在大的 x 值处，胶子被高度压制，在 $x > 0.2$ 则由价夸克主导。

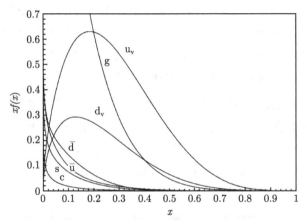

图 3.9 质子内部 u 价夸克、胶子、d 价夸克，以及 "海" 反夸克的动量分数分布[4]（惠允使用）。图中曲线为固定动量转移标度的拟合 (附录 D)

让我们梳理一下分布函数对被探测处质量标度 Q 的依赖。记住它随质量的变化是对数缓变的。在最低阶可以忽略这一变化，在本章剩余部分我们都这么做。但是，COMPHEP 内置了合适的行为。

基本量随质量标度——按惯例称为 Q——"跑动" 或变化来自包含耦合常数额外幂次的量子修正，细节见附录 D。在分布函数的情形，"跑动" 行为的根源是带色夸克和胶子的辐射。比如，分布函数里一个动量分数为 x 的夸克可以由一个具有更大动量分数的夸克辐射胶子并随之失去能量而产生 (图 3.8)。

QCD 微扰论提供一个夸克发射一个夸克加胶子的描述。原则上可以通过求解

---

① 原文印刷错误，误印为："$E = \sqrt{P^2} + m^2 \approx P + \dfrac{m^2}{2P} \sim P$"，应为 "$E = \sqrt{P^2 + m^2} \approx P + m^2/2P \sim P$"。——译者注

描述夸克和胶子经历的全部辐射过程的一组方程组，将分布函数 $f(x, Q^2)$ 从一个质量尺度 Q "演化" 到任何其他质量尺度。结果随着质量标度的增加辐射过程的重要性增加了，在小 x 处提升、在大 x 处减少所有分布函数。例如，胶子分布在小 x 处随 Q 增加而迅速增长。对于 $x < 0.02$，这一行为可以从图 3.10 看出，$g(x)$ 比 $1/x$ 增长得快。

COMPHEP 内置两套可用的分布函数 (MRS 和 CTEQ)。读者可取的方式是对同样的过程但两套不同的分布函数运行程序。如果它们在问题涉及的过程所探索的 x 和 Q^2 区域内得到很好测量，则结果应当对分布函数的选择并不敏感。反之，则预言的截面存在 "理论" 不确定性，因为分布函数已被外推至超出其被良好测量的参数空间区域。

轻子散射实验观察到胶子携带近似一半的质子动量。这一事实可以用来归一化胶子分布。通过在 $xg(x)$ 分布中假定 $(1-x)^6$ 因子，可以实现在大 x 值处的抑制：

$$\begin{cases} xg(x) = 7/2(1-x)^6, \\ \int xg(x)\mathrm{d}x = 1/2. \end{cases} \tag{3.5}$$

一些代表测量的胶子分布函数的拟合如图 3.10 所示。离散点是式 (3.5) 的代表性数值，表明这一简单的参数化是对胶子分布合理的初步近似。因此对于胶子诱导的反应，我们对粗略的估算报有信心。

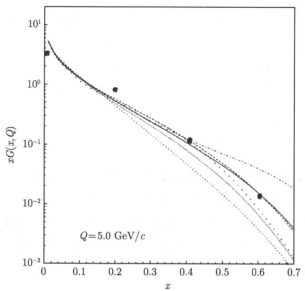

图 3.10　取自对实验数据的不同拟合的胶子分布函数，如图中线所示。圆圈是取自式 (3.5) 的若干点[5] (惠允使用)

3.3　两体形成运动学

部分子分布函数给出发现由强子 A 发射的, 具有动量分数 x_1 的第 i 个部分子, 以及强子 B 发射的, 具有动量分数 x_2 的第 j 个部分子的联合概率 $f_i^A(x_1)f_j^B(x_2)$。接下来我们将舍弃一些指标, 但是语境应是清楚的 (图 3.4)。假定部分子几乎没有横动量, 因为束缚能对横动量的贡献的尺度是 Λ_{QCD}。部分子分别具有径向动量 $p_1 = x_1 P$ 和 $p_2 = x_2 P$, 其中 P 是质子 – 质子质心系的质子动量, 如图 3.11 所示。

$$P \longrightarrow\!\!\blacktriangleleft\!\blacktriangleright\!\longleftarrow P$$
$$p_1 \longrightarrow \quad \longleftarrow p_2$$

图 3.11　质子–质子碰撞引起的部分子–部分子散射的初始态示意图

复合的初始态质量 M, 及动量分数 x 则可通过相对论性的能量和动量守恒, 借助初始态部分子的动量分数以及质子–质子质心能量平方 s 得到。细节见附录 C, 但 $x = x_1 - x_2$ 应是显然的。

$$x_1 x_2 = M^2/s \equiv \tau, \ x = x_1 - x_2. \tag{3.6}$$

对于质心能量 $\sqrt{s}$ 的质子–质子碰撞, 产生质量为 M 的态 ($x = 0$) 的部分子, 其动量分数 $\langle x \rangle$ 的典型值是 $\sqrt{\tau} = M/\sqrt{s}$。

快度平台的全宽度 Δy 可以通过系统动量分数 x 趋向于 1 的运动学极限来粗略估计。利用快度定义 (附录 C), $E = m_{\mathrm{T}} \cosh y$, $P_\parallel = m_{\mathrm{T}} \sinh y$, 以及 x 的定义式 $x = P_\parallel/P = m_{\mathrm{T}} \sinh y/P = 2 m_{\mathrm{T}} \sinh y/\sqrt{s}$。宽度仅对数地依赖于产生的态的质量和质心能量。注意到 $x = 1$ 意味着 $y = y_{\max}$, 及 $\Delta y = 2 y_{\max}$。

$$\begin{cases} x = (2 m_{\mathrm{T}} \sinh y)/\sqrt{s} \sim (M/\sqrt{s})\mathrm{e}^y, \\ \Delta y \sim 2 \ln(\sqrt{s}/M). \end{cases} \tag{3.7}$$

来自质子 A 的动量分数 x_1 的部分子和一个来自 (反) 质子 B 的 x_2 的部分子形成一个质量为 M 的系统。形成以动量分数 x 运动, 质量为 M 的系统, 其联合概率 $P_A P_B$ 假设两个部分子独立发射。式 (3.8) 中变量 C 是同分布函数归一化有关的色因子, 会在以后需要时加以解释。基本部分子散射由截面 $\hat{\sigma}$ 描述, 而质子–(反) 质子截面是 σ。

$$\sigma = P_A P_B \mathrm{d}\hat{\sigma} = C f^A(x_1) \mathrm{d}x_1 f^B(x_2) \mathrm{d}x_2 \mathrm{d}\hat{\sigma}(1 + 2 \to 3 + 4). \tag{3.8}$$

末态观测量 M 和 y 来自 x_1 和 x_2, $\mathrm{d}x_1\mathrm{d}x_2 = \mathrm{d}\tau\mathrm{d}y$, 为借助它们表达截面, 需作变量代换。一旦在探测器中测量了 M 和 y, 就可以推断 x_1 和 x_2 的大小, 至少对两体散射是如此 (附录 C)。

$$\begin{cases} \mathrm{d}\sigma = Cf^A(x_1)f^B(x_2)\mathrm{d}\tau\mathrm{d}y\mathrm{d}\hat{\sigma}(1+2 \to 3+4), \\ (\mathrm{d}\sigma/\mathrm{d}\tau\mathrm{d}y)_{y=0} = Cf^A(\sqrt{\tau})f^B(\sqrt{\tau})\mathrm{d}\hat{\sigma}(1+2 \to 3+4). \end{cases} \tag{3.9}$$

假定平台宽度为 Δy, 可如下估计总截面: $\Delta y \sim (\mathrm{d}\sigma/\mathrm{d}y)_{y=0}\Delta y$。$\Delta y$ 的数值仅随质量缓变 (式 (3.7)), 在 LHC 它在量级上是 4~10。

式 (3.9) 的最后一行表明微分截面是无量纲变量 τ 的函数。这是模型的一个直接预言, 独立于任何特殊的动力学假设。此 "标度" 行为已被广泛的强子对撞机数据证实。本章后面将演示一个利用两个不同质心能量喷注数据的例子。同时看到, 为了取得进一步计算需要知道基础散射过程 $\mathrm{d}\hat{\sigma}(1+2 \to 3+4)$。由于我们已经理解标准模型基本粒子的动力学, 这一散射截面的数据是清楚的。

3.4 质子的类点散射

现在从图 3.4 的左边移到右边, 考虑基础部分子散射过程。在非相对论量子力学中, 过程的概率幅 A 的玻恩近似是相互作用哈密顿量夹在初始态和末态平面波 (自由粒子)$|i\rangle$ 和 $|f\rangle$ 之间, $A = \langle f|H_I|i\rangle \sim \int e^{i\boldsymbol{q}\cdot\boldsymbol{r}}V_I(r)\mathrm{d}\boldsymbol{r}$, 这正是相互作用势 $V_I(r)$ 的傅里叶变换, 其中 $\boldsymbol{q} = \boldsymbol{k}_f - \boldsymbol{k}_i$, $q \sim k\theta$ 是反应当中动量转移大小。一个熟悉的例子是库仑势 $1/r$, 其玻恩概率幅 $1/q^2$, 描述虚交换的光子如何在动量空间中传播。这导致 (卢瑟福散射) 截面作为概率幅的平方为 $1/q^4 \sim 1/\theta^4$, 这应是熟知的。

我们使用相对论部分子变量, 质心能量平方 $\hat{s}$, 以及 4-动量转移 $\hat{t}$, $(p_3 - p_1)_\mu \cdot (p_3 - p_1)^\mu$。变量 $\hat{u}$ 按照 $\hat{s} + \hat{u} + \hat{t} = 0$ 来定义, 忽略部分子的小的质量。类点截面有一个总的因子, 它包含图 3.4 中明显显示的两个顶角处的偶合常数, 以及一般的类点能量依赖性。

$$\hat{\sigma} \sim \pi(\alpha_1\alpha_2)|A|^2/\hat{s}. \tag{3.10}$$

其余的因子无量纲且依赖于表 3.1 中所列的特定过程。简单起见, 其中 $\hat{s}$ 和 $\hat{t}$ 的 "帽子" 记号被扔掉了。在大散射角 $\hat{\theta} = \pi/2$, 所有项都是 1 的量级。如卢瑟福散射中所预期的 $1/t^2$ 行为, $t \sim q^2$, 亦很明显。因此式 (3.10) 给出的一般的类点截面是有用的初步近似。我们将在估算时采用它。在启用 COMPHEP 程序之前, 这些估计应作为 "现实检查"。

表 3.1 列出了部分子散射的类点截面。表中各项对已分解的式 (3.10) 有一般性的依赖。在大横动量，或近 90°($y \sim 0°$) 散射角，剩余因子是无量纲、量级为 1 的数[4] (惠允使用)。

表 3.1 部分子散射的类点截面

过程	$|A|^2$	在 $\theta = \pi/2$ 的值
$q + q' \to q + q'$	$\frac{4}{9}[s^2 + u^2]/t^2$	2.22
$q + q \to q + q$	$\frac{4}{9}[(s^2 + u^2)/t^2 + (s^2 + t^2)/u^2] - \frac{8}{27}(s^2/ut)$	3.26
$q + \bar{q} \to q' + \bar{q}'$	$\frac{4}{9}[t^2 + u^2]/s^2$	0.22
$q + \bar{q} \to q + \bar{q}$	$\frac{4}{9}[(s^2 + u^2)/t^2 + (t^2 + u^2)/s^2] - \frac{8}{27}(u^2/st)$	2.59
$q + \bar{q} \to g + g$	$\frac{32}{27}[t^2 + u^2]/tu - \frac{3}{8}[t^2 + u^2]/s^2$	1.04
$g + g \to q + \bar{q}$	$\frac{1}{6}[t^2 + u^2]/tu - \frac{3}{8}[t^2 + u^2]/s^2$	0.15
$g + q \to g + q$	$-\frac{4}{9}[s^2 + u^2]/su + [u^2 + s^2]/t^2$	6.11
$g + g \to g + g$	$\frac{9}{2}[3 - tu/s^2 - su/t^2 - st/u^2]$	30.4
$q + \bar{q} \to \gamma + g$	$\frac{8}{9}[t^2 + u^2]/tu$	
$g + q \to \gamma + q$	$-\frac{1}{3}[s^2 + u^2]/su$	

亮度 L 由其乘以截面 σ 给出反应中所观察到的每秒相互作用率来定义。举例来说，LHC 的设计亮度使得总的非弹性相互作用率达到 1 GHz。由于加速器每 25 ns 会有一次射频 (RF) 成串束流交叉，每次成串束流交叉包含大约 25 次非弹性相互作用。由于一次交叉当中的事例不能被及时分辨，导致在探测器中的 "堆叠"。

$$\begin{cases} \sigma \sim 100 \text{ mb} 10^{-25} \text{cm}^2, \\ L = 10^{-34}/(\text{cm}^2 \cdot \text{s}), \\ \sigma L \sim 10^9 \text{Hz}. \end{cases} \quad (3.11)$$

作为一个快速的 "现实核查" 来重新估计低横动量喷注率。由于这一过程发生在小质量、小 x 尺度，所以胶子 – 胶子截面占主导。在 LHC(束流) 交叉时发现小 P_T 喷注，或 "迷你喷注" 的概率并不小。借助式 (3.9) 和式 (3.10)，式 (3.12) 用以

估计产生质量 M_0 以上的胶子对的截面。

$$\begin{cases} M^3(\mathrm{d}\sigma/\mathrm{d}\tau\mathrm{d}y)_{y=0} = 2[xg(x)]^2 C(\mathrm{d}\hat{\sigma}\hat{s})(\hbar c)^2, \\ \Delta\sigma(M > M_o) \sim \Delta y [xg(x)]^2 (\pi\alpha_s^2 |A|^2/M_o^2)(\hbar c)^2. \end{cases} \tag{3.12}$$

微分截面随质量的 3 次幂下降。这一幂律行为是类点基础过程的特征。可以使用胶子分布函数归一化、快度全宽，以及强耦合常数来估计大于 10 GeV 质量的喷注–喷注截面。对于小 x，$[xg(x)] \sim 7/2$。当 $\alpha_s \sim 0.1$，快度宽度约为 10。利用表 3.1 中的 $|A(\mathrm{g}+\mathrm{g}\to\mathrm{g}+\mathrm{g})|^2$，可得质量在 10 GeV 以上的截面约为 0.4 mb。

当 $M/2 \sim P_\mathrm{T}$ (附录 C)，简单估算截面为 1 mb 量级，这是对图 3.6 的一个 "现实核查"。取 $C \sim 1$，意味着忽略来自强子 A 的胶子与来自强子 B 的胶子的色匹配。我们假定任何色不匹配可由近于 1 的概率被非常软的胶子辐射去掉，且不降低反应率。

3.5　2 到 1 Drell-Yan 过程

现在看一下末态单粒子的共振形成。由于历史的原因，这被称为 "Drell-Yan" [①]产生。首先回忆在量子力学里，共振描述一个质量为 M 的不稳定态，其有限宽度为 Γ，满足布莱特–维格纳分布。衰变态具有有限寿命 $\tau \sim \hbar/\Gamma$。幺正性 (unitarity) 对产生自旋为 J 的态的截面有限制，$\hat{\sigma} < 4\pi\lambda_\mathrm{dB}^2(2J+1)$，其中 λ_dB 是德布罗意波长，联系着质心动量 $\hat{P}$ 及质量 M，$\lambda_\mathrm{dB} \sim \hbar/\hat{P} \sim 2\hbar/M$。

我们将假定宽度相对质量很小，然后对质心能量沿着近似等于共振宽度的质量范围积分。以此对式 (3.9) 进行末态质量积分求得作为快度函数的共振产生截面。$1+2$ 反应中态形成的部分宽度定义为 Γ_{12}。

$$\begin{cases} \int \hat{\sigma}\mathrm{d}\hat{s} = \pi^2(2J+1)(\Gamma_{12}/M), \\ M^3(\mathrm{d}\sigma/\mathrm{d}\tau\mathrm{d}y)_{y=0} = C[xf^A(x)f^B(x)]_{x=\sqrt{\tau}}[\pi^2\Gamma_{12}(2J+1)/M]. \end{cases} \tag{3.13}$$

为了获得截面的粗糙估计，注意到在缺乏任何动力学的情况下，共振宽度对质量之比 α_{12} 由相关的耦合常数强度定义：

$$\Gamma_{12}/M \sim \alpha_{12}. \tag{3.14}$$

---

① 见缩略术语表。方便起见，下文以及后面章节中我们直接使用 "Drell-Yan"，而不采用中文译名。——译者注

平台的截面乘以质量平方也呈现"标度"行为。它仅是无量纲变量 τ 的函数。这一预言已经在,比如,不同质心能量的 W 玻色子和 Z 玻色子产生中观测到了。作为一个粗糙的估计,预期截面为 $\sigma_{12} \sim \Gamma_{12}/M^3 \sim \alpha_{12}/M^2$.

让我们来看一下初始态两个部分子之间的运动学关联。编写一个简单的蒙特卡罗程序可从 $xg(x)$ 中挑出 x_1 和 x_2,并由动力学赋予权重 $1/M^2$ (式 (3.13))。末态质量固定为 200 GeV,质心能量 2 TeV。

接受的 x 值的散点分析如图 3.12 所示。存在双曲的运动学边界 $(x) \sim 0.1$,是当 $x_1 = x_2$ 时 $y = 0$ 的值。因为要产生一个固定质量,运动学边界 $x_1 x_2 = M^2/\sqrt{s} = 0.01$ 相当陡峭。当一个部分子 x 值为 1,另一个部分子动量分数取极小值,$x_{\min} = \tau = M^2/s$。此时最小值是 $x = 0.01$。

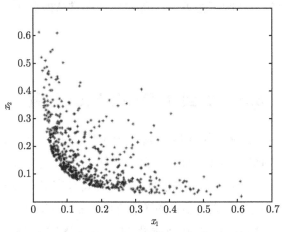

图 3.12 质子–(反) 质子碰撞中的胶子动量分数的散点图。产生的质量固定于 200 GeV 处,总的质心能量为 2 TeV

现在来研究作为可获得的质心能量的函数的 W 玻色子和 Z 玻色子产生。由于没有胶子没有味道或弱荷,W 玻色子和 Z 玻色子同质子内的 u 夸克和 d 夸克耦合。因此,产生机制来自初始态的夸克和反夸克。对于 W 玻色子产生,不存在尖锐的质子"阈能",因为夸克在质子内部有较宽的动量分布。质子可被看成具有较宽动量范围的夸克和胶子束流。

这些产生过程的 COMPHEP 费恩曼图如图 3.13 所示。W 玻色子和 Z 玻色子在 $\bar{u}+u \to Z \to e^+ +e^-$,$\bar{u}+d \to W^- \to e^- +\bar{\nu}_e$ 反应中形成。偶尔 COMPHEP 会禁止末态出现单粒子,这是选择特殊的 W 和 Z 衰变模式的原因。在 COMPHEP 里大写字母意味着反粒子 (附录 B)。初始态包括一个夸克–反夸克对,而末态包含一个轻子和一个反轻子。从第 1 章和附录 A 的讨论,读者已熟悉夸克、轻子同规范玻色子的耦合。

图 3.13　COMPHEP 中给出的 W 和 Z 规范玻色子产生的费恩曼图

本章及后文将只用上夸克作为对截面粗略的初步估计，因为电磁截面正比于夸克电荷平方。这样在截面求和里上夸克超出下夸克 4 倍。对 Z 玻色子产生，读者应当尝试用 COMPHEP 在初始态尝试不同的夸克–反夸克对来验证这一断言。原则上应对每个可能的初始态使用 COMPHEP 并将结果非相干地求和。

在给定的共振质量 M，预期随着质心能量的增加截面迅速增长，源于夸克分布函数随反应中取样的分布函数 x 平均值 ($\langle x \rangle \sim M/\sqrt{s}$) 的减小而迅速增加。COMPHEP 的计算结果如图 3.14 所示。LHC 截面很可观，$\sigma_{\mathrm{W}} \sim 30$ nb(此处已利用第 4 章的 $B(\mathrm{W}^- \to \mathrm{e}^- + \bar{\nu}_\mathrm{e}) \sim 1/9$)。当两个部分子都有 $x \sim 1$，"绝对" 阈值，$\sqrt{s} = M_{\mathrm{W}} = 80$ GeV 被极大地压制了，因为那里源分布为零。

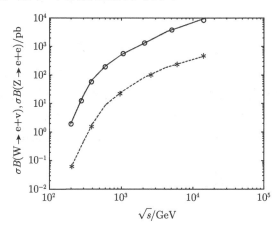

图 3.14　对于图 3.13 所示基础过程，COMPHEP 计算结果：W (∘，实线) 和 Z(∗，虚线) 规范玻色子产生的截面和电子分支比的乘积作为质子–质子质心能量的函数

从 Fermilab 的 Tevatron 再到 LHC 截面增长了 10 倍。即使在 LHC W 截面也不过是总非弹性截面的三百万分之一。显然在存储器储存候选事例之前，对于有效且敏锐的探测器触发需要额外花销。

附录 A 表明了 Z 玻色子同费米子的耦合如何依赖于温伯格角。我们也评论说，温伯格角由来自 "中性流" 或 Z 传递的中微子相互作用的实验数据确定。从诸如 Tevatron 这种质子–反质子对撞机轻子对的 Drell-Yan 产生来确定温伯格角也是可能的。如是则 W 质量、顶夸克质量，以及温伯格角可以通过一个实验全部确定，从而减少了由于组合自不同加速器的不同实验所产生的可能系统效应。

夸克–反夸克湮灭到电子–正电子对的前向–后向角不对称性如图 3.15 所示。读者可用 COMPHEP 轻易检查这些结果。

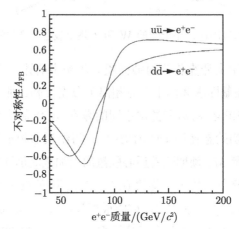

图 3.15 夸克–反夸克湮灭的衰变角不对称。相干效应是由于存在两个不同相位的概率幅, 一个和中间光子, 另一个和 Z 玻色子[5] (惠允使用)。u 夸克和 d 夸克与 Z 玻色子耦合不同 (附录 A)

迄今为止[①], Tevatron 亮度一直不足以获得足够的 Z 轻子衰变事例以精确测定温伯格角。在未来的 Tevatron 数据采集中, 预期 Z 统计将十分充分。目前来自 CDF 关于不对称的数据如图 3.16 所示。在靠近 Z 质量处大的不对称数值由 L 夸克和 R 夸克分量同 Z 不同的 V-A 耦合造成, 如附录 A 中的讨论。未出现在标准模型里的新的更大质量的 Z 玻色子也许可以在大质量处不对称的类似结构里看到。

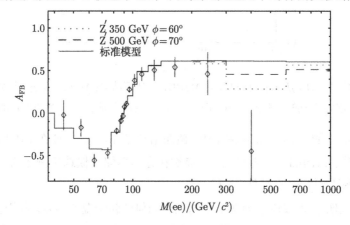

图 3.16 CDF 数据, 正负电子对 Drell-Yan 产生的角不对称性作为对质量的函数。靠近 Z 玻色子质量的不对称性变化取决于温伯格角的数值大小[6] (惠允使用)。曲线是新的重 Z′ 玻色子存在导致的改变

---

① 指截至本书成书时。—— 译者注

也有其他过程导致单共振态的产生。第 1 章引入的粲夸克可以在衰变前形成粲夸克–反粲夸克束缚态。这些态称为粲夸克偶素 (charmonium)，类似于电子偶素，第 2 章举出粲夸克偶素共振用以校准 μ 子探测器的例子。这些共振具有极窄的自然宽度，因为它们通过多胶子发射衰变，而不像正负电子束缚态的正或仲电子偶素通过缓慢的多光子衰变。

在质子–质子碰撞中质子中的胶子逐渐形成粲夸克偶素。通常通过它们的双轻子模式来检测，这是由于轻子十分稀少并因此被逐渐触发。产生的粲夸克偶素态的横动量依赖如图 3.17 所示。

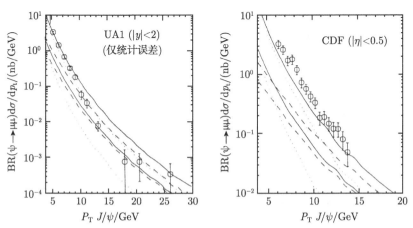

图 3.17　UA1 (CERN) 及 CDF (Tevatron) 实验中粲夸克偶素态产生的横动量分布[7]（惠允使用）

粲夸克偶素系统的横动量分布设置的尺度仅几吉电子伏。如我们已论证的，初始态有一个由 QCD 特征能标设置的非常有限的横动量。以上数据足以证明初始态横动量很小的假定。

在耦合常数更高阶，这一简单图像变得更加复杂。这一过程称为 "初始态辐射"，参见图 3.18，一个胶子在粲夸克偶素 Ψ 形成之前辐射一个胶子，也给末态的粲夸克偶素带来横动量。有限的 P_T 来自初始态辐射和部分子内禀横动量。

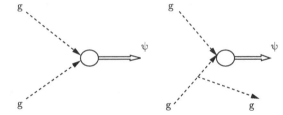

图 3.18　粲夸克偶素的胶子–胶子形成的示意表示。一个额外的胶子出射导致反冲粲偶素的小横动量

让我们试着粗略估计一下图 3.14 和图 3.17 中的截面。部分子截面已在式 (3.16) 中引用。W 截面为 $\hat{\sigma} \sim \pi^2 \Gamma (2J+1)/M^3$，利用一个"一般"宽度 ~ 2 GeV ($\alpha_{\mathrm{W}} M$)，可得 $\hat{\sigma} = 47$ nb。这同图 3.14 完全的 COMPHEP 计算合理吻合。对于粲夸克偶素，其宽度仅 0.000 087 GeV，质量为 3.1 GeV，类似的截面估计 $\hat{\sigma}$ 约为 34 nb，同图 3.17 中的数据粗略相符。因此本章给出的 Drell-Yan 产生公式被证实是个有用的初步近似。注意 COMPHEP 无法处理粲夸克偶素，因为它只能计算基础过程。

我们可以扩展讨论以考察粒子对的产生。Z 玻色子对产生截面作为质心能量的函数如图 3.19 所示。COMPHEP 计算结果表明它随质心能量陡增。

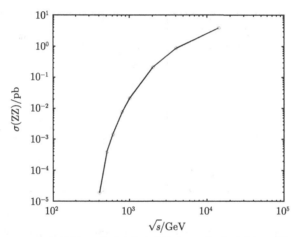

图 3.19　COMPHEP 结果：质子–质子碰撞中 Z 规范玻色子对的产生作为初态 u 夸克湮灭的质心能量的函数

从 Tevatron 到 LHC 截面有 20 倍增长。不过，在 LHC ZZ 截面仍然不过约 8 pb。因此，如果希望以高精度统计研究规范玻色子对，即使在 LHC 的很高质心能量下高亮度也是必要的。

初始态为 u + ū 的 Z 规范对产生的 COMPHEP 费恩曼图如图 3.20 所示。如前所述，由于更大的电荷耦合，我们假设 u 夸克湮灭占据主导。

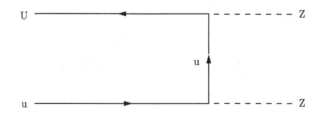

图 3.20　夸克–反夸克湮灭过程中的 Z 规范玻色子对产生的 COMPHEP 费恩曼图

这一费恩曼图似乎意味着在质子–反质子，而非质子–质子相互作用中 Z 规范玻色子对产生截面更大，因为前者可获得价反夸克。但是，这仅在分布函数的典型 x 值较大，有利于价部分子时才正确。例如，在强子–强子质心能量 0.4 TeV，x 平均值 $\langle x \rangle 2M_Z / \sqrt{s}$ 或 ~ 0.46，部分子由价夸克源主导，这样预期质子–反质子截面超过质子–质子的。作为质心能量的函数，质子–质子和质子–反质子相互作用中 Z 对产生的 COMPHEP 结果比较如图 3.21 所示。

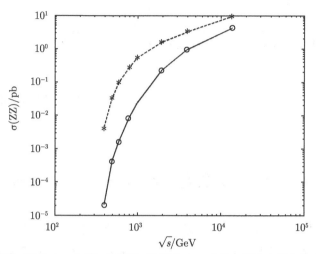

图 3.21　质子–质子 (∘，实线) 和质子–反质子 (∗，虚线) 强子对撞束流中的 ZZ 产生截面作为质心能量的函数

当质心能量较低，截面存在一个大的不同 (价部分子主导的大 x 处)，它随着质心能量增加而减少。在 LHC 能量预期小于 2 倍的差异，超过了质子–质子情形下高亮度束流能力的补偿。基本上，如果身处 "海" 中，质子产生新粒子的能力与反质子同样好。

第 5 章将在搜索希格斯玻色子的语境下进一步讨论规范粒子对。人们预言规范玻色子具有三重态及四次自耦合 (附录 A)。因此我们也预期三个规范玻色子的产生。在 u 夸克湮灭中合乎三个规范玻色子 W + W + Z 产生的 COMPHEP 费恩曼图如图 3.22 所示。

这些图包含带有三次以及四次耦合的顶角。很明显，为了理解被测的三次或四次耦合是否如标准模型所预言，探索规范玻色子对以及三个规范玻色子的产生是非常重要的。这一研究将会是 LHC 研究计划中的一个活跃部分。目前，Tevatron 的亮度还不足以研究规范玻色子对的任何细节。

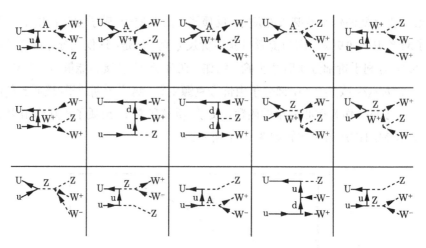

图 3.22 三个规范玻色子 W + W + Z 产生的 COMPHEP 费恩曼图

3.6 2 → 2 衰变运动学 ——"背靠背"

现在转向两粒子产生的末态。这是 "2 → 2" 散射的一般情形。式 (3.15) 显示了一般的结果。在快度平台上，$y \sim 0$，再次预期标度分布；两体散射截面仅依赖于变量 τ，

$$
\begin{cases}
M^3(\mathrm{d}\sigma/\mathrm{d}y\mathrm{d}M)_{y=0} = C[xf^A(x)f^B(x)]_{x=\sqrt{\tau}}(\mathrm{d}\hat{\sigma}\hat{s}), \\
\mathrm{d}\hat{\sigma} \approx \pi\alpha_1\alpha_2/\hat{s}, \\
M^4(\mathrm{d}\sigma/\mathrm{d}y\mathrm{d}M^2)_{y=0} = C[xf^A(x)f^B(x)]_{x=\sqrt{\tau}}(\pi\alpha_1\alpha_2).
\end{cases} \tag{3.15}
$$

在图 3.23 中，不同能量单举喷注及直接光子 (prompt photons) 产生的 D0 数据同标度预言进行了比较。单喷注变量是 $x_T = 2P_T/\sqrt{s} \sim M/\sqrt{s}$，近似是标度变量 $\sqrt{\tau}$。的确，数据粗略的仅是那标度变量的函数，于是证实了预言。但是，由于源分布函数随着质量标度 $Q \sim M$ 的演化，精确的标度不可能为真。因此，Tevatron 的喷注和光子数据细致入微地充当了对标度行为预期的确证，演化的修正带来 1.5～1.7 的改正因子。

截面作为质量的函数，$\mathrm{d}\sigma/\mathrm{d}M$ 在小质量处预期具有 $1/M^3$ 行为，那里部分子分布函数随 x 缓变。这一行为是一般部分子–部分子散射两体行为幂律的反映。当 $M/\sqrt{s}$ 变得重要，源的效应将变大。举一数值例子，对 Tevatron，$M = 400$ GeV，$M/\sqrt{s} = 0.2$，因子 $(1 - M/\sqrt{s})^{12}$ 近似等于两个胶子分布的乘积，~ 0.07。我们想看看是否能准确地估计 $M^3\mathrm{d}\sigma/\mathrm{d}M$ 的下降，因为这个量反映分布函数。

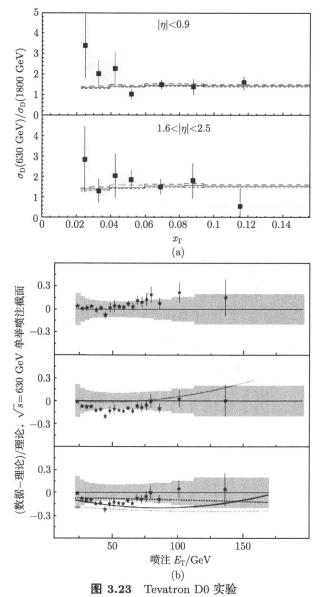

图 3.23　Tevatron D0 实验

(a) 单举光子[9] (惠允使用) 和 (b) 单举喷注[8] (惠允使用), 标度的截面 $P_T^3 \mathrm{d}\sigma/\mathrm{d}P_T \mathrm{d}y$ 作为变量 $x_T = 2P_T/\sqrt{s} \sim M/\sqrt{s}$ 的函数的比较。线段是对不同蒙特卡罗模型的拟合, 阴影表示数据中的系统误差

　　对 2 TeV 质心能量, COMPHEP 蒙特卡罗模型预言的喷注–喷注质量分布, 如图 3.24 所示。通过乘以质量立方 (式 (3.16)), 预期的部分子–部分子截面行为已经被移除。注意到 COMPHEP 的预言对 $M < 200$ GeV 近似为常数。实线表明源分布 x 依赖的近似效应, $(1 - M/\sqrt{s})^{12}$, 可以看出它是对 COMPHEP 完备计算的适当近似。

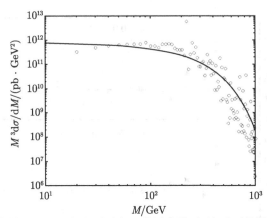

图 3.24 质心能量 2 TeV 质子–质子相互作用中胶子–胶子两体散射的 COMPHEP
结果

图 3.25 显示了质心能量为 2 TeV 的喷注横能分布和喷注–喷注质量的 COM-PHEP 蒙特卡罗预言，喷注快度小于 2。如前所述，对大散射角，有近似的运动学关系，$P_T = \dfrac{M}{2}\sin\hat\theta \sim \dfrac{M}{2}$。 于是给定质量的截面近似等于横能为一半质量处的截面大小，如两幅图中选择的标度所表明的。同以前一样，可观察到近似的 $[1/M^3][1 - M/\sqrt{s}]^{12}$ 质量分布行为。

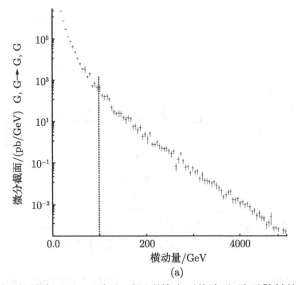

(a)

图 3.25 质心能量为 2 TeV 质子–质子碰撞中两体胶子–胶子散射的 COMPHEP
结果。

(a) 胶子 (喷注) 横动量分布; (b) 胶子–胶子 (喷注–喷注 = 双喷注) 质量分布。点
线表示在质量为 200 GeV，以及横动量为 100 GeV 处的同样的截面水平

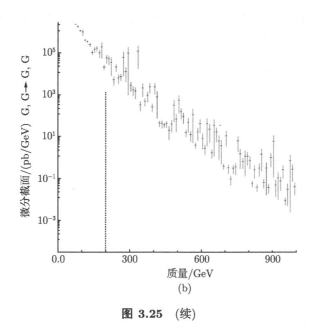

图 **3.25**　(续)

我们可以研究有别于简单强产生的相互作用，如质子–(反) 质子碰撞中的光子产生。这一过程的基本 COMPHEP 费恩曼图如图 3.26 所示。现在初始态必须有一个夸克，因为光子同夸克电荷相耦合，而胶子不带电荷。初始态也需要一个胶子，因为在小 x 处它是最可能的部分子。

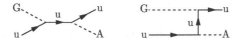

图 **3.26**　夸克–胶子散射导致的单光子产生的 COMPHEP 费恩曼图

可以将如图 3.25 所示末态两胶子截面 (假定胶子可以作为喷注从实验上观察到，因此胶子和喷注可以互换使用) 同如图 3.27 所示末态给定质量的截面作比较。例如，在 300 GeV 质量处，光子微分截面约为 2 pb/GeV，而喷注–喷注截面比它大50 倍，或者 100 pb/GeV。预期质量分布的形状相似，因为所有的类点微分截面都有相似行为，参见表 3.1。这一相似性至少被定性观测到了。

直接光子产生率相对于喷注–喷注率预期以耦合常数之比 (电磁耦合常数/强耦合常数) 的比例及 u 和 g 源函数之差减小。这两个因子在 $x \sim 0$ (图 3.9) 大约是 $\alpha/\alpha_s \sim 1/14$ 及 $u/g \sim 1/6$，这导致一个净因子 84。这样我们可以粗糙地理解截面之比。

现在转向两体末态的散射和探测。运动学的细节已在附录 C 加以解释。只需说明一点，利用两末态喷注运动学变量，快度 y_3 和 y_4 及 E_T 的测量值，足以解出

x、M 以及质心散射角 $\hat{\theta}$。进一步可以将 M、y_3 和 y_4 同初始态动量分数 x_1 和 x_2 联系起来，这就完全指定了两体过程的运动学：

$$\begin{cases} x_1 = [M/\sqrt{s}]\mathrm{e}^y, \ y = y_3 + y_4/2, \\ x_2 = [M/\sqrt{s}]\mathrm{e}^{-y}. \end{cases} \tag{3.16}$$

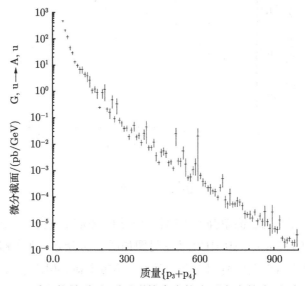

图 3.27 2 TeV 质心能量质子–质子碰撞中直接光子产生的光子–夸克末态质量分布，COMPHEP 计算所得

质心能量为 2 TeV 的轻子对 Drell-Yan 产生的 CDF 数据如图 3.28 所示。图中也给出了初始态部分子的 x 值，同样注意到该过程快度平台的优美图解。

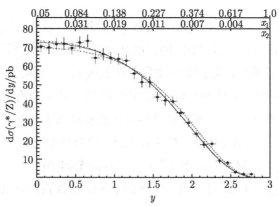

图 3.28 CDF 数据，质量接近 Z 质量的正负电子对的 Drell-Yan 产生。曲线是对不同夸克分布函数的拟合。两体末态变量被用来得到初始态两个部分子的动量分数[10] (惠允使用)

Tevatron 固定质量为 200 GeV 的两体胶子–胶子散射可通过简单的蒙特卡罗程序模拟。模拟结果如图 3.29 所示。可以看到质量为 M 的复合态 $x(x = x_1 - x_2)$ 的分布围绕零值尖锐成峰。在大 x 部分子分布函数的陡降造成 x 值被限制，约为零。在该质量存在一个 "衰变" 产物的平台，并且被限制在 $\Delta y \sim 3$。这是一个运动学而非动力学效应。

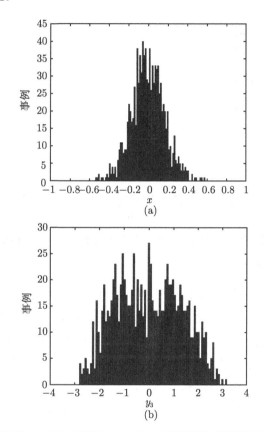

图 3.29　质心能量为 2 TeV，质量为 200 GeV 两体胶子–胶子散射的简单蒙特卡罗结果。(a) 产生的态的动量分数 x 的分布；(b) 末态胶子之一的快度 y_3 分布

另一个例子关于一个 W 玻色子和一个光子产生的两体衰变角分布。该过程的 COMPHEP 费恩曼图如图 3.30 所示。这是一对电弱规范玻色子产生的另一具体实例。这些过程依赖规范玻色子的三重耦合，在此是 WWγ 顶角。

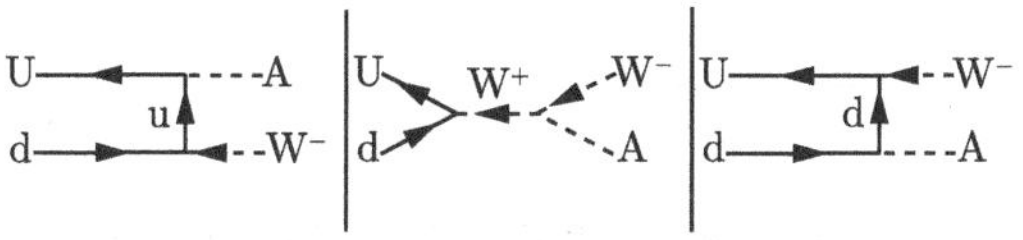

图 3.30　一对规范玻色子、一个光子，以及一个 W 玻色子产生的 COMPHEP 费恩曼图

部分子层面 W 玻色子加光子产生过程的角分布如图 3.31 所示。注意角分布强烈的前向–后向峰。这是由于虚 u、d 夸克交换造成的，类似于卢瑟福散射中的光子交换。此外，角分布存在一个零点。这一独特的标准模型预言可以由足够大的事例样本确定。虽然该过程本身已经被探测到，但这种样本还无法在 Tevatron 获得。

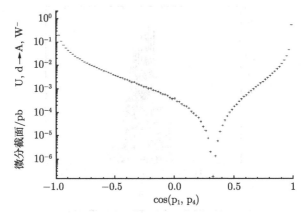

图 3.31 COMPHEP 生成的连同产生一个光子的末态 W 玻色子相对于初始 u 夸克的角度分布

散射角可以利用两个末态部分子快度 y_3 和 y_4 的测量得到 (附录 C)。对质心能量为 2 TeV，固定质量为 200 GeV 的质子–质子碰撞的简单蒙特卡罗程序中，末态粒子间的快度关联如图 3.32 所示。注意边界表明了大快度时的运动学极限。此外如前面已注意到的，存在一个很强的前向–后向峰，故 y 值很大。再有，两体散射关联意味着，至少平均来看，$y_3 \sim -y_4$。

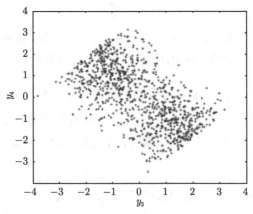

图 3.32 质心能量为 2 TeV 的质子–质子碰撞中，质量为 200 GeV 的胶子对产生的简单蒙特卡罗模拟结果。散点图显示了两个末态胶子快度之间的关联

3.7　喷注碎裂

现在已几乎完成从左到右横跨图 3.4 中示意展示的整个物理过程。迄今还未论及部分子和探测到的粒子的区别，图 3.4 显示的过程中断在部分子退出碰撞之处。对于诸如电子、光子以及 μ 子等近似稳定的末态基本粒子，它们本身就是被探测到的因而没有什么区别。而对夸克、胶子及中微子则需要研究喷注而非部分子。到目前为止，我们一直不加区分地使用夸克、胶子和喷注。

部分子 "碎裂" 到喷注的蒙特卡罗模拟是通过一系列复杂的程序实现的，这一领域的研究人员可以获得这些程序。本书中 COMPHEP 恰当地计算分布函数 $f(x)$ 及标准模型动力学，但不包括碎裂过程。读者也可以编写简单的蒙特卡罗程序来粗略地模拟夸克/胶子到喷注的碎裂，这是本书一直所做的。一般而言，我们不关注这些实验的细节，而是坚持基础物理方面的内容。感兴趣的读者可以找到并执行 PYTHIA、HERWIG、ISAJET，或其他诸如此类复杂的计算机程序。例如在文献 [11] 中描述的 PYTHIA，它在高能物理圈子中十分流行。

来自正负电子湮灭以及质子 -(反) 质子对撞的碎裂函数实验数据如图 3.33 所示。对于喷注的 π 介子碎片，图中显示了关于母动量 P 的动量百分比 z 的分布，它由动量为 k 的 π 介子带走。对于 $z > 0.1$，它大致独立于母粒子的能量，并随 z 的增加而迅速下降。此外平均而言，荷电碎片多重性随着质心能量对数增长。

夸克和胶子的碎裂已在第 2 章引入。碎裂性质被假设是 "因子化" 的，这样母夸克或胶子碎裂的方式独立于其产生机制。因此我们仅需要一个统一的碎裂或 "强子化" 过程的描述。

简单起见假定所有碎裂产物是 π 介子。同时假定通过碎裂过程获得的横动量有限，垂直于母喷注轴的碎片动量 $k_T \sim \Lambda_{QCD}$。碎裂函数 (fragmentation function) $D(z)$ 描述这些产物在 $z = k/P$ 的分布，其中 z 是动量为 P 的母夸克的动量百分比，由动量为 k 的碎片带走，$z_{min} < z < 1$，$z_{min} = M_\pi/P$。它类似于部分子分布函数所假定的 "辐射形式"，该假定导致喷注的多重性 n 是 P 的对数，和图 3.33 的数据一致。

$$\begin{cases} zD(z) = a(1-z)^\alpha, \\ \langle n \rangle = \int D(z)\mathrm{d}z \sim a\int_{M/P}^1 \mathrm{d}z/z \sim a\ln(P/M_\pi). \end{cases} \tag{3.17}$$

碎裂过程意味着观察到一个粒子的 "喷注"，近似沿着母夸克或胶子的方向运动。预期喷注内部存在一个"核"携带了大部分喷注的动量，并局域在相对喷注轴的 (η, ϕ) 空间中一个小的锥体半径 R 内。该核被更大半径处的许多低能粒子包围。

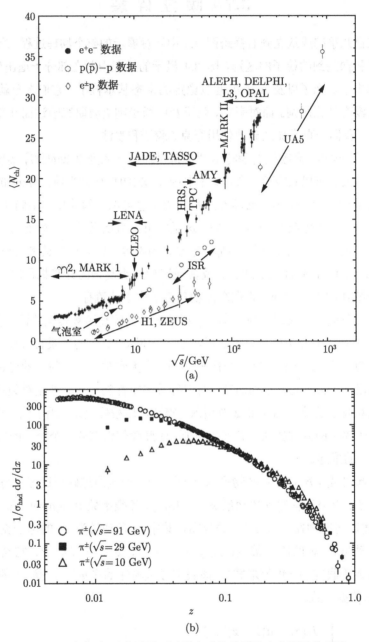

(a)

(b)

图 3.33 在电子-正电子湮灭过程中喷注碎裂为末态强子的系综

(a) 荷电强子多重性作为 e^+e^-, $(\bar{p})p-p$, $e\pm p$ 初始态能量的函数；

(b) 产生的 π 介子动量相对初始电子动量的百分比[3] (惠允使用)

CDF 的喷注荷电多重性 (charged multiplicity) 数据作为喷注–喷注 (或双喷注, dijet) 系统质量的函数如图 3.34 所示。注意预期的平均荷电多重性对双喷注质量的对数依赖性。关于喷注轴的尖锐成峰的粒子分布也十分明显，因为数据针对不同的 "锥体" 半角。

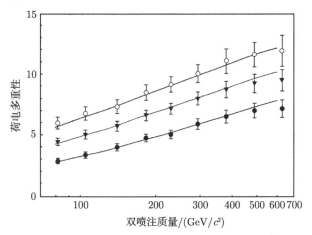

图 3.34 一个喷注内荷电粒子平均多重性作为喷注–喷注系统质量函数的 CDF 数据。注意半对数标度。图中显示了关于喷注轴的不同锥体尺寸 (实心圆，$R = 0.17$；三角形，$R = 0.28$；空心圆，$R = 0.47$) 的数据[12] (惠允使用)。实线是蒙特卡罗预言

喷注内能流作为锥体半径 R 的更详细的信息如图 3.35 所示。如我们所见，40% 的喷注能量包含于半径为 $R = 0.1$ (在第 2 章 R 定义为赝快度–方位角空间，$R = \sqrt{\Delta\eta^2 + \Delta\phi^2}$) 的锥内，而 80% 的能量包含在半径为 $R = 0.4$ 的锥内。

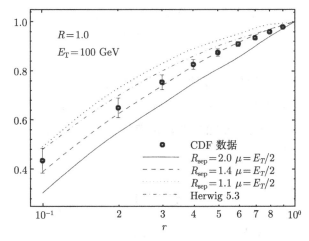

图 3.35 100 GeV 横能的喷注其荷电能量百分比分布，作为包围喷注轴的锥体半径 R 函数的 CDF 数据[7] (惠允使用)。线段对应对不同的喷注发现算法的拟合

这些数据可以和那些模拟喷注碎裂的简单蒙特卡罗程序得出的结果进行比较。在模型里，从简单的分布 $D(z)$ 中挑出一系列无质量的碎片，然后从一个类似图 3.35 所示的分布给它们赋以横动量。这一特殊的模型使用 $zD(z) \sim (1-z)^5$ 且 $\langle k_{\mathrm{T}} \rangle \sim 0.72\ \mathrm{GeV}$。模型中的 "领头碎片"，或喷注里最大 z 值的粒子，预期 $\langle z_{\max} \rangle \sim 0.23$。因此，平均而言喷注中最高能量的 π 介子吸收了约 1/4 的喷注动量。结果如图 3.36 所示。在两幅图中的 R 依赖性定性符合，但是细节上并不吻合。

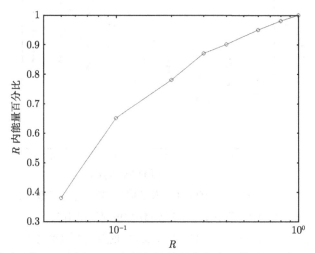

图 3.36　作为比较，对应图 3.35 中数据的简单蒙特卡罗模型。图中画出了以喷注轴为中心，可变半径 R 的锥内喷注碎裂能量百分比

我们必须诉诸实验数据，因为碎裂是软过程并且因此是非微扰性质的，正如质子内发现部分子的分布函数的情形。显然，简单的模型和数据粗略相符。但是，同数据的严格比较要求包括末态部分子簇射以及初始态胶子辐射这样复杂得多的处理。一般我们将回避这些纷繁复杂，并假定对碎裂过程的物理理解比详尽但却纯唯象的处理更有趣。

现在我们具备了先估算，后用简单公式，继而用 COMPHEP 计算标准模型里所有过程的能力。第 4 章将对取自 Tevatron 的数据应用这些工具。这些数据定义了目前质子–(反) 质子碰撞物理的 "最高水准"。至关重要的是，读者已拥有必要的工具，能够重复本书中给出的大部分材料。

练　习

3.1　用附录式 (C.2) 证明 $y = \operatorname{arcsinh}(P_{\|}/\sqrt{P_{\mathrm{T}}^2 + M^2})$.

3.2　证明在洛伦兹变换下，y 是可加的。

3.3　证明对于零质量粒子的赝快度，y 是近似的。

3.4 用练习 3.1 中的结果导出式 (3.1)。

3.5 在 2 TeV 的情况下对 $g+g \rightarrow g+g$ 运行 COMPHEP。在图中标出快度与横向动量的分布，并与图 3.2 和图 3.3 相比较。

3.6 详尽推导式 (3.4)。

3.7 证明 "切仑科夫" 关系，$\omega = k \cos(\theta)$，是由能量–动量守恒得出的。

3.8 对于在 LHC 中 b 夸克对产生，用式 (3.7) 估计 $xg(x)$。

3.9 详尽推导式 (3.8)。

3.10 表明雅可比行列式为 $\mathrm{d}x_1 \mathrm{d}x_2 = \mathrm{d}\tau \mathrm{d}y$。

3.11 假设 η_c 粲素态的衰变宽度为 13 MeV，求对于 $M \sim 3$ GeV，$J = 0$ 的 Drell-Yan 截面。

3.12 在初态 x 值与式 (3.17) 给出的末态两体快度之间建立关系 (首先参见附录 C)。

3.13 对于一个质量为 0.14 GeV 的 π 介子，对式 (3.17) 中质心能量为 1 TeV，$a \sim 3$ 的情况，估计其平均多重性。

3.14 对于 100 GeV 喷注，领头的喷注碎片平均发射角是多少？

3.15 利用 COMPHEP 研究质心能量为 100 GeV 的 $g+g \rightarrow g+g$，结果稳定吗？如果不稳定，为什么？试将末态胶子横动量截断在大于 10 GeV，结果更稳定吗 (附录 B)？

3.16 利用 COMPHEP 比较相同质心能量下的 $u+\bar{u} \rightarrow Z$ 与 $d+\bar{d} \rightarrow Z$。能否解释截面之比？

3.17 利用 COMPHEP 研究辐射的光子。考虑质心能量为 100 GeV，带有辐射光子的电子–正电子的弹性散射。考虑光子的能量及相对于入射电子的角度。这些光子是软的和共线的吗？

3.18 利用 COMPHEP 研究 u 夸克的角度分布，u, U $\rightarrow e_1$, E_1。考虑粒子 1 与粒子 3 (u 夸克和电子) 在 50 GeV、90 GeV 及 150 GeV 之间角度的余弦。在质心能量下，不对称如何随质心能量改变？

3.19 重复练习 3.18，质子与反质子散射，与部分子相同吗？和正文中的蒙特卡罗结果进行比较。

参 考 文 献

1. Blazey, G. and Flaugher, B., Fermilab-Pub-99/038.

2. CDF Collaboration, Phys. Rev. Lett. **62**, 1819 (1988).

3. Particle Data Group, Review of Particle Properties (2003).

4. Barger, V. and Phillips, R., Collider Physics, Redwood City, CA, Addison-Wesley Publishing Company (1987).

5. Bauer, U., Ellis, R. K., and Zeppenfeld, D., Fermilab-Pub-00/297 (2000).

6. CDF Collaboration, arXiv: hep-ex/016047 (2001).

7. Huth, J. and Mangano, M., Ann. Rev. Nucl. Part. Sci. **43**, 585, (1993).

8. D0 Collaboration, Fermilab-Pub-00/213-E (2000).

9. D0 Collaboration, Phys. Rev. Lett. **87**, 251805-1 (2001).

10. CDF Collaboration, Fermilab-Pub-00/133-E (2000).

11. Sjostrand, T., Phys. Lett. **B 157**, 321 (1985).

12. CDF Collaboration, Fermilab-Pub-01/106-E (2001).

拓 展 阅 读

Altarelli, G. and L. Dilella, Proton-Antiproton Collider Physics, Singapore, World Scientific (1989).

Barger, V. D. and R. J. N. Phillips, Collider Physics, New York, Addison-Wesley (1987).

Dilella, L., Jet production in hadronic collision, Ann. Rev. Nucl. Part. Sci. **3**, 5, 107 (1985).

Eichten，E., I. Hinchliffe, K. Lane and C. Quigg, Supercollider Physics, Rev. Mod. Phys. **56**, 4 (1984).

Feynman, R. P., Photo-Hadron Interactions, Reading, Massachusetts, Benjamin (1972).

James, F., Monte Carlo theory and practice, Rep. Progr. Phys. **43**, 1145 (1980).

Owens, J., Large momentum transfer production od direct photons, jets and particles, Rev. Mod. Phys. **59**, 465 (1987).

Owens, J. and W. Tung, Parton distribution functions of hadrons, Ann. Rev. Nucl. Part. Sci. (1992).

第 4 章

Tevatron 物 理

真正的科学，首要之义，是教人怀疑与承认无知。[①]

—— 米格尔·德·乌纳穆诺[②]

规则和模型毁掉天才与艺术。[③]

—— 威廉·赫兹利特[④]

现在我们已获得了用以检验质子–(反) 质子对撞中标准模型粒子产生的工具。本章的目的是看看这些知识的前沿目前在何处。 在费米加速器国家实验室 (Fermilab 或 FNAL)[⑤] 运行的直线加速器综合设施可获得最高达 1.96 TeV 的质心能量。Fermilab 有两个通用目的的实验 CDF 和 D0 来采集数据。其中一些已在前几章展示，现在将检验更多的数据。对于大横动量过程，这些数据将明确我们知道些什么以及是如何知道的。

由于 CDF 和 D0 在 2001 年恢复数据采集，这些数据的统计功效将被改进。产生率的增加应使人们可以在 Tevatron 进行规范玻色子对的研究以及低质量希格斯粒子的搜寻。2007 年，位于 CERN 的欧洲高能物理设施运行的大型强子对撞机将开始质心能量达 14 TeV 的运行[⑥]。

---

① 原文: "*True science teaches, above all, to doubt, and to be ignorant.*"—— 译者注

② Miguel de Unamuno (1864—1936 年)，西班牙哲学家、诗人、小说家。—— 译者注

③ 原文: "*Rules and Models destroy genius and art.*" "*Models*" 应为 "*Modesty*"。—— 译者注

④ William Hazlitt (1778—1830 年)，英国 19 世纪著名散文家、文学评论家。—— 译者注

⑤ 费米加速器国家实验室，Fermilab。在不引起歧义的情况下，后文将一直使用 Fermilab 而不再使用其中文全称。—— 译者注

⑥ 2008 年 CERN LHC 建成，2010 年 3 月到 2013 年初进行了研究运行。加速器随后进行了为期两年的升级，并在 2015 年初投入第二次研究运行，达到 13 TeV 的质心能量。—— 译者注

4.1 QCD —— 喷注和双喷注

具有最大截面的过程之一是喷注产生, 因为它是强相互作用过程, 且胶子是质子中较小 x 值的主导部分子。最简单的是测量任意产生的喷注或 "单举喷注" 横能 E_T 的分布。实验上喷注定义为局域在一个半径 $R \sim 0.5$ 的圆锥内的能量。此过程的 D0 数据如图 4.1 所示。注意其随横动量增加而迅速下降。很明显, QCD 理论在横跨几个数量级的范围内奏效且很好地拟合了数据。

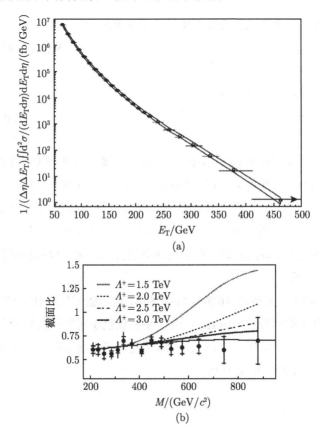

(a)

(b)

图 4.1 Tevatron D0 中的喷注产生[1](惠允使用)

(a) 单一喷注的横动量分布; (b) 对夸克 "复合体" 能标的限制。实线是标准模型蒙特卡罗预言

双喷注质量 $M = \sqrt{s}$, $E_T = \sqrt{s}/2 \sim 900$ GeV 给出运动学极限, 数据超出该极限相当的比例。历史上大角度的粒子散射导致亚结构的发现。最著名的例子就是卢瑟福散射, 其中大角度散射事例的存在导致了具有广泛分布的电子和高度局域化的原子核作为亚结构的原子结构假设。最近, 质子对轻子的大角度散射表明在延展

的质子内部存在类点的夸克和胶子 ("部分子")。

现在以类似的方式，寻求大角度 (S 波，各向同性) 散射，这可能会是夸克和胶子自身构成复合亚结构的迹象。目前对于这样一个亚结构的质量尺度极限大约是 2 TeV，如图 4.1(b) 所示。极限大小由最大横动量决定，它是有效亮度和能量的函数。因此预期当 LHC 开始运行，由于质心能量和亮度有所增加，可能的复合粒子质量尺度的极限也将迅速增长。

下一个最复杂的喷注测量涉及两个末态喷注之间的关联。CDF 数据如图 4.2 所示。一个喷注的横动量分布显示为事例中发现的第二个喷注赝快度的函数。

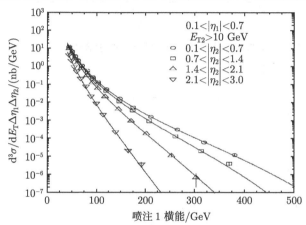

图 4.2　CDF 双喷注事例中，一个喷注的横能分布作为第二个喷注赝快度的函数[2]（惠允使用）

随着末态喷注间赝快度之差 $|\eta_3 - \eta_4|$ 的增加，M_{34} 明显随之增加 (第 3 章)，且截面的减小至少和质量的 3 次方一样快。如所能看到的，在一个较广的截面数值范围内，QCD 也非常好地描述了双喷注数据。

接下来研究双喷注的质量分布。D0 实验数据如图 4.3 所示。由于底层类点的部分子散射，预期分布以 $1/M^3$ 的方式下降，且包含胶子初始态分布函数导致的第二个因子 $(1 - M/\sqrt{s})^{12}$。当包含横动量分布，可以寻找大质量双喷注的反常产生作为夸克或胶子复合体的可能证据。但如图 4.3 所见，似乎直到约 0.8 TeV 的喷注–喷注质量，QCD 都能很好地解释数据。

对可能的激发态夸克共振产生附加的限制如图 4.4 所示。产生激发夸克态的过程可以设想为夸克和胶子在被激发的夸克质量处形成一个共振态，这类似于在第 3 章研究的 Drell-Yan 机制，$q + g \to q^* \to q + g$，其中 q^* 是共振激发的夸克态。在质量分布中缺乏这一共振结构，允许 D0 为这种态的质量附加一个 725 GeV 的限制。直到这一质量尺度，夸克都表现得像基本类点粒子，没有能被激发的内部结构。

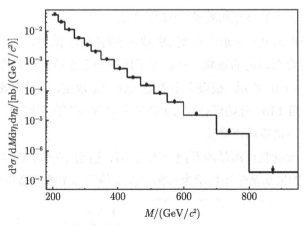

图 4.3 取自 D0 的双喷注质量分布，喷注产生于低快度[3] (惠允使用)。实线
是蒙特卡罗预言

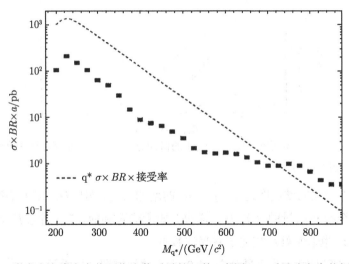

图 4.4 激发态夸克产生截面作为其质量的函数。在图 4.3 质量分布中共振结构的缺
乏导致对每一质量的截面 (虚线)，以及因此对大于 725 GeV 激发态夸克质
量的一个限定，在该质量处截面极限等于激发态夸克产生截面[3] (惠允使用)

双喷注角分布也已发表，不同双喷注质量间隔的 D0 数据如图 4.5 所示。

如果胶子交换描述喷注–喷注产生的动力学参见图 3.1，那么变量 $\chi = (1 + \cos\hat{\theta})/(1 - \cos\hat{\theta})$ 的分布就是平坦的，正如卢瑟福散射中所熟知的情形，$\mathrm{d}\hat{\sigma}/\mathrm{d}\chi \sim$ 常数。回想 (附录 C) 散射角可以由横动量的测量及末态两喷注的快度来确定。变量 $\hat{t}$ 是部分子动量传递的平方，对无质量部分子，它在 $1 + 2 \rightarrow 3 + 4$ 反应中是 $(p_1 - p_3)_\mu(p_1 - p_3)^\mu = -2\hat{p}^2(1 - \cos\hat{\theta})$。交换的胶子传播子对微分截面的效应通过变量代换 $\hat{t} \rightarrow \chi$ 而移除。

$$\mathrm{d}\chi\mathrm{d}\hat{t} \sim 1/\hat{t}^2 \quad \text{①} \tag{4.1}$$

对于小角度结果特别简单，$\chi \to 4/\hat{\theta}^2$，$\hat{t} \to (\hat{p}\hat{\theta})^2$，$\chi \to (2\hat{p})^2/\hat{t}$。我们期待类点散射描述基本的 $2 \to 2$ 过程，因此预期 χ 分布是均匀的。图 4.5 中很明显分布存在小的高阶修正并且是可计算的。由于在大散射角没有偏离 QCD 的理论分布，我们断定此时复合夸克的证据不存在。

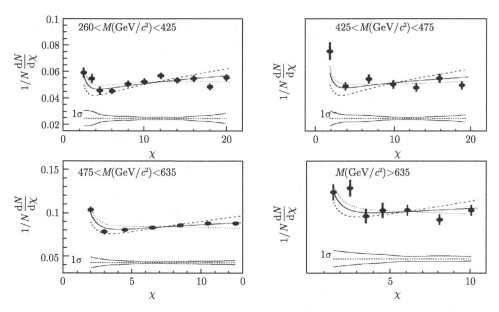

图 4.5　D0 实验获得的不同喷注–喷注不变质量对散射角变量 χ 的分布。曲线代表 QCD 微扰论的预言[2] (惠允使用)。下方一组曲线显示了估计的系统误差

4.2　确　定　α_s

在量子场论中，出现在拉氏量中的三种标准模型相互作用耦合 "常数" 具有 "有效的" 数值，是所研究的质量标度的函数。这一效应源于高阶图导致的量子修正，如附录 D 详细讨论过的。可以利用已有的喷注数据去验证 α_s 随质量标度 Q 改变的 QCD 预言。

QCD 中胶子相互作用，因为它们本身携带 "色" 荷。这在图 4.6 中示意地表明。概略地讲，末态三喷注对双喷注的比由强耦合常数强度 (图 4.6) 决定。这一比值作为喷注事例的质量标度的函数可以从实验上加以研究。以这种方式就可以从实验上测量耦合常数如何随质量标度 "跑动"。

---

① 原书此式有误，已改正。—— 译者注

图 4.6 由于胶子相互作用引起的散射 $g + g \to g + g$, $g + g + g$ 的示意表示。注意在 QCD 中存在三重胶子基础顶角

胶子自耦合导致强耦合强度实际上随质量增加而减小的结论，这与电磁力电荷的行为截然相反。另一方面，在大距离尺度，耦合变得很强。对 QCD，我们定义一个能标 Λ_{QCD}，相互作用在此变得很强 $1/\alpha_s(\Lambda_{\mathrm{QCD}}^2) = 0$。在高能耦合变得很弱，$\alpha_s(Q^2 \to \infty) \to 0$。

$$\alpha_s(Q^2) = [12\pi/(33 - 2n_f)]/\ln(Q^2/\Lambda_{\mathrm{QCD}}^2). \tag{4.2}$$

在式 (4.2) 中，n_f 是具有小于 Q 的质量的"有效"费米子代数。比如，我们给出几个质量标度处的数值大小。取 QCD 质量标度为 $\Lambda_{\mathrm{QCD}} \sim 0.20\,\mathrm{GeV} \sim 1\,\mathrm{fm}$。在 Z 玻色子质量处的强相互作用显著弱于在约 GeV 质量标度处的。

$$\begin{cases} \alpha_s((1\,\mathrm{GeV})^2) = 0.55, \\ \alpha_s((10\,\mathrm{GeV})^2) = 0.23, \\ \alpha_s(M_Z^2) = 0.15. \end{cases} \tag{4.3}$$

强耦合常数作为质量标度的函数的实验数据如图 4.7 所示。注意在强相互作用很强的 0.2 GeV 处快速下降。图中 μ 的标度是对数的。

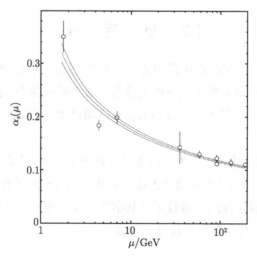

图 4.7 强耦合常数作为质量标度 μ 的函数。数据随着增加的质量而减小[4] (惠允使用)

外推至 Z 玻色子质量处的一批强耦合常数精确测量数据如图 4.8 所示。许多这类测量要么来自质子–(反) 质子对撞机的喷注产生数据，要么来自正负电子对撞机。对于强耦合常数，从数据来看在 Z 玻色子质量处大致收敛于 0.12。

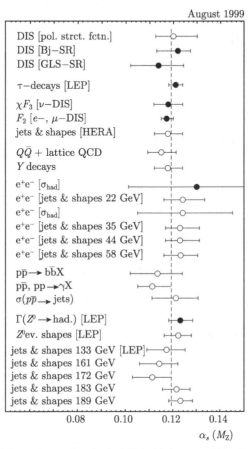

图 4.8　在 Z 玻色子质量处的强耦合常数的精确测量。数据来自轻子–质子散射，喷注的电子–正电子产生，质子–(反) 质子喷注产生，以及其他反应[5] (惠允使用)

4.3　直接光子产生

现在从胶子喷注稍微推广到对末态单光子或双光子反应的研究。CDF 及 CERN UA 2 的实验数据如图 4.9 所示。其中显示了一个末态光子的横动量分布。相对于喷注的更小截面限制了数据的统计功效，因此横动量被限制在相当小的数值。但是，除去在非常低的横动量处，数据与标准模型预言符合得相当好。可能一个"内禀的"约 3 GeV 或更小的部分子横动量才能解释数据。如以前注意到的，由于夸克束缚在质子内部，预期横动量为 0.2 GeV。

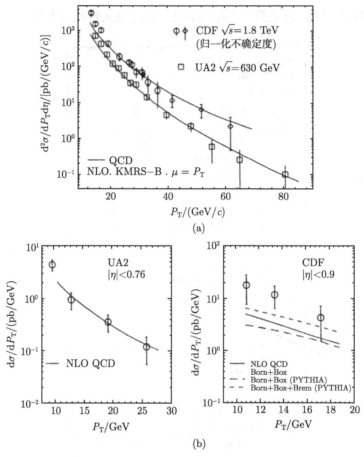

图 **4.9** CDF 及 UA 2(UA1 和 UA2 实验是运行于 CERN 的质子–反质子对撞机，碰撞质心能量为 0.63 TeV) 单光子 (a) ，以及双光子 (b) 产生的横动量分布数据[6] (惠允使用)

    如已在第 3 章提到的，这些是 $2 \to 2$ 的过程，运动学关系类似于在喷注产生中所发现的那些。基本类点部分子散射的动力学也是相似的。相对胶子–胶子散射的截面水平被耦合强度以及初始态源因子降低了。一个单光子和双光子产生的示意如图 4.10 所示。显然，这里显示的玻恩近似下的双光子产生无非是另一个一般的 $2 \to 2$ 过程。

    如在第 2 章提到的，这些单光子加喷注数据可以被用于 "喷注平衡" 以校准强子量能器。平衡光子–喷注比喷注–喷注事例更容易，因为精确电磁量能学 (第 2 章) 可被用于精确测量光子然后预言喷注能量，而喷注能量测量具有内禀的涨落 (第 2

章), 导致更差的能量分辨率。

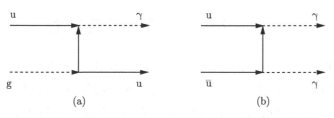

图 4.10　玻恩近似下的单光子 (a) 以及双光子 (b) 产生费恩曼图的示意图

　　在希格斯搜索中双光子过程构成一个重要的标准模型本底。因此, 确保很好地理解这一本底十分重要, 以便能够外推至 LHC。COMPHEP 光子横动量分布的蒙特卡罗预言如图 4.11 所示。来自 CDF 和 D0 的光子更高横动量的新数据在同蒙特卡罗预言比较时将十分重要。COMPHEP 程序不包括诸如内部 "圈" 图或 "盒子" 图, 它们可能在双光子产生中是重要的。COMPHEP 用户必须意识到这一程序在同真实数据比较时的局限。

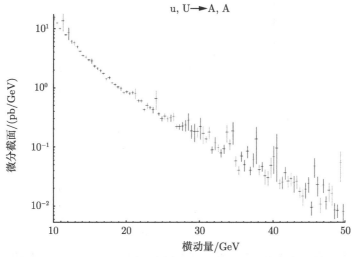

图 4.11　质心能量 2 TeV 质子–质子碰撞 COMPHEP 的截面结果, 作为双光子产生中的一个光子横动量的函数

　　在 10 GeV 光子横动量处, 图 4.9 所示的 CDF 数据是 COMPHEP 预言的 3 倍, CDF 发现截面为 30 pb/GeV。"内禀" 部分子动量是一个为了改进模型同数据间的一致而假设的一种机制, 因为它有助于抹平截面对横动量的急剧下降。在得出存在几个 GeV 的 "内禀" 动量的牢固结论之前, 还需要更多的数据。

4.4　FNAL 的 b 夸克产生

本书将稍许谈及 c 夸克和 b 夸克的产生以及随后在研究夸克弱衰变的基本性质时它们的用处。我们对能量前沿的物理感兴趣，这意味着本书关注最高的有效质量标度。确实，有许多优秀教材只谈 B 介子物理。在日本，在美国的 SLAC 及康奈尔，有一些加速器和联合探测器致力于 B 介子物理的研究。显而易见，这是个本身就需要一本专著的研究领域。

不过，我们在此简略说明包含 b 夸克的态产生的一些 Tevatron 数据。这么做是因为许多希格斯和新现象搜索策略依赖于包含 b 夸克的末态强子识别。因此要想进行敏锐的搜索，必须很好地理解本底过程。CDF 和 D0 实验产生的 b 夸克横动量分布如图 4.12 所示。其自然质量标度是夸克质量本身。因为 b 质量大约为 5 GeV，预期微扰 QCD 应合理工作，因为 $m_b \gg \Lambda_{\rm QCD}$，这意味着 $\alpha_s(m_b) \ll 1$ (图 4.7)。

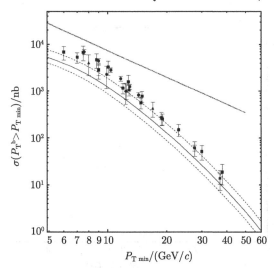

图 4.12　b 夸克产生截面作为 b 夸克最小横动量 $P_{\rm T\,min}$ 的函数的 CDF 和 D0 数据。点线表示截面的预期行为[7] (惠允使用)。实线和相伴的点线表示蒙特卡罗模型拟合以及关联的理论不确定性

预期的两体散射类卢瑟福行为是 ${\rm d}\sigma/{\rm d}P_{\rm T} \sim 1/P_{\rm T}^3$，所以 $\sigma(P_{\rm T} > P_{\rm T\,min}) \sim 1/P_{\rm T\,min}^2$。这一行为粗略地符合小横动量处的数据，那里部分子分布函数随 x 下降的效应预期并不重要。

来自 B 介子衰变的 μ 子快度分布的 D0 数据如图 4.13 所示。如所预期，在小质量标度 ($\sim 2\,m_b$) 存在一个明显的延伸至 $y_{\rm max} \sim 2.5$ 的快度"平台"。这些数据在

快度分布的形状上粗略地同理论的蒙特卡罗预言一致，其曲线如图 4.12 和图 4.13 所示。但是，较差的一致性意味着对诸如希格斯衰变到 b 夸克对之类的新现象的本底计算也应认为并非特别可靠。

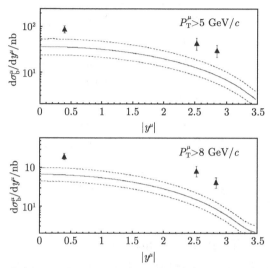

图 4.13 来自 b 衰变 b → c + μ⁻ + v̄_μ 的 μ 子快度分布，对 μ 子横动量有两种不同的极小值要求[1] (惠允使用)。曲线对应理论预言及其不确定性

CDF 实验已经采集包含 b 夸克态寿命的高质量数据。第 2 章已提到，硅顶点径迹探测器被用以发现衰变顶点和产生顶点。CDF 借助衰变距离及重建的 B 粒子衰变动量可进行精确寿命测量。B 粒子是典型的、包含 b 夸克的夸克–反夸克束缚态。

在高品质的硅顶点径迹探测器出现之前，质子–(反) 质子对撞机中 B 衰变的研究受到许多 "底层事例" 中令人困惑的本底径迹的阻碍。因此硅探测器是质子–(反) 质子对撞机中重夸克衰变研究的促成技术。对应这些分析的数据如图 4.14 所示。Λ_b^0 是类似中子 (dud) 的三夸克束缚态 (bud)。

显而易见，质子–质子对撞机能够对 B 介子物理研究造成很大冲击，尽管正负电子对撞机上运行着许多相互竞争的 B 介子 "工厂"。包含 b 夸克的所有态的平均寿命约 1.5 ps，如第 2 章引用的，联系着该寿命的距离约 450 μm。图 4.14 所示例外同 c 夸克和 b 反夸克束缚态，$B_c^+ = c\bar{b}$ 有关。由于这两个重夸克都可以发生弱衰变，故寿命比只包含 b 夸克和轻夸克的态要短，$\Gamma = \Gamma_b + \Gamma_c$，$\tau = 1/\Gamma < \tau_b$。

b 夸克产生的质量标度是 $2m_b \sim 10$ GeV，因此在 LHC 和 Tevatron 截面较大，为 $0.1 \sim 1.0$ mb。因此高水平统计数据可以在强子对撞机实验以及诸如 Belle (日本)e⁺e⁻ 对撞机和 BaBar(SLAC) 获得。大的 b 截面开启了 b 夸克高水平统计研究以及搜索稀有 b 衰变的可能性。此外, 图 4.14 中所示所有的态同时产生, 这与正负电子对撞机不同, 后者初始态质心能量和质子–质子质心能量相同, 因为轻子是基本粒子, 而质子不是。

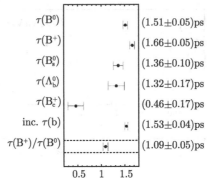

图 4.14 包含 b 夸克的那些无色态 B 强子寿命 (以皮秒 (ps) 为单位) 的测量, 来自 CDF[1] (惠允使用)

在标准模型里, 所有 CP 违反都归因于混合矩阵 $V_{qq'}$ 的单一复相位。当前一个积极的研究领域是探索这一标准模型假设在自然界是否为真。附录 A 定义了控制夸克衰变的弱混合矩阵 $V_{qq'}$, 图 4.15 示意地表明了它的幺正关系之一。幺正性保证了规范耦合的普适强度, 并意味着有且仅有三代轻的夸克和轻子。BaBar 和 Belle 的初步结果表明如图 4.15 所示的关系在目前实验精度下是满足的。因此尚未发现有源于, 比如超对称 (第 6 章) 的额外的 CP 违反效应的迹象。关于 B 衰变和 K 衰变的更多精确数据采集在不断改善过度约束的幺正关系。

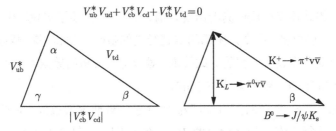

图 4.15 构成夸克混合矩阵的复参数的幺正条件导致的三角关系[8] (惠允使用)

4.5 Fermilab 的 t 夸克产生

正如 Fermilab 直接测量所确定的, 顶夸克具有 175 GeV 的质量。由于这一质量如此之大, 只有 Tevatron 才能产生顶夸克事例并加以研究。

在所有夸克和轻子中，只有顶夸克具有两体运动学允许的弱衰变，产生一个真正的 W 玻色子，而不是虚 W 玻色子。衰变是 t → W⁺ + b。μ 子三体弱衰变的示意如图 4.16 所示。在小质量标度，弱衰变可被看成是有效四费米子相互作用，由费米耦合常数 G 刻画，它可以通过测量 μ 子衰变率，$\mu^- \to e^- + \bar{\nu}_e + \nu_\mu$ 来确定。因为 $\Gamma \sim |A|^2 \sim G^2$，且 $[G] = 1/M^2$，$[\Gamma] = M$，必定存在 μ 子质量的 5 次方才能给出量纲正确的估计，$\Gamma \sim G^2 m_\mu^5$。

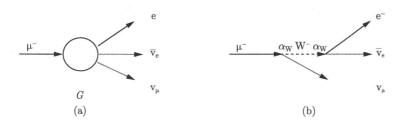

图 4.16 μ 子衰变示意图

(a) μ 子衰变作为一个由费米耦合常数 G 描述的有效四费米子相互作用；

(b) 同样的衰变看作一个 W 规范玻色子的虚发射，然后经两体衰变到轻子对

以更基础的视角来看 (附录 A)，μ 子衰变可看作一个 W 玻色子和一个 μ 子的虚发射，衰变宽度具有强度 α_W，继以一个对振幅贡献因子 $1/M_W^2$ 的小动量传输的传播子 (式 (1.6))，继以 W 虚衰变到一个电子和一个电子反中微子终结，这对衰变率贡献另一因子 α_W：$\mu^- \to \nu_\mu + W^- \to \nu_\mu + (e^- + \bar{\nu}_e)$。μ 子寿命可再次由量纲估计得到。如第 2 章已提到的，它包含由于两个弱顶角和一个 W 传播子的耦合因子。但是，这一方法给出一个糟糕的估计，因为不幸存在一个大的、无量纲纯数因子 $1/(192\pi^3)$。

对 μ 子寿命的正确表述由式 (4.4) 给出，同时给出量纲论证得到的表达式。

$$\Gamma_\mu = G^2 m_\mu^5 / 192\pi^3$$
$$\sim \alpha_W^2 (m_\mu/M_W)^4 m_\mu. \tag{4.4}$$

除去顶夸克之外的所有夸克，其衰变宽度都比强束缚能标 Λ_{QCD} 小得多。这一事实意味着顶夸克以外的所有夸克在它们衰变之前形成强束缚态。例如，b 夸克在它衰变前形成 $B^- = (b\bar{u})$ 介子。对于顶夸克，衰变宽度较大，这说明顶夸克在可以形成束缚态前衰变掉了。因此在基础层面没有模糊强相互作用就可观察到顶夸克。

对于顶夸克，有可以获得的直接两体衰变，它具有单一弱顶角，t → b + W⁺。事实上，顶夸克衰变宽度足以同 W 玻色子相比，因为二者都是直接两体衰变。顶夸克衰变发生的如此迅速 ($\Gamma_t \gg \Lambda_{QCD}$) 以致没有像 c(粲夸克偶素) 和 b(底夸克

偶素) 形成夸克–反夸克对那样，形成很强的顶夸克–反顶夸克强束缚态。由于衰变振幅的单一顶角，顶夸克宽度的表示式 (4.5)，是费米常数 G 的一阶。于是，由于 $[\Gamma] = M$, $[G] = M^{-2}$，预期 $\Gamma_t \sim Gm_t^3$, 或 $\alpha_W \sim GM_W^2$，

$$\Gamma_t = Gm_t^3/8\pi\sqrt{2}$$

$$\sim (\alpha_W/16)(m_t/M_W)^2 m_t \sim 1.76 \text{ GeV}. \tag{4.5}$$

很明显，顶夸克和一个重夸克的衰变宽度比一般而言是 $\Gamma_Q/\Gamma_t \sim \alpha_W[m_Q^5/m_t^3 M_W^2]$。甚至对于底夸克，这一比值远小于 1，表明了顶夸克的独特性。

D0 实验的顶夸克光谱学数据如图 4.17 所示。每一个在顶夸克对末态中产生的顶夸克几乎总是衰变成一个 W 玻色子和一个 b 夸克。W 转而衰变为一个荷电轻子和一个中微子或夸克–反夸克对。这里显示的 D0 数据使用轻子 + 喷注末态，$t \to W + b$, $W \to J + J$, $l + \nu$，其中一个 W 衰变为一个轻子–中微子，而另一个衰变成夸克-反夸克对，或者 $t + \bar{t} \to (W + b) + (W + b) \to (l + \nu + b) + (J + J + b)$。由于末态中的中微子，顶夸克质量并未特别精确的重建。

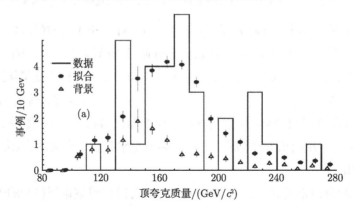

图 4.17 来自 D0 实验的顶夸克候选者的质量分布数据[1] (惠允使用)

因此末态是一个复杂的四喷注 + 轻子 + 丢失横能的事例。实际上对 CDF 和 D0 初期顶夸克候选事例都已在第 2 章末尾显示了。如从第 2 章关于量能质量重建以及丢失横能的精度讨论所预期的那样，顶夸克实验质量误差相当大。不过，尽管实验质量分辨率大于顶夸克内禀宽度，其平均值或顶夸克质量仍然能被非常精准地确定。

CDF 实验的顶夸克产生数据如图 4.18 所示。CDF 探测器使用精密的硅内部"顶点"跟踪 (第 2 章) 能够进行 b 标示。此处所示数据使得要么一个要么两个喷注被"标示"为可能的重味喷注，作为接受潜在候选的要求。

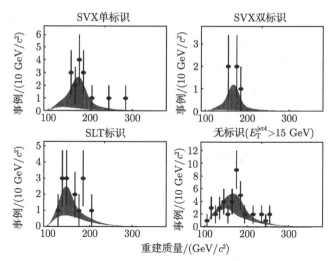

图 4.18 CDF 实验的数据，关于顶夸克候选者的重构的质量分布。四个图指的是带有不同 b 夸克的 "标识" 要求。预期的顶夸克信号分布和剩余本底分布也都标明了[1] (惠允使用)。浅阴影区域为本底，深色阴影区域为信号

在每个顶夸克对事例中有两个 b 夸克，这样 b 标识性能在从 W^+W^+ 四喷注事例中减轻本底就非常重要。此处所示 CDF 数据是带有硅或 b 衰变 "轻子标识"(来自 $b \rightarrow c + l^- + \bar{\nu}_l$ 衰变) 的轻子 + 喷注。图形是硅探测器中没有 b 标识或被标示的一个或全部 b 喷注的，或者经由一个来自轻子 b 衰变的软轻子标识 (soft lepton tag, SLT)。顶夸克质量重建又一次由量能学确定。因此内禀顶夸克宽度再次被仪器分辨本领淹没。

Tevatron 直接测量的 CDF 和 D0 数据可以结合形成世界平均值。对应 W 玻色子不同衰变模式的不同末态的总结如图 4.19 所示。末态可以是两个 b 喷注 + 两

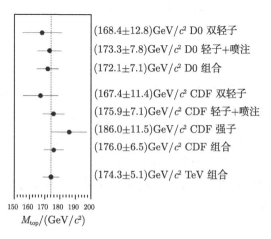

图 4.19 D0 和 CDF 实验顶夸克质量测量的数据[1] (惠允使用)

个轻子 + 丢失能量, 四喷注 + 一个轻子 + 丢失的能量, 或六个喷注。对于 20 世纪采集的数据, 关于顶夸克质量组合数据有约 5 GeV 的误差。从 2001 年开始, 未来数据采集的亮度将显著增加, 可以相当大地减少这一误差。这一改善进而影响对希格斯质量设置的限制 (图 4.39)。

顶夸克质量如此之大以至于预期微扰 QCD 能给出一个产生动力学非常好的描述。顶夸克对产生截面作为顶夸克质量的函数如图 4.20 所示。它非常好得符合在测量的顶夸克质量值处测量到的产生截面。到此为止, 对顶夸克产生的描述没有什么神秘了。

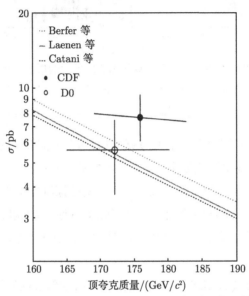

图 4.20　Tevatron 预言的顶夸克产生截面作为顶夸克质量的函数。图中同时显示了
CDF 和 D0 测量的顶夸克对截面。不同的线形意味着各理论预言的范围[9]
(惠允使用)

图 4.21 显示了质子-质子碰撞中作为质心能量的函数, COMPHEP 蒙特卡罗预言的顶夸克对产生的胶子-胶子截面。胶子-胶子基本截面, $g + g \rightarrow t + \bar{t}$, 从 Tevatron 到 LHC 增长了近 600 倍。但是, 在 Tevatron 价反夸克是可用的, 多少软化了这一行为, 比如, 在 Tevatron, $u + \bar{u} \rightarrow t + \bar{t}$ 过程是可用的, 但仍存在近 100 倍的截面因子。这一增长意味着强相互作用的顶夸克产生在 LHC 是丰富的。除去更稀少的来自电弱 W 对的产生本底, 最终来自顶夸克衰变的 W 对构成了一些新粒子搜索的主要本底。

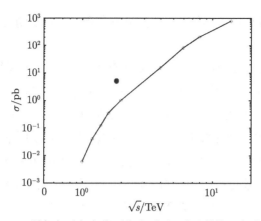

图 4.21　COMPHEP 顶夸克对产生截面作为质子–质子碰撞 (胶子–胶子) 质心系能量
的函数。黑点表示 Tevatron 1.8 TeV 质子–反质子碰撞的测量[15] (惠允使用)

4.6　Drell-Yan 以及轻子复合体

CDF 获得的双轻子产生截面作为其不变质量的函数如图 4.22 所示。基本过程
是夸克和反夸克湮灭为一个 Z 玻色子，$q + \bar{q} \to Z^0$，或一个光子。

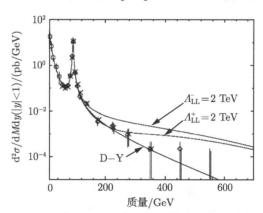

图 4.22　大质量双轻子产生的 CDF 数据。Z 共振是一个突出的特征。曲线显示了所
预言的复合轻子反常产生率以及标准模型预言[10] (惠允使用)

　　由于历史原因，初始态一个夸克和一个反夸克的湮灭被称为 Drell-Yan 产生。当
质量增加时，截面迅速下降。对 $\bar{u} + d$ 初始态，W^- 是谱的突出特征，而对 $\bar{u} + u$ 初始
态，Z 是主要的大质量特征。也存在由虚光子产生引起的反应 $u + \bar{u} \to \gamma^* \to l^+ + l^-$
的连续谱。规范玻色子质量以上没有已知的标准模型信号，通过探索 $l^- + \bar{\nu}_l$ 大质
量部分或 $l^+ + l^-$ 分布，可搜索超出标准模型的新态，诸如 "复合" 轻子或重的 "相

继 (sequential) 规范玻色子" 在更大质量处的复现。存在观测到的平凡本底的 "连续谱"。

图 4.22 所示的数据表明在大质量处没有不寻常的轻子-反轻子对产生。这使 CDF 为轻子 "复合性" 设置了大约 2 TeV 的质量标度限制。这一限制与赋予夸克复合性质量标度的限制相差无几，后者在大质量处缺乏反常喷注产生。

轻子和中微子的 "横向质量" 分布 M_T 数据如图 4.23 所示。与轻子和丢失的能量有关的横向质量在式 (4.6) 中定义。由于观测不到小角度能量丢失 (回想第 2 章的讨论) 造成丢失能量的径向分量的测量十分糟糕，故质量测量限于横向平面。图 2.7 和图 2.23 已展示了产生 W 玻色子的个体事例的例子。

$$M_T^2 = 2P_{T1}\not{E}_T(1 - \cos\phi_{l\not{E}_T}) \ [1].\tag{4.6}$$

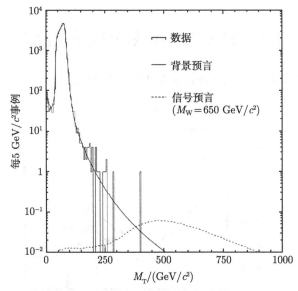

图 4.23 大质量的轻子加中微子事例，其横质量的 CDF 数据。其谱由位于质量为 80 GeV 的 W 玻色子信号所主导。针对 650 GeV 的 "相继"W 玻色子预言的信号也显示在图中[11] (惠允使用)

变量 P_{T1} 是轻子横动量，$\not{E}_T$ 是丢失横质量的大小，$\phi_{l\not{E}_T}$ 是它们之间的方位角。在 $\phi_{l\not{E}_T} = \pi$，$\hat{\theta} = \pi/2$ 特殊情况下，有 $P_{T1} = M/2 = \not{E}_T$，于是 $M_T = M$。

没有已知的标准模型态对 W 峰以上的大横质量有贡献。在没有任何信号的情形下，事例的缺乏可以转化为标准模型扩展预言的粒子质量的限制，该拓展包含的

---

① 原书此式有误，已改正。—— 译者注

规范玻色子是已知的 W 玻色子的 "复现"。目前的数据可以使我们排除质量小于 650 GeV 的相继荷电规范玻色子。

双轻子对的横动量如图 4.24 所示，双轻子质量范围为 66~116 GeV，包含 Z 玻色子产生。它被很强地限制在小值处，因为它要么来自内禀的初始态横动量，要么来自，比如，夸克或反夸克发射的胶子初始态辐射 (ISR)。预期后者的截面以双轻子横动量的 3 次方下降。观测到的分布至少定性地与预期的一致。

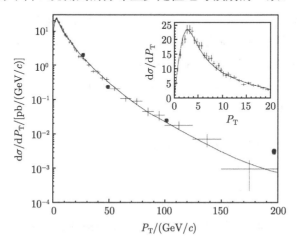

图 4.24　双轻子系统横动量分布的 CDF 数据，双轻子质量范围为 66~116 GeV。黑点表示关于横动量分布的 −3 次幂依赖[11] (惠允使用)

4.7　电 弱 产 生

4.6 节考察了轻子对的连续产生。W 规范玻色子和 Z 玻色子的共振产生是这一谱的突出特点。这一直接产生的规范玻色子大样本可用来提取一些它们的基本性质，诸如质量、衰变宽度以及不同的分支比。反过来，由于标准模型已精确预言了这些量，我们可以在很高的精度上检验标准模型。

4.7.1　W 玻色子质量和宽度

附录 A 讨论过，电弱理论中预言了 W 玻色子和 Z 玻色子质量。希格斯场的真空期待值由费米耦合常数决定，$\langle\phi\rangle = 1/\sqrt{2G\sqrt{2}} = 174$ GeV。弱耦合常数 g_W 同电磁耦合常数 e 及温伯格角 θ_W 有关，$G/\sqrt{2} = g_W^2/8M_W^2$，$g_W \sin\theta_W = e$。$G$ 和 θ_W 可给出 W 和 Z 质量的预言。事实上，这些预言为实验家所知比 20 世纪 80 年代早期在 CERN 发现 W 和 Z 的数据采集运行还要早。

$$M_W^2 = 2\pi\alpha_W\langle\phi\rangle^2, \ M_W \sim 80 \text{ GeV}. \tag{4.7}$$

在附录 A 还可看到规范玻色子具有规范原理所规定的同夸克和轻子的耦合。由于存在弱作用的夸克混合矩阵元 $\boldsymbol{V}_{qq'}$，W 和夸克的耦合是复杂的。但是在第一级近似，可将混合矩阵视为对角的。这样 W 同所有轻子-中微子对，$e^- + \bar{\nu}_e$，$\mu^- + \bar{\nu}_\mu$，$\tau^- + \bar{\nu}_\tau$，以及 $\bar{u} + d$, $\bar{c} + s$ 夸克对以相等的 (普适) 强度耦合。注意到 $\bar{t} + b$ 太重了以致不是可能的衰变模式。必须牢记在生成无色末态时 (由于色荷的强相互作用属性，W 是色单态) 要计入全部三种可能的夸克色荷。这些考虑导致具有相同部分衰变率的 9 种不同双轻子或双夸克末态。总的衰变率正比于弱作用精细结构常数 α_W 及 W 质量。

$$\begin{cases} \Gamma(W^- \to e^-\bar{\nu}_e) = (\alpha_W/12)M_W \sim 0.21 \text{ GeV}, \\ \Gamma_W \sim 9\Gamma(W^- \to e^-\bar{\nu}_e). \end{cases} \tag{4.8}$$

预言的总 W 衰变宽度约是 2.0 GeV。宽度对质量比约为 2.5%，使得 W 是相当尖锐的共振。W 到轻子和夸克对的两体衰变如图 4.25 所示。

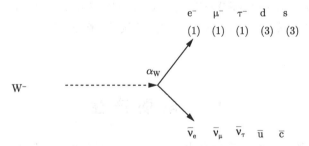

图 4.25 W 玻色子到轻子和夸克对的两体衰变的示意表示。在夸克弱混合矩阵中只显示了 "对角" 夸克对。在末态求和时，每个夸克对都有三个全同的色–反色指标 ($\overline{RR}$, $\overline{BB}$, $\overline{GG}$)

附录 A 中概述的电弱理论也详尽说明了 Z 玻色子同夸克和轻子对的耦合。例如，其到中微子–反中微子对的衰变，具有一个正比于弱作用精细结构常数和 Z 质量的部分宽度。这一依赖性从简单的图形和量纲考虑十分清楚。

$$\Gamma(Z \to \nu_l\bar{\nu}_l) = [\alpha_W/24][M_Z/\cos^2\theta_W] \sim 0.16 \text{ GeV}. \tag{4.9}$$

规范玻色子产生截面、分支比及衰变宽度的 CDF 和 D0 实验数据如图 4.26 所示。对在 $\bar{u} + d$ 和 $\bar{d} + u$ 湮灭中形成的 W 截面，预期发现 $\pi^2(\Gamma/M^3)(2J+l)(B \sim$

2/9) ~ 9 nb，对于电子或 μ 子的轻子分支比是 $B \sim 1/9 = 0.11$，以及从式 (4.8) 知，Γ 约为 2.0 GeV。显示的数据证实了这些近似的预期。

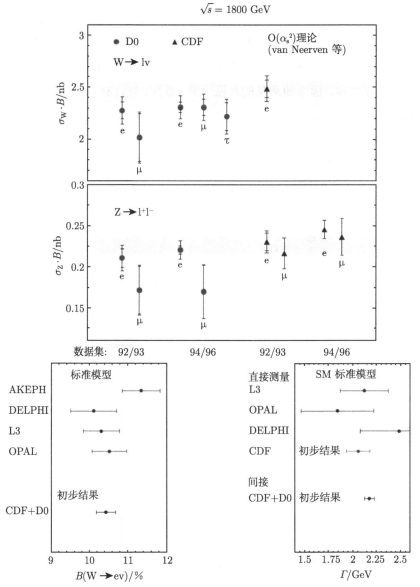

图 4.26　W 和 Z 规范玻色子产生截面、分支比及衰变宽度的 LEP、D0 和 CDF 实验数据。垂直线表示正文当中对总衰变宽度做出的粗略估计，以及电子的分支比[12](惠允使用)

在 CERN(LEP) 和斯坦福直线加速器中心 SLAC(SLD) 的正负电子对撞机以极高的精度测量 Z 的质量。因此我们假定能以任意精度知道它。W 的质量更难以测量。如第 1 章提到的，LEP II 测量了 W 对产生。当随着质心能量 $2M_W$ 处的 "阈值" 被穿过，截面形状作为 LEP 质心能量的函数就可以做 W 质量测量。在 Tevatron，W 衰变产物不变质量的直接测量用以确定质量。

CDF 和 D0 特意利用精准测量的 μ 子 (使用追踪，见第 2 章) 或电子 (精密量能学及/或追踪) 专注于轻子衰变模式。Z 可用作控制样本，真正测量的是样本 W – Z 质量差，于是两个测量所共有的系统误差相互抵消。在大横质量形状由布莱特–维格纳宽度主导，因为随质量的共振下降 (幂律，$[\Gamma/(M - M_o)]^2$) 相比质量测量中的误差造成的高斯下降缓慢得多。因此横质量分布既可用于测量 W 质量，也可利用大质量尾用于测量衰变宽度 (图 4.26)。CDF 实验的 W 规范玻色子横向质量数据如图 4.27 所示。

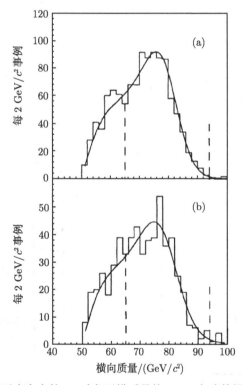

图 4.27 轻子加中微子末态中的 W 玻色子横质量的 CDF 实验数据，(a) 电子，(b) μ 子。其中显示了大质量端的长共振尾，它允许 W 衰变宽度的同时测量[13] (惠允使用)

对 W 横动量谱的完备知识也是精准测量质量所需要的，因为它影响 W 的横质量分布。被用作控制样本的 Z 玻色子对评估乃至控制系统误差方面非常有帮助。直接测量 W 质量的对撞机结果如图 4.28 所示。CDF 和 D0 的测量同 LEP WW 产生的测量结合在一起了 (第 1 章)。

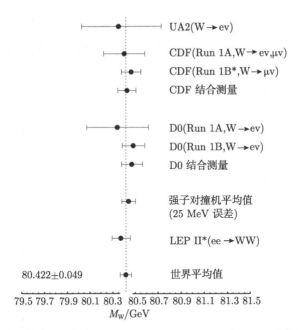

图 4.28　W 质量的确定，来自 UA2(CERN)、CDF、D0 和 LEP 直接产生 W 规范玻色子对的实验[13] (惠允使用)

最后，当前世界范围的 W 质量数据如图 4.29 所示。质子–反质子对撞机数据同正负电子对撞机 WW 直接数据相结合，如图 4.28 所示。此外，使用依赖虚 W 交换或温伯格角 θ_W 的数据的间接测量结合了直接测量。所有这些给出了合并的结果。如在本章后面将见到的，顶夸克和 W 质量的精确数据，连同高阶 "圈" 过程

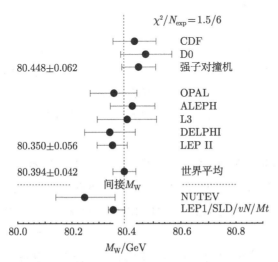

图 4.29　来自 CDF、D0、LEP 直接测量以及利用轻子散射数据间接测量的 W 质量数据[13] (惠允使用)

导致的辐射质量偏移的电弱计算一起, 可用来对希格斯质量设置限制。

图 4.30 显示了横质量的分布对 W 衰变宽度的依赖。正如预期, 来自不同衰变宽度的分数差异在大横质量处最明显。显然, 有了充分的事例数, 对 W 宽度的精确测量是可能的 (图 4.26)。

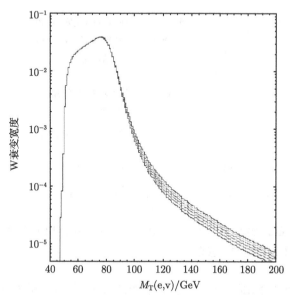

图 4.30 对 W 横质量的 CDF 蒙特卡罗结果。不同的曲线对应从 1.5 GeV 到 2.5 GeV 的 W 衰变宽度[14] (惠允使用)

4.7.2 W 的横动量

单 W 玻色子的 Drell-Yan 产生是一个 $2 \to 1$ 的过程, 末态本质上没有横动量。如在桀夸克偶素 (第 3 章) 和轻子对 (第 4 章) 那里所见, 这在最低阶是对的, 但是初始态辐射会造成 W 具有一个有限的横动量。在第 5 章将会看到一个希格斯产生的重要模式, 由虚 W 和 Z 规范玻色子辐射希格斯而引起的希格斯韧致辐射 (Higgs Bremsstrahlung)。

Tevatron 采集的单 W 玻色子产生的数据如图 4.31 所示。W 的横动量在很小处达到峰值。尽管数据针对任何包含发现 W 的事例, 但是经常发现 W 的产生伴随着喷注。COMPHEP 蒙特卡罗程序使用的带色夸克的初始态辐射的费恩曼图之一, 在拓扑上只是基本的两体散射, $u + \bar{d} \to W^+ + g$。因此, 预期 W 规范玻色子以横动量的 -3 次幂分布, 如在图 4.24 中所见 Z 的分布。从图 4.32 中的曲线可以看出这是一个完整蒙特卡罗模型结果的合理表示, 至少在大横动量如此。

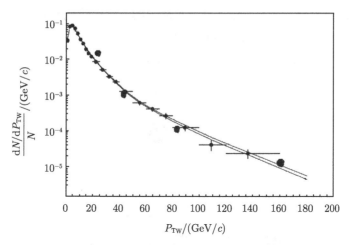

图 4.31　单 W 玻色子产生的横动量分布的 D0 数据。黑点暗示了 $1/P_T^3$ 的行为。由初始态夸克之一发出的胶子初始态辐射 (ISR) 引起被 W 玻色子吸收的反冲横动量。数据点的系统误差也显示在图中[15] (惠允使用)

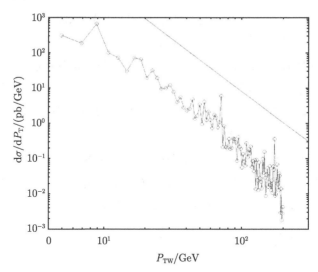

图 4.32　LHC 质子–质子相互作用中,规范玻色子和胶子在 $u + \bar{d} \to W^+ + g$ 末态中产生,W 横动量的 COMPHEP 分布。实线表明了典型的两体散射行为,横动量分布按逆立方律 $1/P_{TW}^3$ 分布

4.7.3　W 玻色子不对称性

质子–反质子碰撞中 W 玻色子的产生,存在不对称,它是两种效应的组合;弱相互作用的 V-A 性质 (附录 A),以及 W 产生的动力学。在图 4.33 显示的

W⁺ 价夸克产生的例子中，正电子沿着反质子的方向被优先发射。类似的反应是
$\bar{u} + d \to W^- \to e^- + \bar{\nu}_e$，电子沿着质子方向。

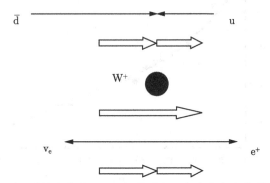

图 4.33 质子–反质子碰撞中的单一 W 规范玻色子产生的自旋关联示意图。细箭头表示动量方向，粗箭头表示自旋方向。初始态夸克假定为价夸克。因此反夸克沿着反质子方向，夸克沿质子方向。正电子沿入射的反质子方向被优先发射

简而言之，弱相互作用的 $V\text{-}A$、宇称违反性质使得轻夸克和轻子 (第一代的 u、d、e^-、ν_e) 为左手性 (负螺旋度，螺旋度是自旋沿动量方向的投影)，相应的反粒子，$\bar{u}$, $\bar{d}$、e^+、$\bar{\nu}_e$ 为右手性 (正螺旋度)。

轻子电荷不对称性可以用来研究质子中上、下夸克分布函数的差异。最终的轻子电荷不对称性显然既依赖于 $V\text{-}A$ 动力学，又依赖于 u、d 夸克在质子内的分布。假设基础两体弱产生和衰变动力学已被完全理解，则可以使用数据去约束夸克分布函数 $u(x)$ 和 $d(x)$ 的输入值。

轻子电荷不对称作为轻子快度的函数的 CDF 数据如图 4.34 所示。继而这些数据被用于约束夸克分布函数。在大 x 处，$u(x)$ 大于 $d(x)$，尽管二者都是相同 (色) 束缚的价夸克。这似乎是需记住的仅有的实验事实。

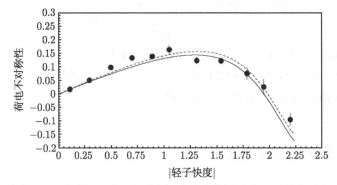

图 4.34 取自 CDF 的数据，单 W 玻色子产生中轻子电荷不对称作为轻子快度的函数[16] (惠允使用)。曲线是用不同夸克分布函数的预言

4.7.4　Z 的 b 对衰变，喷注谱学

在搜寻希格斯玻色子中量能器的双喷注质量分辨率是重要的，例如，对于希格斯衰变为 b 夸克对的情形。CDF 数据如图 4.35 所示。这些数据用以表明质量分辨率可以通过喷注光谱学获得。数据来自带有被识别的两个衰变顶角 (第 2 章 b 标识) 的双喷注样本。观测到的质量分辨率 dM 约 12 GeV。能量测量的误差估计 (粗略的) 为 7 GeV($a = 60\%$，参见第 2 章)。很明显，定义喷注能量带来对质量误差的别的贡献，这些误差导致总的质量误差。这一练习是必要的实践并用来作为双喷注质量谱中搜索的控制样本。这些估计将被用来外推至第 5 章讨论的希格斯量能法搜索所预期的质量分辨率。

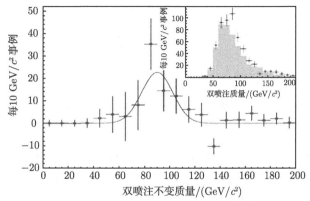

图 4.35　取自 CDF[3] (惠允使用)，由量能学重建的双喷注质量分布数据。两个喷注都已被硅径迹探测器标识为 b 夸克候选 (第 2 章)。数据点和预期本底显示在插图中。同时显示的还有扣除本底的谱和蒙特卡罗预言

如果径迹信息同量能学测量配合使用，可注意到质量分辨率有约 20% 的可见改进。这在文献中被称为 "能量流"。这一思想很简单，在 "小" 动量 (< 100 GeV) 处，荷电 π 介子动量的径迹测量比量能学的能量测量精准得多。对于电子–正电子对撞机中使用的探测器预期有大得多的改进，因为没有同底层事例的混淆。

2-M_{H} 是什么，并且如何测量它？(这涉及在 **1.8** 节提出的 **12** 个问题中的第 **2** 个。我们将在试图说明它们的地方再讨论这个问题。)

4.8　来自精确电弱测量的希格斯质量

在此终于能够开始解释在第 1 章末尾提出的、未回答的第 2 个问题 ——"什么是 M_{H}，如何测量它？但是，首先需要稍微离题看一看可观测量的更高阶量子

"圈" 的效应。如同电荷，在量子场论中粒子的操作质量 (由 "传播子" $\sim 1/(q^2 + M^2)$ 的行为定义) 不是一个固定的数，而是一个依赖于更高阶量子过程的有效常数，如附录 D 讨论的。对标准模型的实验探索现今已经进展到在精度上达到这样的程度，可以按弱耦合常数幂次的微扰展开的 "单圈" 测试其预言。

对传播子有贡献的费米子和玻色子圈如图 4.36 所示。由于传播子被这些圈图所修正，且由于它具有 $V(q) = 1/(q^2 + M^2)$ 的形式，至最低阶 (式 (1.6))，预期质量将被圈图的贡献修正。的确，这是正确的。反之，通过非常精确地测量质量，我们认识到粒子虚拟地存在于量子圈中。实际上可以通过这种方式约束希格斯玻色子的质量。

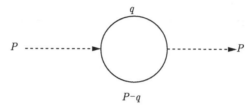

图 4.36 "圈图" 中粒子对的虚衰变，$\mathrm{p} \to (\mathrm{p} - \mathrm{q}) + \mathrm{q}$，随后被吸收 $(\mathrm{p} - \mathrm{q}) + \mathrm{q} \to \mathrm{p}$ 的示意表示

一个粒子以动量 P 虚传播然后虚衰变为一对费米子或玻色子，它们被重新吸收形成初始粒子。这是高阶 "圈" 图。耦合 "常数" 的 "跑动" 也是由于高阶量子圈图修正造成的，在附录 D 和 4.2 节讨论过。

简而言之，费米子传播子 (狄拉克方程) 和玻色子传播子 (克莱因–高登方程) 是不同的，对无质量量子，它们分别是 $1/q$ 和 $1/q^2$。前文已提到，无质量玻色子的传播子式 (1.6)，可以认为是库仑相互作用势的傅里叶变换。费米子传播子由无质量狄拉克方程的研究得出 (参见第 1 章及附录 A 末尾给出的参考文献)。

费米子和玻色子圈对传播子 (或质量平方) 修正的表达式在积分完所有可能的虚圈动量后出现。可以看到费米子积分行为正比于其质量 m 的平方，而玻色子，依赖则弱得多，积分正比于其质量 M 的对数。

$$\begin{cases} \delta M^2 \sim \int \mathrm{d}^4 q/(q)^2 \sim \int q^3 \mathrm{d}q/q^2 \sim \int^m q \mathrm{d}q \sim m^2, \\ \delta M^2 \sim \int \mathrm{d}^4 q/(q^2)^2 \sim \int q^3 \mathrm{d}q/q^4 \sim \int^M \mathrm{d}q/q \sim \ln(M). \end{cases} \qquad (4.10)$$

希格斯质量在当前 "标准模型" 中是一个自由参数。在希格斯势中存在两个参数，一个由使用费米耦合常数 G 的希格斯场真空期待值的测量所固定。另一个可取为希格斯质量，它也不能由理论而必须由实验确定。但是 Z 共振的精确数据确实约束了希格斯质量。Z 质量是熟知的。如本章已有的讨论，顶夸克和 W 质量分别是 $m_t = 176 \pm 6$ GeV 和 $M_W = (80.41 \pm 0.09)$ GeV。这些测量目前统计上有限，所以预期在不远的将来 CDF 和 D0 收集更多的数据后会有所改善。

标准模型在最低阶预言 $M_Z = M_W/\cos\theta_W$，如附录 A 所示。圈图辐射修正将修改这一关系，因为对于 Z 圈，存在费米子顶夸克对，而对 W$^+$ 圈是 $t + \bar{b}$ 对。因此圈图中的质量不同，引起 Z 相对 W 的质量移动。

对 W 规范玻色子重要的圈图如图 4.37 示意的表示。电弱相互作用标准模型最佳确定的参数是 G(μ 子衰变)、Z 质量 (LEP)、精细结构常数 α，以及温伯格角 θ_W(中性流中微子相互作用，Z 轻子和夸克衰变不对称性)。这些参数足以预言直到顶夸克圈和希格斯圈辐射修正的 W 质量。随后的程序是精确测量 W 质量及顶夸克质量，并由此约束希格斯质量。

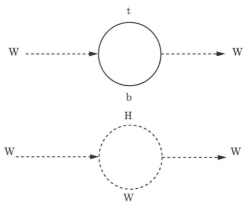

图 4.37　对 W 玻色子质量有贡献的虚 W 衰变的圈图。中间态既有夸克 b 和 t，又有规范玻色子 W 和 H。耦合是 Wtb 和 WWH

由于费米子和玻色子圈导致的 W 质量平方的位移由式 (4.11) 给出，可以看到预期对于圈中费米子的二次质量依赖以及玻色子的对数质量依赖。费米子圈和玻色子圈对质量的贡献反号。这一符号差异对于第 6 章关于超对称 (SUSY) 的讨论至关重要。W 质量随顶夸克 (费米子) 质量增加而增加，而它随着希格斯 (玻色子) 质量增加而减小。

$$\begin{cases} M_W^2 = M_Z^2 \cos^2\theta_W(1 + \delta), \\ \delta_t \sim [3\alpha_W(m_t/M_W)^2]/16\pi, \\ \delta_H = -[11\alpha_W \tan^2\theta_W/24\pi]\ln(M_H/M_W). \end{cases} \qquad (4.11)$$

W 玻色子质量对顶夸克质量明确的敏感度是

$$\mathrm{d}M_W = (3\alpha_W/16\pi)(m_t/M_W)\mathrm{d}m_t. \qquad (4.12)$$

例如，目前顶夸克质量不确定度为 5 GeV，导致 W 质量存在 22 MeV 的移动。对希格斯质量的依赖则弱得多。对于位于 100∼1000 GeV 的希格斯质量，W 质量仅有 130 MeV 的偏移。我们强烈鼓励读者在式 (4.11) 中代入一些数字以获得对敏感性的感觉。代入数字后的结果如图 4.38 所示。很明显，在标准模型的语境下，为了约束轻希格斯质量为 100 GeV，W 质量需要 25 MeV(0.3%) 或更高的精度。

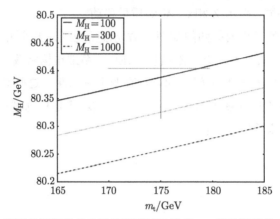

图 4.38 来自使用直接的顶夸克质量测量以及精确 W 质量测量的 Tevatron 实验数据，以约束希格斯质量

目前可获取的全部精确数据的更广泛汇总如图 4.39 所示。其中画出了顶夸克

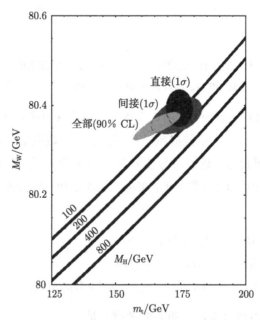

图 4.39 对 W 质量、顶夸克质量以及其他高精度电弱数据的测量带来的对希格斯质量的约束[17] (惠允使用)

和 W 质量的直接测量。电弱参数的间接测量显示在另分开的允许区域。这两套独立测量并不特别一致。我们可能担心，由于系统不确定性，组合数据从而减小误差也许不是个好主意。

此外，图中轮廓线仅包含一个标准差 (68% 置信水平) 而非更符合传统的两个标准差轮廓。无论如何，如果标准模型是个正确的理论，那么看上去目前已知的电弱数据 "偏向" 轻的希格斯质量。回想 LEP Ⅱ[①] 数据设置了一个 $M_H > 113$ GeV 的限制。显然，最终可以从 CDF 和 D0 获取的更多更精准统计的数据，用以判断是否一个小质量希格斯玻色子的预言会存续并更明晰，或者是否数据足够精确到暗示和标准模型不一致，比如 $M_W = 80.55$ GeV，$M_H > 115$ GeV。

但是注意，这一分析假定了标准模型是一个基本理论，尽管由于在第 1 章提出的未得到回答的问题，许多人感到它并不完备，只是一个有效场论。因此，导出的希格斯质量约束并非逻辑自洽的。更一般的分析对希格斯质量的约束宽松得多。面对未知的现象，我们必须谨慎以避免肤浅的论断。显然，目前对希格斯质量的有力声明还为时尚早。

练　习

4.1　用第 3 章推导的公式估计质心能量为 2 TeV 的质子–质子对撞中在 200 GeV 质量处的胶子–胶子散射截面。将结果与图 4.3 中的数据进行比较 (使用 $\Delta y = 4$，$c = 1$)。

4.2　表明 $d\chi/d\hat{t} \sim 1/\hat{t}^2$。

4.3　画出 1 GeV~ 1 TeV 的 $\alpha_s(Q^2)$，其中 $\Lambda_{QCD} = 0.2$ GeV。与图 4.7 进行比较。

4.4　考虑 COMPHEP 中强耦合常数的图示。与图 4.7 进行比较。

4.5　用表 3.1 估计关于喷注产生的 b 夸克对产生。

4.6　用式 (4.4) 估计 μ 子寿命，并和实验值 (2.2 μm) 进行比较 (注意：$\hbar = 6.6\times 10^{-25}$ GeV·s)。

4.7　用 COMPHEP 求出 μ 子衰变宽度，并与练习 4.6 的结果进行比较。

4.8　用式 (4.5) 估计顶夸克衰变宽度。

4.9　用 COMPHEP 估计顶夸克衰变宽度，并与练习 4.8 相比较。

4.10　对 W 衰变宽度进行式 (4.8)[②]中所示的数值计算。

4.11　对 100 GeV、300 GeV 及 1000 GeV 的希格斯质量，计算式 (4.10)，希格斯对 W 质量的圈图贡献，并与图 4.36 进行比较。

4.12　对 W 的质量表达式微分以表明 $dM_W/M_W = [-11\alpha_W \tan^2\theta_W/48\pi](dM_H/M_H)$。

4.13　计算练习 4.12 导出的表达式以表明 $dM_W/M_W \sim 57$ MeV(dM_H/M_H)。对于希格斯质量 100~1000 GeV，取关于 300 GeV 平均值的分数的希格斯质量变化为 3，并与

---

① 原书第 5、6 章使用 LEP Ⅱ，为全书统一起见，本书一律使用 LEP Ⅱ。—— 译者注
② 原书误作 "(4.7)"，已改正。—— 译者注

图 4.39 进行比较[①]。

4.14 利用 COMPHEP 计算质心能量 900 GeV+900 GeV 质子 – 反质子对撞中 $g+g \rightarrow t+\bar{t}$，并与本章所给数据比较。试计算 $u+\bar{u}$ 夸克湮灭为顶夸克对，这一截面更大吗？为什么？

4.15 利用 COMPHEP 计算 W 的辐射宽度，$W^+ \rightarrow E_1, n_1$ 以及 $W^+ \rightarrow E_1, n_1, A$，电子发射出光子的两体 W 衰变占百分比多少？

4.16 计算质心能量为 2 TeV，质量大于 50 GeV 的质子–反质子对撞 Drell-Yan 过程，$u, U \rightarrow e_1, E_1$。与本章所给数据相比较。

参 考 文 献

1. Montgomery, H., Fermilab-Conf-99/056-E (1999).

2. Blazey, G. and Flaugher, B., Fermilab-Pub-99/038 (1999).

3. Montgomery, H., Fermilab-Conf-98-398 (1998).

4. Particle Data Group, Review of Particle Properties (2003).

5. Bethke. S., MPI-PhE/2000-02 (2000).

6. Huth, J. and Mangano, M., Ann. Rev. Nucl. Part. Sci., **43**, 585 (1993).

7. D0 Collaboration, Phys. Rev. Lett. **74**, 3548 (1995).

8. Quigg, C., Fermilab-FN-676 (1999).

9. Tollefson, K. and Varnes, E., Direct measurement of the top quark mass, Ann. Rev. Nucl. Par. Sci. 49 (1999).

10. CDF Collaboration, Phys. Rev. Lett. **82**, 4773 (1999).

11. Seidel, S., Fermilab-Conf-01/054-e (2001).

12. Steinbruck, G., Fermilab-CONF-00/094-E (2000).

13. Lancaster, M., Fermilab-Conf-99/366-E (2000).

14. Baur, U., Ellis, R. K., and Zeppenfeld, D., Fermilab-Pub-00/297 (2000).

15. D0 Collaboration, Phys. Rev. Lett. **80**, 5498 (1998).

16. Glenzinski, D. and Heinta, U., arXiv: hep-ex/0007033 (2001).

17. Pitts, K., Fermilab-Conf-00-347-E (2001).

拓 展 阅 读

Altarlli, G. and Di Leuo, L., Proton-Antiproton Collider Physics, Directions in High Energy Physics, Vol.4, Singapore, World Scientific (1989).

The collider detector at Fermilab: collected physics papers, Fermilab Pub. 90/31-E (1990).

The collider detector at Fermilab:collected physics papers, Fermilab Pub. 91/60-E (1991).

The collider detector at Fermilab:collected physics papers, Fermilab Pub. 92/138-E (1992).

---

① 原文为 "图 4.36"，有误，已改正。—— 译者注

The D0 Experiment at Fermilab:collected physics papers, Fermilab Pub-96/064-E (1996).

Ellis, R. K. and W. J. Sterling,QCD and Collider Physics, Fermilab Conf. 90/167-79 (1990).

Hinchliffe, I. and A. Manohar, The QCD Coupling Constant, Ann. Rev. Nucl. Part. Sci., **50**, 643 (2000).

Pondrom, L., Hadron Collider Physics, Fermilab Conf.91/275-E (1991).

Schochet, M., The Physics of Proton-Antiproton Collisions, Fermilab Conf.91/341-E (1991).

Thurman-Keup, R. M., A. V. Kotwwa, M. Tecchio, and A. Byon-Wagner, W boson physics at hadron colliders, Rev. Mod. Phys. **73**, April (2001).

UA 1 Collaboration, G. Arnsion et al., Phys. Lett. **B 122**, 103 (1983).

UA 2 Collaboration, Phys. Lett. **B 241**, 150 (1990).

第 5 章

希格斯搜寻策略

你可以带着套圈小心翼翼地找寻它；…… 你可以对它施魔法。[①]（《猎鲨记》）

—— 路易斯·卡罗尔[②]

华生快来，游戏开始了。[③]（《福尔摩斯探案》）

—— 柯南道尔

现在准备就绪，考察如下的实验搜寻策略，首先是发现希格斯玻色子，然后，如果标准模型正确，则检验它的性质是否与预期相符。例如，它与 W 玻色子和 Z 玻色子的耦合是否如理论预言？它与费米子以及轻子的耦合是否行为如费米子质量？是否其自耦合如所预言？CERN LHC 正在筹备的新实验被明显地设计用来试图回答尽可能多的上述问题。

希格斯玻色子的预期性质已首先在第 1 章和附录 A 中论及。在第 2 章探索了希格斯衰变成的标准模型粒子的测量精度。在第 3 章发展出计算质子–(反) 质子产生截面需要的公式，并在第 4 章展示了强子对撞机的技术现状。为了研究希格斯玻色子–标准模型 "周期表" 中最后未被发现的粒子的产生和衰变将所有这些信息综合起来。我们想要发现质量、宽度、量子数同费米子和规范玻色子的耦合，以及希格斯玻色子的自耦合。

---

① 原文:"*You may seek it with thimbles-and seek it with care;* ··· *you may charm it.*" *The Hunting of the Shark.* —— 译者注

② Lewis Carroll 是 Charles Lutwidge Dodgson 的笔名 (1832—1898 年), 英国作家、数学家、逻辑学家。—— 译者注

③ 原文:"*Come Watson, the game is afoot.*" *Sherlock Holmes.* —— 译者注。

5.1　LHC　截　面

首先论述 LHC "单举" 或未加选择的非弹性事例的 "最小偏差" 率。预期的总的非弹性截面是 $\sigma_1 \sim 100$ mb，其中约 50 mb 在特征上是非衍射的。衍射事例将被散射的质子以小角度发射至非此即彼的或二者兼具的入射质子束。这里假设这些被散射的质子以小于探测器覆盖的角度飞出。为了研究弹性以及衍射相互作用，LHC 将运行专门的实验探测这些低横动量的质子。以下将专门研究非衍射的大横动量反应。

在第 3 章首先论及了 $2 \to 1$ 的共振产生。在窄宽度近似下，这些过程具有基础截面，如式 (5.1) 所示，

$$\hat{\sigma} \sim \pi^2 (2J + 1) \Gamma / M^3. \tag{5.1}$$

例如，当 $M = M_W$，$J = 1$，$\Gamma = \Gamma_W$ 时，W 玻色子的 Drell-Yan 产生估计约为 $\hat{\sigma}_W \sim 47$ nb。

对于任何基本两体散射过程，质量为 M_o 的粒子对产生截面的粗糙近似是

$$\Delta \hat{\sigma} \sim \pi \alpha_1 \alpha_2 / (2M_o)^2. \tag{5.2}$$

对任何两体散射，类点散射动力学导致一个质量分布，$\mathrm{d}\hat{\sigma}/\mathrm{d}M$，正比于质量的 -3 次方。对这一分布在阈值 $2M_o$ 以上积分，可得式 (5.2)。例如，WW 产生估计为

$$\Delta \hat{\sigma}_{WW} \sim \pi \alpha_W^2 / (2M_W)^2 = 50 \text{ pb}.$$

与非弹性无衍射截面相比，希格斯产生截面非常小，$(\sigma_I \sim 50$ mb, $\sigma_H (120 \,\text{GeV}) \sim 20$ pb)，二者比值为 4×10^{-10}。由于希格斯截面如此之小，必须具备高亮度，这继而意味着来自乏味的 "最小偏差"，或者说非弹性无衍射的，巨大的粒子事例率必须得到整理。

最后被发现的夸克是在 Tevatron 找到的顶夸克。CDF 和 D0 实验成功地发现了顶夸克，其截面约为总截面的 10^{-10}，所以发现如此稀有的过程不是没有先例。

作为质心能量的函数，质子-(反) 子碰撞不同过程的截面如图 5.1 所示。500 GeV 之外的希格斯质量的截面可以从图 5.3 中抽取。假定 LHC 设计亮度为 $10^{34}/(\mathrm{cm}^2 \cdot \mathrm{s})$。对于一年的运行，假定有 1/3 的效率，或数据采集时间为 10^7 s。这意味着 $10^{41}/(\mathrm{cm}^2 \cdot \mathrm{a})$ 或 $100/(\mathrm{fb}^{-1} \cdot \mathrm{a})$ 的灵敏度。在设计亮度运行一年将产生 100 000 (1000 000) 个质量为 500 GeV(100 GeV) 的希格斯粒子。注意 Tevatron 顶夸克截面和 LHC 100 GeV 希格斯具有大致相同的量级。不过，由于希格斯质量未

知且上限为 1 TeV，LHC 加速器和探测器必须准备探索那些远小于 Tevatron 所探测的截面。

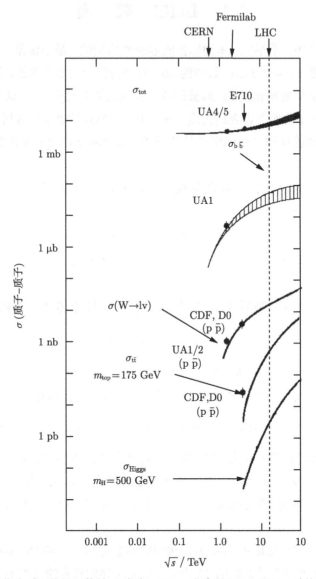

图 5.1 作为质心能量函数的 b 夸克、W、t 夸克以及 500 GeV 希格斯粒子的截面 [1](惠允使用)

质量为 500 GeV 的希格斯在 LHC 的产生截面要比 Tevatron 的大 1000 倍，但非弹性截面大致相等。甚至在 LHC，500(100) GeV 希格斯的截面相对于非弹性截面占比仅为 $10^{-11}(10^{-10})$。这要求针对本底有很大的排除能力和高亮度。这一排除必须胜过目前顶夸克的。如在第 2 章注意到的，如果在 LHC 实现所需的排除能力，标准模型粒子的多重冗余测量将是必需的。

正如在第 4 章提到的，顶夸克对的强产生，每个顶夸克衰变为 W + b 产生截面，从 Tevatron 到 LHC 增长十分迅速。这些顶夸克对将生成一个 W 对本底，当试图测量希格斯衰变到 WW 时，这使希格斯搜索复杂化了。顶夸克截面超过 500(100) GeV 希格斯玻色子截面约 300(10) 的因子，因此需要极好的顶夸克排除。

5.2 希格斯与"圈"的直接耦合

附录 A 导出了希格斯场同规范玻色子的耦合。同时规定了希格斯同费米子的汤川耦合，并且发现该耦合常数正比于费米子的质量。这些耦合则意味着可计算的希格斯玻色子到夸克和轻子的衰变宽度，第 1 章已给出，在此重复一下。由于末态对夸克颜色求和，夸克衰变宽度是轻子的 3 倍.

$$
\begin{cases}
\Gamma(\mathrm{H} \to \mathrm{q\bar{q}}) = 3\Gamma(\mathrm{H} \to \mathrm{l\bar{l}}), \\
\Gamma(\mathrm{H} \to \mathrm{q\bar{q}}) = [(3\alpha_\mathrm{W}/8)(m_\mathrm{q}/M_\mathrm{W})^2]M_\mathrm{H}.
\end{cases}
\tag{5.3}
$$

希格斯到夸克和轻子的衰变关于希格斯质量是线性的，关于夸克或轻子质量是 4 次的。由于我们对实验上易于处理的希格斯衰变到具有较大分支比的衰变模式感兴趣，下面将考虑 b 夸克或 τ 轻子对的衰变。顶夸克如此之重以致顶夸克对在 ZZ 阈值以上，但是更强的规范玻色子耦合仍然占主导地位 (图 5.15)。

$$
\begin{cases}
\Gamma(\mathrm{H} \to \mathrm{ZZ}) = \Gamma(\mathrm{H} \to \mathrm{WW})/2, \\
\Gamma(\mathrm{H} \to \mathrm{WW}) = [(\alpha_\mathrm{W}/16)(M_\mathrm{H}/M_\mathrm{W})^2]M_\mathrm{H}.
\end{cases}
\tag{5.4}
$$

希格斯同规范玻色子的耦合呈希格斯质量 3 次方的行为。这表明在大的希格斯质量，弱相互作用变得很强时，希格斯态不能再作为共振峰被识别出来。对可观测的希格斯质量的有效限制 $\Gamma_\mathrm{H} \sim M_\mathrm{H}$ 则为 1.0~2.0 TeV。

没有直接的同光子和胶子的希格斯耦合。因为希格斯粒子没有电荷和色荷。由于希格斯同质量耦合，而光子和胶子无质量，退耦是自然的。但是存在高阶耦合。我们使用最重的、既携带色荷或电荷又携带弱荷的顶夸克作为中间态。衰变宽度由式 (5.5) 给出，其中符号 $|I|$ 是按定义其量级为 1 的圈积分。

$$
\begin{cases}
\Gamma(\mathrm{H} \to \mathrm{gg}) \sim [(\alpha_\mathrm{W}/8)(M_\mathrm{H}/M_\mathrm{W})^2][(\alpha_s/\pi)^2|I_\mathrm{g}|^2/9]M_\mathrm{H}, \\
\Gamma(\mathrm{H} \to \gamma\gamma) \sim [(\alpha_\mathrm{W}/9)(M_\mathrm{H}/M_\mathrm{W})^2][(\alpha/\pi)^2|I_\gamma|^2/9]M_\mathrm{H}.
\end{cases}
\tag{5.5}
$$

这些结果是近似的,并且仅指顶夸克对圈图的贡献,而其他几种粒子,如光子衰变中的 W,也有贡献。对顶夸克质量明显的依赖,如先前对 W 和 Z 质量有贡献的费米子圈的讨论所预计的,包含在圈积分当中而没有显示在此。

这些圈衰变宽度看上去像式 (5.4) 那些允许的衰变,但是在最右端方括号里包括一个额外的因子,其中含有圈积分 $|I|$ 以及强或电磁精细结构常数的平方。后者来自如图 5.2 所示添加的顶角。很明显可以设想这些更高阶衰变模式是由一个希格斯虚衰变到顶夸克对继以双光子 (双胶子) 的夸克辐射造成的,并导致衰变宽度中的 $\alpha^2(\alpha_s^2)$ 因子。

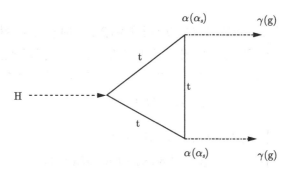

图 5.2　希格斯玻色子顶夸克圈衰变到两个光子 (两个胶子) 的示意图

数值上,如果忽略圈积分 $|I|$,则对质量为 150 GeV 的希格斯玻色子,胶子-胶子衰变宽度约为 0.25 MeV,双光子宽度是 1.16 keV。和 b 夸克对直接衰变宽度,也就是式 (5.3) 比较,取 b 夸克质量为 4.5 GeV,约 6 MeV。

有效希格斯胶子耦合常数是 $\alpha_{\mathrm{gg}} \sim (\alpha_{\mathrm{W}}/9)(\alpha_s/\pi)^2$。注意 COMPHEP 并不包含圈图,这样这些间接衰变模式并不在 COMPHEP 中出现。但是,一个有效的 ggH 或 γγH 相互作用可以通过编辑 COMPHEP 文件加入标准模型顶角。我们鼓励对此感兴趣的读者去尝试这一技术。

在第 3 章已看到,质子由 u 夸克、d 夸克、胶子,及小 x 值的夸克对 "海" 构成。u 夸克和 d 夸克质量数量级都是约兆电子伏 (图 1.2)。因此,给定希格斯宽度对夸克质量的二次依赖式 (5.3) 的前提下,希格斯粒子同通常物质的耦合很弱。类似地,它同无质量胶子的耦合是耦合常数的更高阶,相应也很弱。所以很难在质子-质子碰撞中产生希格斯玻色子。由于在质子中胶子在小 x 处十分丰富,因此在 LHC 希格斯玻色子的主要产生机制是两胶子通过顶夸克圈形成的高阶过程。这样最重要的产生机制涉及粒子 (胶子) 甚至在耦合常数最低阶不与希格斯玻色子发生耦合。

5.3　希格斯产生率

5.3.1　gg 聚合

第 3 章导出了 2→1 过程的截面公式。回忆运动学，$x_1 x_2 = M_H^2/s$，对质心系静止的粒子产生，$x_1 = x_2 = \langle x \rangle = M_H/\sqrt{s}$。对于 LHC 质心能量为 14 TeV 的轻希格斯产生，其 x 值很小。例如一个胶子产生的 150 GeV 希格斯玻色子，只携带质子动量分数的 $\langle x \rangle \sim 0.011$。

形成截面大小为 $d\sigma/dy \sim \pi^2 \Gamma(\mathrm{H} \to \mathrm{gg})/(8M_H^3)[xg(x)]_{x_1}[xg(x)]_{x_2}$，其中已应用了色因子 1/8，因为产生的希格斯玻色子是无色的并且在分布函数 $g(x)$ 中包含 8 种带色胶子。来自一个质子以及另外一个质子的胶子，共 8×8 种组合，其中只有 8 种是无色的，例如，$\mathrm{R}\bar{\mathrm{G}} \otimes \mathrm{G}\bar{\mathrm{R}}$.

假定轻的希格斯，利用式 (5.5) 的 $\Gamma(\mathrm{H} \to \mathrm{gg})$，及已经提到的胶子分布函数 $[xg(x)] = (7/2)(1-x)^6$，并取 $x_1 = x_2 = M_H/\sqrt{s}$，则有 $d\sigma/dy \sim 49\pi^2[\Gamma(\mathrm{H} \to \mathrm{gg})/(32M_H^3)][(1 - M_H/\sqrt{s})^{12}] \sim 49\pi^2[\Gamma(\mathrm{H} \to \mathrm{gg})/(32M_H^3)]$。$\Gamma(\mathrm{H} \to \mathrm{gg})$ 的 M_H^3 行为大致抵消掉了 $d\sigma/dy$ 的 $1/M_H^3$ 行为，导致近似独立于希格斯质量的截面。对于轻的希格斯玻色子，$d\sigma/dy \sim 49|I|^2\alpha_s^2\alpha_W/[2304M_W^2]$。

数值上，如果 $|I| \sim 1$，在 CMS 轻的希格斯玻色子在 $y \sim 0$ 的快度"平台"有 $d\sigma/dy \sim 443$ fb，或 $\sigma \sim 2.2$ pb $(\Delta y \sim 5)$。这同图 5.3 的结果大致符合。注意我们并不指望非常好的吻合，因为圈积分 $|I|$ 有一些对希格斯质量的剩余依赖。对于设计

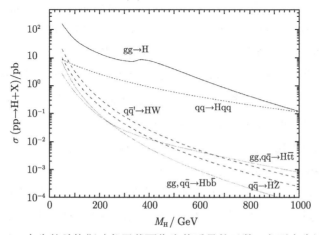

图 5.3　LHC 产生的希格斯玻色子截面作为其质量的函数。主要产生过程是 gg 聚合，但是更稀少的过程也在图中指示了 [2] (惠允使用)

亮度 $10^{34}/(cm^2 \cdot s)$ 或 $\sim 100/(fb \cdot a)$，CMS 每年将产生约 200 000 个轻希格斯玻色子。一旦探测效率和到某特定末态的衰变分支比的效应被考虑进来，统计上令人信服的发现依赖高亮度。

假设查看实验上干净的信号，$H \to ZZ \to$ 四轻子。在 Z 质量处将有两个窄的双轻子质量峰。对于希格斯质量，实验分辨能力也相当好，因为轻子动量的精确跟踪测量是可用的。利用式 (5.4)，到 Z 玻色子对的分支比约是 1/3。由于 Z 到电子对或 μ 子对的分支比是 7%(读者可用 COMPHEP 验证这一点，$Z \to 2*x$)，若假定完全有效的触发、探测及重建效率，在设计亮度为期一年的数据收集可发现信号事例数目 s 为 327 例希格斯玻色子衰变到四轻子末态。若不存在本底，$B = 0$，则信号将是 $18 \approx \sqrt{327} = \sqrt{s}$ 个标准差效应，这是 "有说服力的" 发现。对于高斯误差，在一个标准差内发现某结果的概率是 68%。2σ 效应是 95%，3σ 效应是 99.7%。如果基于关于统计涨落的长期经验，系统误差得到控制的话，大多数物理学家 "相信"5 个或更大标准差的效应 (图 5.36)。

希格斯产生截面作为希格斯玻色子质量的函数，完全的蒙特卡罗结果如图 5.3 所示。主导机制是如所预期的胶子–胶子聚合 (gluon-gluon fusion)。对轻的希格斯，在上面给出的近似的数量级估算中，已经忽略了 $|I|$ 对希格斯质量的依赖 (注意，如图 5.3 所示的截面中，在约 2 倍的顶夸克质量处存在一个局部的峰，圈积分在此变为极大值)。这里也忽略了除去 Hgg 圈中的顶夸克以外其他粒子的贡献。最后，如在第 3 章提到的，我们还忽略了胶子分布函数在更大 x 处的下降以及 $[xg(x)]$ 在小 x 处的增长。所有这些对质量的依赖有贡献的效应都如图 5.3 所示。

以下希格斯粒子分别采用代表性的质量 120 GeV、150 GeV、300 GeV 和 600 GeV，以及 30 pb、20 pb、10 pb 和 2 pb 胶子–胶子聚合截面。对于这些质量，估计总的希格斯截面宽度为 3/2 乘以 WW 衰变宽度，或 0.0 GeV、1.6 GeV、13.2 GeV 和 105 GeV。在约 120 GeV 处总的希格斯衰变宽度非常小，因为希格斯质量低于 WW 阈值 $2M_W \sim 160$ GeV。显而易见，要使用的末态希格斯衰变模式且预期衰变率十分依赖于希格斯质量。因为这一质量在相当宽的质量范围内未知，为了谨慎地确保成功，必须设计一个灵活的搜索策略。

按照图 5.3，每年产生 4000 000 到 200 000 质量从 120 GeV 到 600 GeV 的希格斯事例。利用实验上干净的 ZZ 衰变模式，在 LHC 满亮度条件下，对于 $H \to ZZ \to 4l$ 衰变，质量从 180 GeV 到 600 GeV 的 ZZ 阈值以上的希格斯玻色子，每年产生约 8000 到 800 个四轻子希格斯信号事例。如下面即将看到的，这导致一个可探测到的高统计显著性水平的共振信号。在无本底的极端情况下，$\sqrt{s}$ 跨越 89 到 28 个标准差。

甚至在 1/10 的设计亮度，LHC 也能提供几个发现的可能性，见表 5.1。例如，b
夸克的大量产生使 LHC 成为一个真正的"b 工厂"。如果希格斯足够轻，但又不是
太轻，在 130~600 GeV 之间的话，即使以此降低亮度运行一年，希格斯粒子也是
可发现的。

表 5.1　LHC 以 $L = 10^{33}/(cm^2 \cdot s)$ "低亮度" 运行的事例率

过程	σ/pb	事例/s	事例/a
W → eμ	1.5×10^4	15	10^8
Z → e$^+$e$^-$	1.5×10^3	1.5	10^7
t$\bar{t}$	800	0.8	10^7
b$\bar{b}$	5×10^8	5×10^5	10^{12}
H ($m_H = 700$ GeV)	1	10^{-3}	10^4

5.3.2　WW 聚合及 "标识" 喷注

在检查可能的希格斯末态之前简短地研究一下不占优势的产生机制。这是由
于最终我们想要测量希格斯同尽可能多的夸克、轻子，以及规范玻色子耦合。胶
子–胶子聚合产生机制本质上是测量 Htt 耦合。这一耦合将同末态的任意耦合进行
卷积。由于大的本底，胶子–胶子聚合机制有时候也不够独特，从而无法干净地提
取希格斯衰变到某个特殊末态的信号。

在这一情况下可以使用其他更有特点的产生机制，它们偏向更为稀少的电弱
产生过程。针对本底额外的排除能力，有时可以利用希格斯玻色子的特性来获得：
同规范玻色子和大质量夸克及轻子的优先耦合。例如，我们将看到利用带有 "标示
喷注" 的 WW 聚合允许我们使用希格斯到 W 对和 τ 轻子对的衰变，如果只考虑
胶子–胶子聚合产生它们就被淹没在大的本底中了。

于是，使用不同的产生机制，除去希格斯到 Z 对的 "干净" 比率以及因此衰变
到四个荷电轻子或到光子对，还可以测量其他希格斯衰变模式。这两者是利用主导
希格斯产生机制 —— 胶子-胶子聚合 —— 仅有的衰变模式。显然，改进具有决定
性的重要性，因为我们的目的不仅在于发现希格斯玻色子，也要在力图观测到超出
标准模型的新物理时尽可能多地测量其性质。

"WW 聚合" 机制指的是双双来自入射质子的夸克虚发射一个 W 玻色子。例
如，u → W$^+$ + d，继以希格斯到 W 对的逆衰变或聚合，这一机制如图 5.4 所示。
显然，由于它依赖于 HWW 耦合，同依赖于 Htt 耦合的胶子聚合相比，其自身是
可以测量的有用过程。反弹的喷注沿质子方向的小角度被发射，被称为 "标识" 喷

注，因为它们是虚 W 玻色子被发射的迹象，或标识。

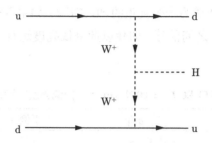

图 5.4 希格斯玻色子协同从虚 W 发射反弹的 "标示" 喷注产生的 COMPHEP 费恩曼图

"WW 聚合" 机制非常类似于电子或正电子发射光子的相似过程。在这种情况下，末态是任何可以由两个光子构成的态。该过程通过末态相对于入射束以小角度出射的两个反弹电子被 "标记" 下来。产生的态具有两个光子的量子数，$C = 1$ 且 $J^{PC} \sim 0^{++}$，2^{++}。依据同样的推理，若一个希格斯弱衰变到两个光子的模式被确定下来，那么希格斯自旋不能为 1(杨氏定理)。

一些双光子产生的 LEP 数据如图 5.5 所示。产生的共振态被产生机制所 "过滤"，仅有对双光子有效的量子数。

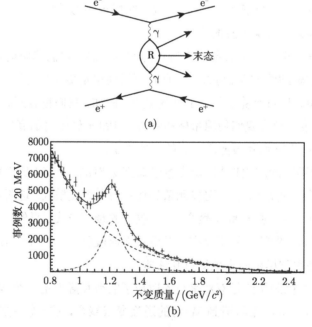

图 5.5 (a) 正负电子对撞中末态两个光子产生的费恩曼图；(b) 同时显示了双 π 介子末态的质量谱，意味着显著的共振产生 [4](惠允使用)

第 3 章论证了辐射是软的以及共线的。这样预期在 WW 聚合中标识喷注具有小的横动量，大约一半的 W 质量，以及大的径向动量。标识喷注的赝快度分布已在第 2 章对 LHC 运行的典型探测器所要求的视场讨论中显示了。

在微扰论中可以计算一个夸克 q 发射 W 的分布函数 $f_{q/W}(x)$，$[xf_{q/W}(x)] \sim (\alpha_W/4\pi)$，其中基本辐射行为，$[xf(x)] \sim$ 常数，是明显的。对于质量为 M 的 WW 以及夸克对 "母" 质量 $\sqrt{\hat{s}}$，根据附录 C 中解出的类似情况，运动学是我们所熟悉的，$\tau = M^2/\hat{s}$，$x_1 x_2 = \tau$。对于 WW 质量 M，表示从一个质子出射 W，另一个质子出射另一个 W 的联合概率的积分在式 (5.6) 中由 I_{WW} 给出。

$$I_{WW} = \int_\tau^1 f_{q/W}(x_1) f_{q/W}(\tau/x_1) dx_1/x_1,$$
$$\sim (\alpha_W/4\pi)^2 (1/\tau) \ln(1/\tau). \tag{5.6}$$

最终的基本截面，利用式 (5.4) 给出的 WW 希格斯衰变宽度，在形式上类似于我们给出的希格斯玻色子的胶子–胶子形成的估计。

$$\hat{\sigma}(q\bar{q} \to q'\bar{q}'WW \to q'\bar{q}'H) \sim 16\pi^2 (\Gamma\tau/M^3) I_{WW}$$
$$\sim [(\alpha_W)^3 \ln(1/\tau)]/16 M_W^2. \tag{5.7}$$

在正负电子对撞中，对于质心能量在几个电子伏范围及以上，双光子截面，$e^+ + e^- \to e^+ + X + e^-$，超过单光子截面，如 $e^+ + e^- \to q + \bar{q}$。在质子–质子对撞中两个类似过程的截面之比正比于强对弱精细结构常数平方的比值乘以一个量级为 1 的因子。由于这一比值，$(\alpha_W/\alpha_s)^2$ 仅 1/9，WW 聚合过程预期在完全希格斯产生截面中占据显著的比例。

$$\begin{cases} \hat{\sigma}(gg \to H) \sim \pi^2 \Gamma(H \to gg)/M^3 = (\alpha_W \alpha_s^2 |I|^2)/(72 M_W^2), \\ \hat{\sigma}(gg \to H)/\hat{\sigma}(q\bar{q} \to q\bar{q}H) \sim [(\alpha_s/\alpha_W)^2 |I|^2]/4 \ln(1/\tau). \end{cases} \tag{5.8}$$

的确，如图 5.3 所示，WW 聚合截面总是大于 10% 胶子–胶子聚合截面。因此，在 LHC 使用 WW 聚合过程的实验搜寻策略是有益的。

通过 WW 或 WW*(对于希格斯质量小于 WW 阈值的衰变，其中一个 W 玻色子 "非在壳" 或者说虚的，以 W* 表示) 的 COMPHEP 费恩曼图显示于图 5.6 中。对于一个质量为 115 GeV 处在最终 LEP Ⅱ 质量范围上部的希格斯，WW* 系统的横向质量如图 5.7 所示，其中 W 都衰变为一个轻子加中微子。对于质量大于此值而小于 200 GeV，有关信号相对本底以及截面的大小的情况甚至更有利。

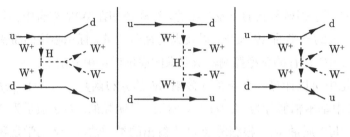

图 5.6 W 对的 WW 聚合产生的 COMPHEP 费恩曼图。注意到有不可约的本底过程，尤其是四次 W 耦合

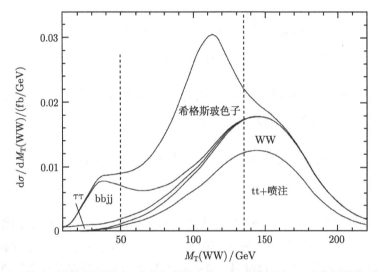

图 5.7 带有两个探测到的标示喷注事例中的双轻子横质量 + 丢失的横能系统。希格斯共振峰明显在 WW 连续谱，以及其他本底之上，甚至对于 115 GeV 的希格斯质量这种 "最糟糕" 的情况亦是如此 [5](惠允使用)

　　的确，带有探测到标记喷注的 WW 聚合过程对希格斯搜寻来说是一个重要的发现模式。注意到这一过程仅仅依赖于希格斯同规范玻色子的耦合 HWW 也十分重要，这样能突出并测量该耦合。

　　仅作为一个消遣，考虑质子作为光子之源代替使用夸克作为 W 玻色子之源。首先使用式 (5.7) 粗略估计 pp → ppγγ → ppH 的截面，利用式 (5.5) 估计 γγ → H 宽度。但是很明显，由于质子不是基本粒子，它具有一个 "形式因子"，描述发射一个硬光子且仍维持为一个质子的约化概率。我们忽略这一因子，对轻希格斯玻色子的双光子产生仍然得到一个非常小的截面。

　　对轻希格斯的一个更细致的分析导致对截面的估计为 10^{-39} cm², 接近 LHC 的可行性。这些事例将是惊人的，包含两个带有很小的横动量的末态质子，以及比如说，两个来自希格斯衰变以大角出射的 b 夸克喷注，每个带有 60 GeV 的横动量。没有其他末态粒子给以这些事例绝对干净和独特的特征。更为实际地说，可能有其他态具有大的双光子形成宽度，以及更大的可被研究的截面。

5.3.3　协同产生 ——HW、HZ、Htt

另外一个可能的产生机制导致希格斯与一个规范玻色子或顶夸克对协同产生，可用以降低本底，因为其电弱起源，W、Z 的产生相对稀少。从图 5.8 COMPHEP 费恩曼图可见，产生机制涉及一个虚 W 或 Z 的 Drell-Yan 形成，继以希格斯轫致辐射。这一过程的测量将清楚地探查希格斯同规范玻色子的耦合。但是其截面要比主要的胶子–胶子聚合产生机制小 10~100 倍 (图 5.3)。

图 5.8　希格斯粒子和规范玻色子协同产生的 COMPHEP 费恩曼图。这一过程是 Drell-Yan 产生，其中非在壳的 W 和 Z 随后辐射一个希格斯玻色子

希格斯加上规范玻色子产生过程是有优势的，因为它在小质量希格斯玻色子情况下改进了信号本底的比。但是，截面随着希格斯质量迅速下降限制了这一机制对小希格斯质量的效用。在更低的质心能量下，希格斯的夸克产生更有优势。CDF 和 D0 更偏向于采用希格斯衰变到 b 夸克对的协同产生的搜索策略。$W b \bar{b}$ 对的连续产生导致的希格斯信号和本底的蒙特卡罗模拟结果及其他过程如图 5.9 所示。

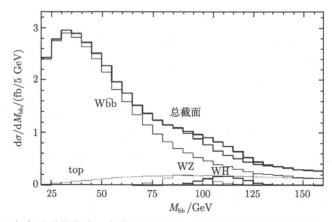

图 5.9　b 夸克对质量分布，来自 WH、WZ 以及顶夸克对衰变到 W+b，和 W+b 夸克对产生。W 衰变到电子加中微子，希格斯质量为 110 GeV。这一模型是 Fermilab Tevatron 2 TeV 质心能量的质子–反质子对撞，其中夸克的 WH 产生相对胶子的增加了 [6](惠允使用)

对于轻的希格斯, LHC 在恰当的 x 值处存在大量胶子, 这使得该策略更加困难, 这里不再作进一步的阐述。

其他在降低本底上大有前途的过程是希格斯玻色子连同一对顶夸克的产生, 其中利用了希格斯同顶夸克的强耦合。其末态胶子-胶子产生的 COMPHEP 费恩曼图如图 5.10 所示。因为耦合是 Htt, 截面是相当大的 (图 5.3), 并且大的顶质量意味着这一耦合相当强。对这一过程的作用率测量将有助于探测顶夸克与希格斯耦合的标准模型预言。

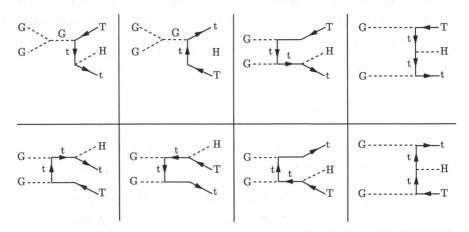

图 5.10 对于过程 $g + g \rightarrow H + t + \bar{t}$ 的 COMPHEP 费恩曼图。相关的希格斯耦合是顶夸克–反顶夸克对。对于希格斯被 Z 规范玻色子替代的相似过程的费恩曼图, 产生类似的截面大小

$Z + t + \bar{t}$ 末态提供了一个方便的 "控制" 样本, 因为其费恩曼图同 $H + t + \bar{t}$ 的是一样的, 产生截面相似, 且双轻子衰变模式里 Z 玻色子的探测十分完善。由 COMPHEP 给出的 QCD 本底过程截面如图 5.11 所示。

对 120 GeV 希格斯质量, $H + t + \bar{t}$ 产生截面约为 0.3 pb(图 5.3)。假定所有轻希格斯唯一的为衰变 b 夸克对。量能器对于来自双 b 喷注测量共振重建的质量分辨率预计是 $dM/M \sim 0.06$(第 2 章)。假定整个信号被包含在 3 dM 或约 22 GeV (忽略非常小的自然宽度效应), 则信号是一个高度约为 0.014 pb/GeV 的共振 "峰"。信号/本底比良好, $S/B \sim 1/6$, 参见图 5.11。

如将看到的, 对于希格斯玻色子的胶子-胶子产生然后衰变为 b 夸克对的 QCD 本底是难以克服的。利用 $H + t + \bar{t}$ 产生过程可获得的大为改进的信号/本底比, 我们可以克服这一困难从而确定希格斯到 b 夸克对的分支比。显然这是一个关键的测量, 因为它检验标准模型对希格斯玻色子与费米子质量的汤川耦合的预言。

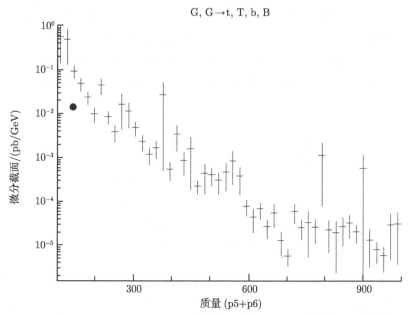

图 5.11　LHC $g+g \rightarrow t+t+b+b$ 的截面，作为 b 夸克对质量 M 的函数，正如 COMPHEP 蒙特卡罗程序所给出的。同时预期的 b 夸克对衰变模式的希格斯信号以及一个 120 GeV 希格斯在图中显示为一个黑点

5.3.4　希格斯的对产生

第 1 章和附录 A 中已表明，假设的希格斯场的相互作用势能为 $V(\phi) = \mu^2\phi^2 + \lambda\phi^4$。参数 μ 具有质量的量纲，而 λ 则是无量纲的。真空存在于此势能极小值处，有真空场 $\langle\phi\rangle = \sqrt{-\mu^2/2\lambda}$。围绕该极小值展开，$\phi \sim \langle\phi\rangle + \phi_H$，合并同幂次场项。希格斯激发 ϕ_H 中的二次以及更高次项是 (忽略数值系数)

$$V(\phi_H) \sim \lambda[\langle\phi\rangle^2\phi_H^2 + \langle\phi\rangle\phi_H^3 + \phi_H^4]. \tag{5.9}$$

参照附录 A，第一项易于确定，它是有效质量项，$M_H = \sqrt{2\lambda}\langle\phi\rangle$。这样希格斯玻色子获得了质量，但未预言其大小，因为它依赖于未知参数 λ。由于这一原因，需要采取一个大范围的和灵活的搜寻策略，这一策略有较高的成功率，并且覆盖一个从现存的 LEP 搜索设定的最低实验允许值 115 GeV 到最高值 1.7 TeV——弱相互作用变强所对应的 —— 质量范围。

其他项对应于希格斯自耦合。三重态的项有一个有效耦合 $\lambda\langle\phi\rangle \sim \sqrt{\lambda}M_H$，而四次项如所预期的那样，有一个无量纲的耦合 λ。因此标准模型中的希格斯耦合是：和规范玻色子的 $g_W M_W$，和费米子的 $g_W(m_f/M_W)$，三重自耦合 $\sqrt{\lambda}M_H$，以及

四次自耦合 λ。如果标准模型是对自然的正确描述，则一旦希格斯质量被测量，λ 和自耦合就被完全确定了。因此，这些自耦合的测量是标准模型极其重要的检验。

最重要的希格斯对产生的费恩曼图如图 5.12 所示。截面依赖于希格斯的三重耦合。这种情形类似于规范玻色子对产生的情况，它依赖于三重规范耦合。

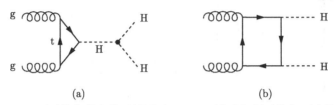

(a)　　　　　　　　　　　　　　(b)

图 5.12 (a) 三重希格斯耦合费恩曼图以及 (b) 顶夸克辐射希格斯两次的 "盒子" 费恩曼图，它是 LHC 希格斯玻色子对产生中最重要的 [6](惠允使用)

LHC 希格斯对的截面作为希格斯质量的函数如图 5.13 所示。轻的希格斯质量的截面水平相当低，约 20 fb。在设计亮度下这意味着 LHC 一年产生 2000 希格斯对。

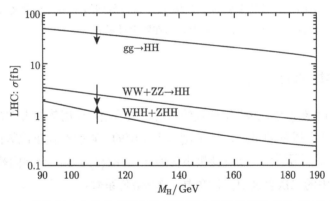

图 5.13 LHC 希格斯对产生的截面作为希格斯玻色子质量的函数 [7](惠允使用)。主要的过程是胶子–胶子聚合，和单希格斯产生的情况一样

LHC 可观测到 HH 信号所需足够大分支比的、实验上干净的特征似乎很难准备。比如，在小的希格斯质量，到 b 夸克对的衰变占主导。这样存在约 2000 衰变为四个 b 夸克的希格斯对。但是，源自 QCD 的四个 b 夸克事例本底是压倒性的。如果采用一个希格斯衰变到 b 夸克对，另一个衰变到 W*W，必须在事例率中记入到 W*W 分支比以及随后的轻子 W 衰变分支比。

目前没有针对探测 LHC 希格斯对的好的搜索策略。这是一个严重的缺陷，因为标准模型对希格斯自耦合作了精确的预言，这必须得到检验。找到测量这一过程的策略的工作仍在继续进行。特别是，升级 LHC 到 10 倍的亮度正在计划中。这一亮度的增加也许能利用轻希格斯的可触发衰变模式, 诸如 $H \rightarrow W^* + W$ 伴随随后一个 W 的轻子衰变, $W^- \rightarrow e^- + \bar{\nu}_e$, 以及另一个 W 的夸克 – 反夸克衰变, 诸如 $W^+ \rightarrow u + \bar{d}$。

5.3.5　三重规范玻色子产生

尽管严格来说并非希格斯搜寻的一部分, 但是对三重规范玻色子产生的测量是一个对已被预言的标准模型规范玻色子四次耦合的探针。如在第 4 章所见, 目前从 CDF 和 D0 可获得的数据仅包含一小部分规范玻色子对, LEP 数据仅包括几个 $WW\gamma$ 事例 (第 1 章)。LHC 增加的亮度和质心能量将使得实验上可获得三种规范玻色子产生。

在 LHC 弱产生的 W 对截面是 100 pb。顶夸克对 (从而 W 对) 的强产生具有约 800 pb 的截面。WWZ 末态产生的截面约 3 pb, 由于质心能量远大于末态质量之和, 它并未显著减小, 而是较弱 W 对截面小约 α_W 倍。因此 LHC 将直接挑战标准模型对四次耦合的预言。比如, 假定全效率出发以及重建, 对 WWZ 两个 W 都衰变为轻子, Z 衰变为电子或 μ 子对 $(l^+ + \bar{\nu}_l + l^- + \nu_l + l^+ + l^-)$ 的情形, 一年内产生约 1000 事例。同时注意在大 WW 质量处, 来自 WW 聚合的规范玻色子对 (图 5.6) 探查标准模型预言的四次耦合的强度。

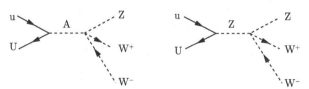

图 5.14　三个规范玻色子的 Drell-Yan 产生的 COMPHEP 费恩曼图, 只显示了包含四次耦合的图

5.4　希格斯分支比和搜寻策略

现在将已学到的关于希格斯玻色子同夸克、轻子和规范玻色子的耦合, 以及依靠不同产生机制的希格斯产生截面综合起来。基于具体分析基础上的不同产生机制也许是必需的, 这取决于涉及其特定本底的末态的稀缺性。这一策略非常依赖于未知的希格斯质量。比如, 一个基础议题是是否希格斯质量大到足以使用相对来说直截了当的 ZZ 末态。我们的目标是使用一个搜寻策略, 既可以发现希格斯, 又可以告诉我们它和轻子、夸克以及玻色子的耦合, 而无论希格斯质量的实际大小。

让我们来看一下希格斯玻色子到不同末态的分支比作为希格斯质量的函数。如果到某末态 i 的衰变宽度是 Γ_i，则总衰变宽度 Γ 是 $\sum \Gamma_i$，分支比是 $B_i = \Gamma_i/\Gamma$。希格斯玻色子分支比作为希格斯质量的函数如图 5.15 所示。随希格斯质量的快速变化意味着需要使用一个综合性的搜寻计划。

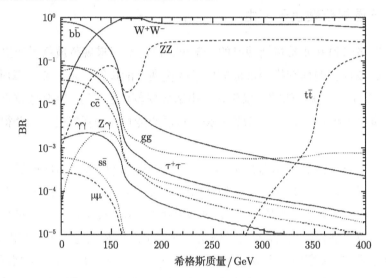

图 5.15 希格斯玻色子分支比，作为希格斯玻色子质量的函数 [8](惠允使用)

WW 阈值以下的希格斯宽度非常小。可获得的最重的夸克对 $b\bar{b}$，在 WW 阈值，约为 160 GeV 以下质量居于支配地位。粲夸克对分支比估计是 $B(c\bar{c}) \sim (m_c/m_b)^2 B(b\bar{b}) \sim (1.2\ \text{GeV}/4.5\ \text{GeV})^2 \sim 0.1$。可获得的最重的轻子对和 τ 轻子对其宽度相对 b 夸克对宽度减小到近 1/9，因为耦合正比于质量平方①，$(1.74\ \text{GeV}/4.5\ \text{GeV})^2$ 以及一个 1/3 的色因子，导致近似的分支比估计为 $1/27 = 0.037$。

前面对 b 夸克宽度 6 MeV 以及光子宽度 1.16 keV 的估计导致对轻希格斯双光子分支比为 0.000 19 的估计。精确计算的结果约大 10 倍，意味着所忽略的圈图中的 W 贡献很大。胶子-胶子宽度估计是 0.25 MeV 或胶子 - 胶子分支比为 0.04。这些 "粗略" 估计和精确结果的比较如图 5.15 所示。结论是，我们大致了解了最重要的小质量希格斯玻色子衰变模式。

COMPHEP 很容易生成希格斯衰变宽度。图 5.16 显示了 b 夸克对衰变宽度。注意其随希格斯质量的线性行为，以及如下事实：可以确认质量为 150 GeV 的希格斯玻色子到 b 夸克对的衰变宽度为 6 MeV。同样质量的希格斯到 τ 轻子对的宽度相对 0.35 MeV 宽度所设定的标度也是线性的。在 5.4.1 节解释过顶夸克对宽度

① 原文疑有误，似应为 "proportional to"。—— 译者注

的 β^3 阈值行为。由于顶夸克对质量如此之大，其宽度可以是显著的 (图 5.15)。但是，正如第 4 章的截面估计所表明的，存在一个严重的顶夸克对强产生，或 "QCD 本底"。因此，这里就不进一步考虑顶夸克对作为探测希格斯的途径了。

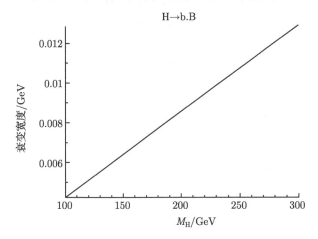

图 **5.16**　COMPHEP 生成的 b 夸克对衰变宽度，作为希格斯质量的函数

对于 250 GeV 的希格斯质量，其代表性衰变宽度由下式给出：

$$
\begin{cases}
\Gamma(\mathrm{H} \to \mathrm{b\bar{b}}) = 9.5 \text{ MeV}, \\
\Gamma(\mathrm{H} \to \tau\bar{\tau}) = 0.5 \text{ MeV}.
\end{cases} \tag{5.10}
$$

"阈值以下" 的衰变如何？第 1 章已提到，ZZ"阈值" 以下有一个带有 "非在壳的 Z" 的 Z$\mathrm{l}^+\mathrm{l}^-$ 模式，传统上称为 ZZ**。衰变宽度 $\Gamma_\mathrm{Z} \sim 2.5$ GeV，以及布莱特–维格纳共振质量分布，$\mathrm{d}\sigma/\mathrm{d}M \sim (\Gamma/2)^2/[(M - M_o)^2 + (\Gamma/2)^2]$，意味着 ZZ* 衰变率相对 ZZ 衰变被压制了约 $[(\Gamma_\mathrm{Z}/2)/(M - M_\mathrm{Z})]^2$，因为 $\mathrm{l}^+\mathrm{l}^-$ 质量从 M_Z 到 M 切断共振质量。因此，从 180 GeV 衰变宽度 0.3 GeV 的 ZZ 衰变模式到 150 GeV ZZ* 衰变率，预期近似衰变宽度 300 MeV $(1.25 \text{ GeV}/30 \text{ GeV})^2 \sim 0.5$ MeV，以及一个 WW* 宽度 ~ 600 MeV$(1.0 \text{ GeV}/10 \text{ GeV})^2 = 6$ MeV，近似等于 b 夸克对宽度。确实，对于如图 5.15 所示 WW* 和 ZZ* 阈值以下分支比大致是这个量级。

COMPHEP 产生的 WW 阈值以上宽度如图 5.17 所示。相应的 ZZ 宽度是 WW 宽度的一半，如从式 (5.4) 所预期的，随希格斯质量的增长被移动了大约两倍的 W 与 Z 质量差，或 20 GeV[1]。从阈值经过一个激增之后，在图 5.17 中可以明显看到预期的 $\Gamma \sim M^3$ 行为。在 600 GeV 希格斯质量，到 W、Z，以及顶夸克对的宽度如式 (5.11) 所示。在 600 GeV 宽度对质量的比相当大，$\Gamma_\mathrm{H}/M_\mathrm{H} \sim 0.21$。当 $M_\mathrm{H} \sim$

---

①原文 "ZO GeV"，应为 "20 GeV" 之误。—— 译者注

1.7 TeV 时，它外推到 $\Gamma_H/M_H \sim 1$。

$$\begin{cases} \Gamma(H \to WW) = 70 \text{ GeV}, \\ \Gamma(H \to ZZ) = 35 \text{ GeV}, \\ \Gamma(H \to t\bar{t}) = 20 \text{ GeV}. \end{cases} \tag{5.11}$$

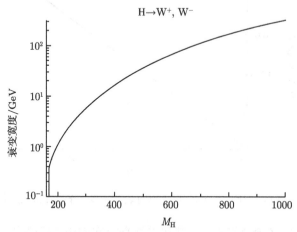

图 5.17　COMPHEP 生成的 W 玻色子对衰变宽度，作为希格斯质量的函数

　　迄今所提到的衰变模式中，$H \to \gamma\gamma$ 衰变模式是一个利用直接产生希格斯来搜索小质量希格斯的干净方法。b 夸克对以及 τ 轻子对衰变模式在小质量也可进行，如果 ttH 协同产生和 qqH(标识喷注 WW 聚合) 产生机制被分别用以改进信噪比。对 170 GeV 希格斯质量在 ZZ* 有效阈值之上，四轻子模式是干净且精选的过程，因为直接希格斯产生是可用的。WW* 到双轻子和双中微子的衰变没有一个关于中微子径向质量信息丢失造成的尖锐横质量峰 (图 5.7)。不过，借助于对 WW 聚合产生信号的标识喷注，对于质量小于 200 GeV 的希格斯粒子，$H \to W + W^* \to (l^+ + \nu_l) + (l^- + \bar{\nu}_l)$ 衰变方案是一个主要的 "发现模式"。预期对大于 140 GeV 的希格斯质量，到 W*W 的分支比将是最大的 (图 5.15)。假定 W 玻色子和 Z 玻色子的胶子–胶子和轻子衰变，对 WW、ZZ 以及 $\gamma\gamma$ 衰变模式，产生截面 (图 5.3) 乘以衰变分支比 (图 5.15) 如图 5.18 所示。对从 100 GeV 到 400 GeV 希格斯质量，探测的截面乘以双光子或四荷电轻子末态的分支比总是大于 10 fb。这意味着 LHC 以设计亮度采集数据一年中至少产生了 1000 个希格斯事例并衰变到了一个干净的、可探测到的末态。由于四荷电轻子末态可被径迹探测器很好的测量，Z 共振将表现为突出特征，允许从其他本底干净地提取 ZZ 末态。因为 ZZ 连续末态仅仅以 pb 的截面 (第 3 章) 产生，预期对于 150 GeV 以上希格斯可以在 ZZ 到四轻子末态中被容易的发现。

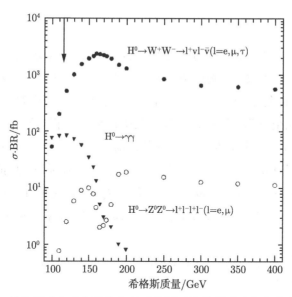

图 5.18 LHC 希格斯玻色子衰变为矢量玻色子对的截面乘以衰变分支比, 作为希格斯玻色子质量的函数。箭头指处表示目前的 LEP II 极限 [1](惠允使用)

目前来自正负电子对撞机的数据要求希格斯质量在 110 GeV 以上。γγ 模式对质量在 110 GeV 的 LEP 限制及约 150 GeV 之间是最干净的衰变模式, 这区间 ZZ 以及 ZZ* 模式是困难的。在 150 GeV 以上, ZZ* 或 ZZ 是希格斯搜索的精选模式。

WW* 及 WW 模式也能在 120~200 GeV 使用, 这区间到 WW* 大的分支比使得这一模式具有吸引力。对希格斯质量在 125 GeV 以上, $(l^+ + \nu_1) + (l^- + \bar{\nu}_1)$ 末态率超出双光子率, 尽管为了获取一个足够干净的信号, 我们被迫要求 1/10 的比率的 qqH 产生机制 (图 5.18)。这一模式因此是在小质量希格斯区域一个潜在的 "发现模式", 因为其大的事例率, 也许在所有 "干净" 模式中最有希望。

在约大于 600 GeV 的大质量, 希格斯截面下降如此之多以致统计上不能作出令人信服的发现。在大质量要求有些更 "脏" 但更丰富的 Z 到中微子及喷注对的衰变模式, 因为它们更高的分支比补偿了截面的减小。这些衰变模式的添加使得 LHC 的发现 "范围" 延伸到了 1 TeV 的希格斯质量。理论论证倾向要求希格斯质量不超过 1 TeV, 尽管这些论证并不直接了当, 这样能够覆盖希格斯玻色子 "容许的" 质量范围。

这一介绍足以概述发现希格斯 —— 无论其质量如何 —— 策略的主要元素。现在开始就搜索策略对某些特别的衰变模式进行更加细致的讨论, 并对为什么这一给定策略仅适用于希格斯质量的有限范围加以解释。

5.4.1　b$\bar{\text{b}}$

一般而言，一个处在总自旋为 S，角动量为 L 的态的夸克 – 反夸克对具有宇称 P，以及荷电共轭量子数 C，满足 $P = (-1)^{L+1}$，$C = (-1)^{L+S}$。因此，$J^{PC} = 0^{++}$ 的希格斯玻色子衰变为 P 波，$L = 1$ 的对。结果对于衰变宽度，这就导致一个 $\beta^{(2L+1)} = \beta^3$ 的阈值行为，其中 β 是夸克在质心参考系相对于 c 夸克的速度。

假定双喷注不变质量是量能器重建的。对于一个 120 GeV 希格斯质量，截面是 30 pb。伴随 b$\bar{\text{b}}$ 质量的 3 个标准差 ($\pm 1.5\sigma$) 信号区域，量能法实验分辨率设定 $\Delta M = 22$ GeV，信号呈现为 b 夸克对 QCD 产生的连续谱截面上的共振"峰"，$\sigma/\Delta M = 30\,\text{pb}/22\,\text{GeV} = 1.4\,\text{pb/GeV}$(假设 120 GeV 希格斯，b 夸克对分支比是 1)。

连续 b 夸克对的 QCD 产生 COMPHEP 费恩曼图如图 5.19 所示。预言的 LHC 截面如图 5.20 所示。

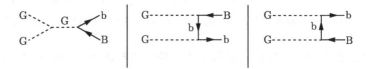

图 5.19　$g + g \rightarrow b + \bar{b}$ 过程的 COMPHEP 费恩曼图

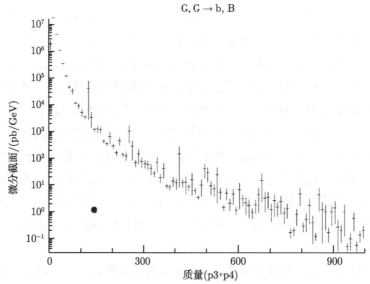

图 5.20　COMPHEP 预言 LHC b 夸克对产生作为夸克对质量的函数。黑点表示对于一个质量为 120 GeV 的希格斯其信号水平

图 5.20 中同时指明了信号所在。它被一个约 1000 的因子所淹没。正是由于这个原因，我们不得不考虑 Htt 产生并继以 $H \to b + \bar{b}$ 衰变，其中信号/本底之比要有利得多 (图 5.11)。利用协同产生机制，可以抽取轻希格斯截面乘以 $b\bar{b}$ 分支比，并如此测量希格斯和 b 夸克的耦合。

5.4.2　$\tau^+\tau^-$

对于轻希格斯，另外一个实验上可获取的衰变模式是希格斯到 τ 轻子对的衰变。τ 轻子对本底连续谱产生的 COMPHEP 费恩曼图如图 5.21 所示。基本上，这一本底来自一个虚 Z 或光子随后衰变为 τ 轻子对的 Drell-Yan 产生。

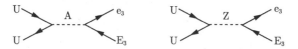

图 5.21　COMPHEP 中 τ 轻子对的 Drell-Yan 产生的费恩曼图

对 τ 轻子对中的希格斯信号所作的估计类似于对 b 夸克对所作的。在 120 GeV，假定一个 1/27 的分支比 (图 5.15)，我们预期一围绕中心希格斯质量约 22 GeV 大小质量范围的 0.052 pb/GeV 共振信号。对本底连续质量分布的 COMPHEP 预言在图 5.22 中给出。

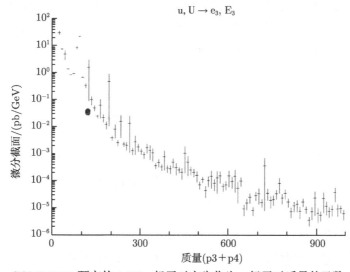

图 5.22　COMPHEP 预言的 LHC τ 轻子对产生作为 τ 轻子对质量的函数。图中也表明了对 120 GeV 希格斯预期的共振信号

显然，信号对本底的比值，S/B 在这种情况下是 1 的量级，这是相当有利的。这一相对 b 夸克对的改进出现是因为本底过程的耦合是电弱而不是强相互作用的，

以及因为初态部分子是夸克而非丰富得多的胶子。我们预期如果希格斯质量较小，接近 LEP 尚未排除的最小质量的话，能够提取希格斯到 τ 轻子对的分支比。这一结果可以同来自 Htt 协同产生的 b 夸克对分支比比较。在标准模型中，一旦希格斯质量被指定好，所有分支比就都被预言了。

但是，截至目前本底的讨论只适用于直接 τ 轻子对产生。同时存在由于 W 对产生伴随随后的两个玻色子的 τ^+ 中微子衰变，$W^- \rightarrow \tau^- + \bar{\nu}_\tau$ 造成的大的电弱本底。电弱本底也是"不可约的"，其和信号过程的不同仅在于末态额外的不可观测的中微子的出现。我们断言这一区别允许我们控制该本底的源。

还有第三重本底来源。顶夸克对的 QCD 或强产生，导致末态的 W 和 b 夸克对。W 对能够随后衰变为 τ^+ 中微子。本底源可以通过"禁戒"，或排除带有额外喷注的事例来降低。结果是 WW 聚合机制，伴随可见的标记喷注，是提供足够的本底拒斥所需的，这样来自希格斯衰变的末态 τ 轻子对在本底之上可见。

迄今一直假定"τ 喷注"可以在无本底的情况下被检出。事实并非如此。存在来自 QCD 喷注 (例如胶子) 的可减小的本底，它也可以淹没信号。我们需要一种途径来区分 QCD 夸克和胶子喷注以及 τ 喷注。为了理解如何实现这一点，必须首先研究 τ 轻子衰变模式。因为它同 W 耦合，τ 衰变第一步是一个到 τ 中微子及 W 的虚衰变。W 然后虚衰变为夸克与轻子对。轻子衰变，$\tau^- \rightarrow \nu_\tau + \mu^- + \bar{\nu}_\mu$, $\nu_\tau + e^- + \bar{\nu}_e$ 有小的被忽略的分支比。对虚 W 的夸克衰变，末态粒子是 $\bar{u} + d$，具有 π^- 或 ρ^- 介子的夸克成分。由于 τ 轻子质量仅 1.74 GeV，它有一个相当有限的末态 π 介子多重性。τ 轻子的强子衰变如图 5.23 所示。

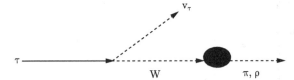

图 5.23 τ 轻子衰变的示意图。末态包括一个中微子和少量荷电粒子，图中只显示了一个。虚 W 到夸克对的复杂"衰变"以及随后的夸克"强子化"为一个 π 介子或 ρ 介子 (用大黑点表示)

因此 τ 强子末态以丢失能量及一个"狭窄的"，通常只包含某单一荷电粒子喷注为特征。这与胶子喷注相当不同，那里荷电多重性较高且没有直接出射的中微子。利用这些本质不同，来自强 QCD 过程的本底可以被显著压缩，这样使用 τ 轻子对的搜寻策略就是有效的。

作为一个例子，图 5.24 中显示了排除因子对比 QCD 喷注作为 τ 轻子喷注效率函数的蒙特卡罗模拟结果。τ 喷注简单定义为在 (η, ϕ) 空间一个"狭窄的"喷注

(第 2 章). 多重性追踪也被用来要求喷注中低荷电多重性。在一个相当大的横动量, τ 轻子喷注保持 50% 的效率, 而拒斥因子对比 QCD 喷注可达几百倍。

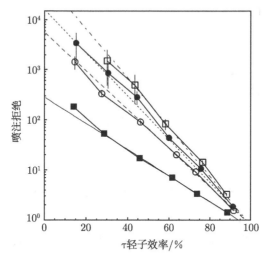

图 5.24 从 15 GeV(实心符号) 到 130 GeV(空心符号) 不同横动量下 τ 轻子效率作为 QCD 喷注排除因子的函数。QCD 本底率是形成触发喷注 "窄度" 的函数 (ATLAS 图片, 惠允使用)

5.4.3 γγ

目前针对低质量希格斯玻色子实验兴趣的末态分支模式是衰变为双光子。基本上这一模式分支比小但实验上干净。回想在第 4 章研究了双光子产生的实验数据, 并且将它们同来自反应 $u + \bar{u} \to \gamma + \gamma$ 的 COMPHEP 玻恩近似预言作了比较。

对 LHC 光子对连续谱本底的 COMPHEP 预言结果如图 5.25 所示。

预期 γγ 模式本底比 $b\bar{b}$ 衰变模式更有利, 因为初始态概率更小, 夸克而非胶子, 以及强产生 (QCD) 被减小为电磁 (QED) 耦合强度, 类似于 τ 对的情况。此外, 对于电磁量能器其质量分辨率要比 $b\bar{b}$ 夸克对或 τ 轻子对约好 10 倍 (第 2 章)。因此, 在双光子情形可以利用全作用率胶子–胶子聚合希格斯产生, 而无需被迫使用一些采用协同希格斯产生的较低作用率过程。

取 120 GeV 希格斯质量, 2 GeV 的质量 "窗口" 以及 0.002 的分支比 (图 5.15), 预期双光子质量谱中的共振信号为 (30 pb)(0.002)/2 GeV = 0.03 pb/GeV。这个信号仍然被约 10 倍的因子埋藏在本底中, 所以获得最大可能的量能器能量分辨率有一个额外耗费。不过, 信号有一个干净的特征, 并且恰在目前希格斯质量的实验限定之上, 它将是主要的搜寻策略。一个自旋为 1 的粒子不能衰变为两个光子。这是对量子数的显著限制, 因为标准模型里的基本玻色子被认为自旋不能大于 1。

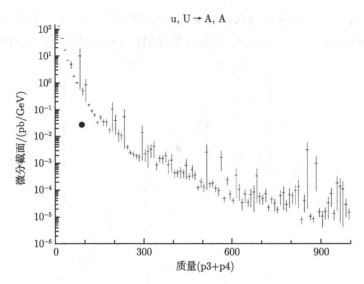

图 5.25 LHC 光子对截面作为对质量的函数

也存在一个可减小的、来自中性 π 介子衰变为两个光子的强 QCD 本底。如果这些无法解决，那么强产生的 π 介子将成为光子额外的大的本底。对于 100 GeV 希格斯质量，一对光子的对称衰变意味着光子具有 50 GeV 横动量。这些光子类似 50 GeV 中性 π 介子 (M_π = 0.14 GeV)，它们随后衰变为张角 ($2M_\pi/M_H$) $\sim$ 0.003 rad 的光子–光子对。如果电磁能器被放置离相互作用点横向距离 $r \sim 2$ m 的地方，这些光子将在量能器碰撞点以约 0.6 cm 的间隔分开。因此量能法的 "像素"(第 2 章) 需要分辨带有这一横向间距尺度的电磁能量簇。LHC 实验针对这一挑战，通过在他们其分段的电磁量能器采用微小 "像素" 做好了准备。

5.4.4 WW → (lν)(lν)

顶夸克对产生如同 b 夸克对产生，经由同样的费恩曼图进行 (同样的 QCD 动力学因为所有的夸克都有相同的色荷)。因此，除去质量差异造成的运动学效应，两个过程都应有同样的截面。LHC 顶夸克对产生作为夸克对质量的函数的 COMPHEP 预言如图 5.26 所示。在很大的，约 500 GeV 以上顶夸克对质量，截面的确与图 5.20 所示的一样。

这些强产生的顶夸克对导致大量的 W 对，因为顶夸克几乎完全衰变到 W+b。如果进行希格斯搜索使用 WW 或 W*W 末态，这些 W 对是潜在的本底。如前所述，通过增加信号对本底比值，带有探测到的 "标识" 喷注的 WW 聚合机制被用来使希格斯到 W 对的衰变实验容易获得。通过对事例中的额外喷注施加 "禁戒"，QCD

产生的顶夸克对本底中额外的 b 夸克喷注的存在得到充分利用。采用这一禁戒截断，来自顶夸克对衰变的 W 对可被强烈的压制。

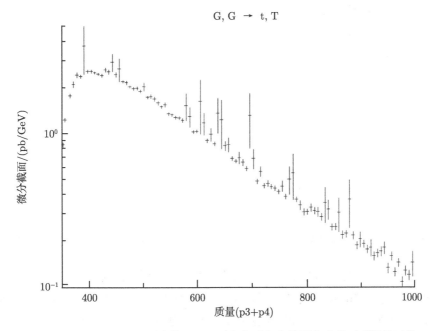

图 5.26　COMPHEP 预言的 LHC 顶夸克对产生截面作为其对质量的函数

还有弱产生的 W 对 (第 4 章)，具有稍微更小的截面。但是它们是不可缩减的，并且在 WW 末态中的希格斯搜索形成一个连续谱本底 (图 5.7)。在 LHC 截面作为 W 对质量的函数如图 5.27 所示。图 5.26 中对 600 GeV 顶夸克对质量截面是 1 pb/GeV，这可以与图 5.27 中 300 GeV WW 质量的 0.04 pb/GeV 质量分布大致相比。因此，如果能够通过禁戒额外喷注活动以大于 25 倍的因子减小顶夸克对本底，就可以专注于弱产生但是不可减小的 W 对本底。

测量 W 对产生就其本身而言令人感兴趣。截面依赖于 WWγ 以及 WWZ 耦合，这在标准模型里详细阐明了。改进后的 Tevatron 实验当前正在采集数据，但是它将在 LHC 开始采集数据前完善这些测量，这样将不确知还有什么留待 LHC 去完成。

当来自顶夸克对产生的可减小的 W 对被移除后，W*W 以及 WW 衰变为两个荷电轻子和两个中微子，可以用于发现希格斯玻色子，因为不可削减的电弱生成的 W 对连续谱充分得小，这样希格斯信号可以被提取出来 (图 5.7)。正如许多其他衰变模式一样，为了将本底降低到可以接受的水平，WW 聚合机制必须同明确探测到的标识喷注一起使用。

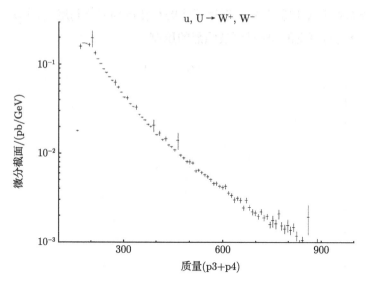

图 5.27 LHC 14 TeV 质子–质子碰撞的 WW 产生截面作为 W 对质量的函数

关于希格斯的量子数信息也包含在荷电轻子方向上的关联中。在希格斯静止系，对于自旋为零的希格斯玻色子，角动量守恒要求两个 W 要么都是左手的，$W_L W_L$，要么都是右手的，如图 5.28 所示。惯例是每个粒子自旋矢量 (厚箭头) 出现在动量矢量 (薄箭头) 下方。极化 W 衰变源自弱相互作用的 V–A 性质。对于轻子，粒子是左手的而反粒子是右手的。整体效应是使得荷电轻子在同样的方向上前进。要是一个矢量共振弱衰变到 W 对将显然不会具有同样的荷电轻子关联。因此，对荷电轻子对动量关联的测量，可产生关于任何观测到的共振自旋的信息，实际上也可用于增强信号的清洁度。

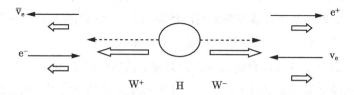

图 5.28 $W_R W_R$ 希格斯衰变中的自旋关联。细箭头表示动量方向，自旋方向由粗箭头表示

5.4.5 ZZ → 4l

对于发现希格斯玻色子而言，实验上最干净的衰变模式是到 Z 玻色子对的衰变继以 Z 的荷电轻子衰变。对于 150 GeV 的希格斯质量，ZZ → 4l 分支比超过两光子分支比 (图 5.18)。在 ZZ 末态信号对本底比也好得多。因此对大于 150 GeV 的希格

斯质量,为了整体清洁度,选择的末态包含来自 ZZ 或 ZZ* 的四轻子。轻子在追踪器可被很好地测量 (第 2 章),并且形成相当窄的共振态 ($\Gamma_Z/M_Z \sim 2.5\,\mathrm{GeV}/91\,\mathrm{GeV} = 0.027$)。Z 对转而具有极好的质量分辨率。这一衰变模式因此被称为希格斯搜寻的"黄金模式"。

拟建的 LHC CMS 探测器四电子和四 μ 子事例示意图如图 5.29 所示。如同电子的情况,当小的横动量没有被显示出来时,事例看上去非常干净,仅包含四个电子和一个反弹的喷注。在 μ 子的情形,μ 子腔室自身被量能器以及来自产物中占绝大多数的小动量粒子的磁轭的保护。这样它们大部分只看到四个孤立 μ 子,再一次导致干净的分析。

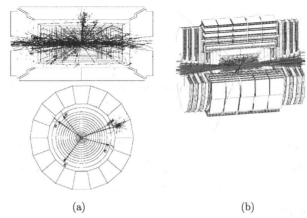

(a)　　　　　　　　　　(b)

图 5.29　LHC CMS 探测器中由希格斯衰变到 Z 对引起的 (a) 四电子和 (b) 四 μ 子蒙特卡罗事例。在 (r, ϕ) 视角只画出了大 P_T 粒子 [9](惠允使用)

对于 150 GeV、300 GeV 及 600 GeV,到 ZZ* 或 ZZ 的分支比约是 1/10、1/3 和 1/3。轻子动量的径迹测量造成的希格斯质量窗口为 2 GeV、4 GeV 和 8 GeV,而希格斯自然宽度是 1.6 GeV、13 GeV 及 105 GeV。如所预期,自然宽度在大质量处占支配地位。这导致三个标准差的 8 GeV、45 GeV 及 330 GeV 希格斯质量窗口,或 ZZ 质量谱 0.25 pb/GeV、0.074 pb/GeV 及 0.002 pb/GeV 的截面增强 $\sigma/\Delta M$。

ZZ 连续谱本底是由于规范玻色子对的 Drell-Yan 电弱产生造成的,类似于 WW 电弱本底。COMPHEP 算出的 14 TeV 质子–质子碰撞①ZZ 产生本底如图 5.30 所示。对 300 GeV 和 600 GeV 希格斯玻色子,示意地显示了预期的信号。显然,信号对本底比在四轻子末态是相当有利的,因为本底是弱相互作用产生过程造成的。在更大的质量,搜索将变得越发困难,仅仅因为希格斯变得越发的宽且截面随质量迅速下降。

---

① 原文为 "p-p production",为 "collision" 之误。—— 译者注

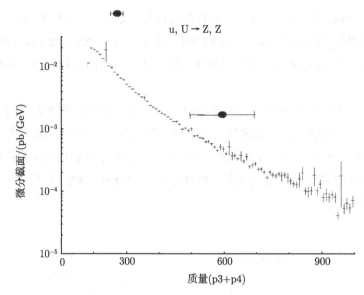

图 5.30 LHC ZZ 产生截面作为不变质量的函数。同时表明了预期的 300 GeV 和 600 GeV 希格斯玻色子衰变为 Z 对的信号

设计运行的集成亮度是每年 100 fb^{-1}。对 600 GeV 希格斯衰变为 ZZ，截面乘以分支比约为 0.7 pb。Z 到电子或 μ 子对的衰变率是 6.7%，或衰变到四轻子的 3 fb 截面。这样在没有本底以及完美探测效率的情况下，我们得到了 300 个信号事例或 17 个标准差的信号。

CMS 和 ATLAS 已经进行了细致的研究，并将通过一年运行在大多数 ZZ 或 ZZ* 测量相关的质量范围 (图 5.36) 看到 10 个标准差的共振信号。CMS 探测器上彻底的蒙特卡罗研究产生的质量图类似图 5.30 所给出的，如图 5.31 所示。那里显示的希格斯质量是 300 GeV 和 500 GeV。这些图针对不同的总集成亮度，但是对于 500 GeV 假定了 1"LHC 年" 的设计亮度。显然，在所有情况下一个独特的且高度显著的共振峰是可观测的。

对小于 200 GeV 的希格斯质量，预期能够提取到几个末态的共振信号，如在前面论证过的。在小质量处希格斯玻色子的共振质量将被很好的测量，那里自然宽度由探测器分辨率支配。但是，自然宽度无法被精确测量，因为实验的谱并不强烈地依赖于非常窄的自然宽度。在大质量处，自然宽度超过了仪器分辨率，它可在 5% 水平上被测量。

ATLAS 合作组对一些挑选的希格斯分支比进行的预期误差蒙特卡罗研究如图 5.32 所示。利用 γγ 末态，γ 部分宽度被确定下来。到 b 夸克对的部分宽度利用 Htt 事例。希格斯的 WW 聚合产生继以 WW* 衰变只依赖于 HWW 耦合，这允许我们明显地提取 W 部分宽度。利用四轻子末态可发现 ZZ 分支比。在大希格斯质量可以通过测量共振谱线形状确定总宽度。

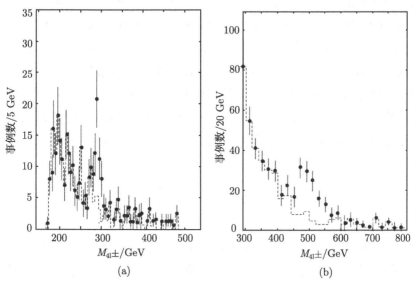

图 5.31　对于希格斯质量为 (a) 300 GeV 以及 (b) 500 GeV，CMS 探测器中 ZZ 到四轻子衰变道探测到的事例数目的蒙特卡罗预言 [8](惠允使用)。事例数目对 (a) 和 (b) 分别假定为 20 fb^{-1} 和 100 fb^{-1}

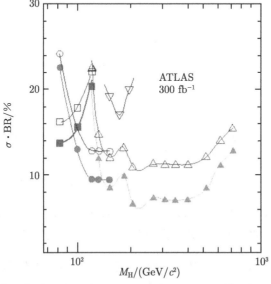

图 5.32　ATLAS 精度研究，它可以通过希格斯衰变到两个光子 (图中圆圈)、b 夸克 (方块)、Z 对 (上宝石形)、W 对 (下宝石形) 的分支比得到。(空心) 实心符号意味着 (10%)5% 的亮度不确定性

上文看到如何确定质量、总宽度以及一些部分宽度，对于量子数又会怎么样？我们能够通过 ZZ 衰变产物间关联的分析对希格斯态的自旋 J、宇称 P，以及量子数获得一些额外信息。有意思的是，早期高能物理研究曾有一个 "经典的" π 介子宇称实验，其中中性无自旋 π 介子被发现电磁衰变到两个矢量光子，后者随后 (较罕见地) 衰变到正负电子对，$\pi \to \gamma + \gamma \to e^+ + e^- + e^+ + e^-$。这可以类比电弱衰变到两个矢量 Z 玻色子并自此衰变到四个荷电轻子的中性希格斯。

光子自旋零和正宇称的极化矢量呈正相关，这反映在电子衰变平面的对齐上。对于负宇称，情况正相反。衰变平面是由电子和正电子动量矢量定义的平面。宇称可以通过考查两个衰变平面的关联来确定。对 $J^P = 0^+$，衰变使得衰变平面对齐，而对 $J^P = 0^-$，衰变平面倾向于正交：

$$\begin{cases} \varepsilon_1 \cdot \varepsilon_2, & P = +, \\ \varepsilon_1 \times \varepsilon_2, & P = -. \end{cases} \tag{5.12}$$

对于 280 GeV 希格斯质量，自旋为零和正，以及负宇称轻子衰变平面关联如图 5.33 所示，其中 φ 是衰变平面之间的方位角。很明显，对正宇称，平面优先取向一致，而对负宇称，它们是正交的。

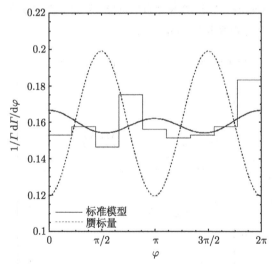

图 5.33 280 GeV 希格斯在标量玻色子 (实线) 和赝标量玻色子 (点线) 情况下，在衰变 H → ZZ 中的两个 Z 玻色子轻子衰变平面间的方位角分布 [11](惠允使用)

对于轻希格斯质量，假定已经观察到一双光子衰变，这样自旋很可能为零。一个到两个矢量规范玻色子的 S 波，或零角动量态标量衰变是允许的。Z 玻色子极化可以是径向 (L) 或横向 (T)，因其有质量，而无质量光子是横向的。Z 玻色子衰变分布是 $|Y_1^0|^2 \sim 1 + \cos^2\theta$，$|Y_1^1|^2 \sim \sin^2\theta$，分别对横向和径向 Z 极化，其中 Y_l^m

是球谐函数。主要想法是对衰变中的 Z_L 及 Z_T 占比拟合角分布。对 Z 的横向和径向极化相对数量有一个标准模型预言：

$$\begin{cases} \Gamma(H \to Z_T Z_T)/\Gamma(H \to Z_L Z_L) \sim (\delta^2/2)/(1-\delta/2)^2, \\ \delta \equiv (2M_W/M_H)^2. \end{cases} \tag{5.13}$$

Z 的双轻子衰变起到 Z 极化检偏镜的作用，正像在光子的双轻子衰变的例子中那样。对衰变角分布的拟合将决定 Z 自旋的径向和横向分量，并因此测试希格斯量子数是否如标准模型所预言的那样。在小的希格斯质量，$M_H \sim 2M_W$，横向对径向的比值约为 2，而对大的希格斯质量，Z 将完全被径向极化。

5.4.6　$ZZ \to 2l + 2J$

对于 600 GeV 以上质量的希格斯，由于衰变率的限制需要更大的分支比衰变模式，在几年之内我们将无法得到足够的事例作出统计上引人瞩目的发现。一个可能性是利用 Z 的夸克衰变。那么信号会出现在两个轻子 l 加两个喷注末态。由于来自单一 Z 过程的 QCD 辐射造成的 Z + 双喷注的本底是个额外的连续谱贡献，信号对本底比会更糟。对另一个 Z 衰变双喷注质量分辨率窗口相比要求的轻子 Z 衰变质量窗口也相当大。因为这一末态被在大希格斯质量使用，那里自然宽度支配探测器分辨率，但是使用量能器质量测定在敏感性方面并不困难。

对于典型的 LHC 探测器，这样一个信号事例的蒙特卡罗模型如图 5.34 所示。简言之即使本底增加，在大希格斯质量，希格斯信号仍然可以被观测到。注意来自

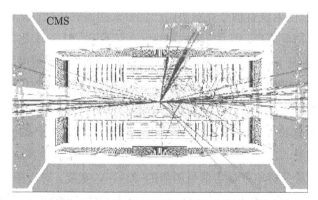

图 5.34　800 GeV 希格斯粒子衰变到 Z 玻色子对的蒙特卡罗模拟，其中一个 Z 衰变为一对 μ 子 (右下)，另外一个衰变为夸克–反夸克对 (中上)，在 CMS 探测器中表现为两个喷注。注意由于最小无偏 "累积" 事例造成的量能器和径迹探测器的 "噪声"(CMS 图片，惠允使用)

$Z \to q+\bar{q}$ 衰变的喷注对的小的张角。如在第 2 章讨论过的，对于质量直到 1 TeV 的希格斯，强子量能器的角分割被选择用以分辨 Z 衰变到两个不同的喷注。这里显示的事例表明为什么做出那种 "像素" 大小的选择。

5.4.7 ZZ → 2ν + 2J

对于一个 Z 衰变为中微子–反中微子对而另一个衰变为夸克–反夸克对的末态，一个仍较大的分支比可供使用。此时，不像对四轻子，以及在更糟糕的质量分辨率下，对双轻子和双喷注那样，我们没有对两种粒子对具有共振 Z 质量来测量的约束。对喷注要求双喷注质量近似为 Z 质量。对希格斯将不存在不变质量峰，仅仅有一个宽的横向质量增益。因此质量确定并不非常好。不过在这些大的质量无论如何末态都很宽，由于本底随着质量迅速下降从而信噪比仍然有利。

即使对于可获得很高亮度的 LHC 加速器，在某些时刻，我们也会面临无可用事例。四喷注末态基本上被 QCD 强产生所淹没，因此不能用作希格斯搜索。因此，在大质量处下降的截面最终使得希格斯难以观察。更糟糕的是，希格斯宽度随质量立方迅速增长。结果对于运行在设计亮度的 LHC，希格斯搜索终结在约 1 TeV 质量处。如果随着 LHC 加速器以及探测器 "升级" 可以获得更高的亮度，希格斯搜索的 "质量范围" 将延伸至超过 1 TeV。

5.5 亮度和发现的限制

前面已经看到，若没有顶夸克对协同产生带来的本底压低，很难得到希格斯衰变到 b 夸克对的物理信息。但并非总是如此。在超对称 (SUSY) 是自然界有效对称性 (第 6 章) 的情况下，一个超对称希格斯到 b 夸克对的衰变宽度发生增益。在某些情况下 WH 协同产生可以用于压制本底，允许我们提取一个共振信号。量能器的能量分辨率必须被最小化，因为它直接定义信号对本底比。这种情况下的蒙特卡罗研究结果如图 5.35 所示。对于一组特殊的超对称参数，其中显示了预言的实验信号加本底质量谱，这些参数转而影响 b 夸克分支比和衰变宽度。

在实验的质量分辨率下包含信号所需的 22 GeV 宽度，对应图 5.35 中约 5 个组距 (bins)。因此，我们在前述量能器分辨率所用的估计都偏低，因为有其他误差影响了喷注质量分辨率。尽管如此，这仍是一个不错的出发点。

关于如何遍历搜索一些简单超对称理论的全参数空间有大量文献。希格斯玻色子不再是在标准模型里假定的简单客体。因此利用在第 1~4 章获得的知识积累继续集中于如何设计标准模型希格斯玻色子的搜索这样更简单的问题。对于明显超对称的粒子搜寻留待第 6 章再讨论。

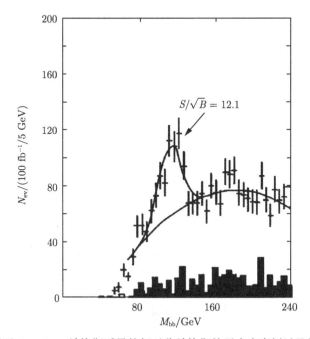

图 5.35　对于 120 GeV 希格斯质量的超对称希格斯粒子本底事例以及希格斯信号事例，b 夸克对的质量分布 [12] (惠允使用)

在图 5.35 中引用的品质因数是显著性或信号事例数目 (S) 除以本底事例的平方根 B，即 $S/\sqrt{B}$。在大事例数目以及小 S/B 比值极限下，这意味着信号超出本底统计涨落的标准差数目。标准差概率是 68%，两个是 95%，三个是 99.77%。图 5.36 中所画的是在 ATLAS 探测器以 1/3 设计亮度运行一年利用不同末态的测量显著性，或 $S/\sqrt{S+B}$，作为希格斯玻色子质量的函数。如果本底比信号大很多，那么显著性变为 $S/\sqrt{B}$，如图 5.35 所引用的。如果没有本底那么在此极限下变为 $\sqrt{S}$，如已经提到的。

基本上，如果能够实现约五个标准差的显著性的话，CMS 和 ATLAS 探测器被设计会用来在四个月全亮度运行中发现所有质量小于 1 TeV 的标准模型希格斯。

明显地，在一个广泛的希格斯质量范围用于希格斯发现的主要末态是 ZZ → 4l 或 ZZ* → 4l。在大质量，需要更大的分支比衰变模式，两个轻子加两个喷注或者两个荷电轻子加两个中微子末态被使用。在小质量使用两个光子末态。W*W 末态 (在 qqH 中) 为希格斯质量 $2M_W$ 提供最大敏感性，其中两个 W 都衰变为一个轻子加一个中微子。同样在小质量，我们也提到 b+b̄ 末态在 H+t+t̄ 中。正负电子对撞机 LEP Ⅱ 已设置了一个质量限制，110 GeV。

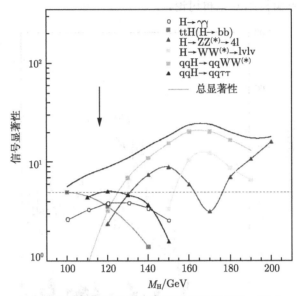

图 5.36 ATLAS 实验预期显著性作为希格斯质量的函数，取自 1/3 设计亮度 (30 fb⁻¹) 一年的数据。箭头处指明了 LEP Ⅱ 极限 [1](惠允使用)

LHC 实验以及 LHC 加速器本身被专门设计用来发现假设存在于标准模型中的希格斯玻色子。在第一年全亮度数据采集中，如果标准模型希格斯玻色子存在且质量小于 1 TeV，那么预计 LHC 的实验将会发现它。依赖希格斯玻色子质量的宽度，以及到若干末态的分支比也将被确定下来。这些信息应能帮助我们确定希格斯玻色子同夸克、轻子、规范玻色子的相互作用，并将它们和标准模型的预言作比较。一旦希格斯质量已知，所有事情都可以在标准模型中被预言，这样任何对其预言的偏离都可以让我们认识到，新的物理在这一新的大质量尺度下露面了。

5.6　希格斯质量的下限

我们已论证了在大质量处，希格斯玻色子作为独特的共振态将不复存在，因为其宽度近似等于在 1.7 TeV 处的质量。存在另外的论据表明希格斯玻色子的更低质量限制。

回想附录 A 中的讨论，希格斯势为 $V(\phi) = \mu^2\phi^2 + \lambda\phi^4$。在 $\langle\phi\rangle$ 处有一个非零的极小值，引起"自发对称性破缺"。为了检查场的激发——希格斯量子的行为，我们关于势能极小值 $\phi = \langle\phi\rangle + \phi_H$ 作展开。势能曲率给出了希格斯质量，因为拉氏量密度中的质量项表现为 $-M^2\phi^2$，且 $(1/2)\partial^2 V/\partial\phi^2 = -M^2$。

　　参数 λ 定义了无量纲的四次希格斯耦合。如附录 D 所示，由于高阶量子修正出现在基本拉氏量中的耦合随质量标度 "跑动"，这样参数 A 也是一个质量标度的函数，并且就像标准模型耦合常数那样对数的变化。我们仅声明 $\lambda(Q^2)$ 具有同样对质量标度的 "一般" 行为，正如精细结构常数 (附录 D) $\alpha(Q^2)$ 那样。

$$
\begin{cases}
\lambda(Q^2) = \lambda(\langle\phi\rangle^2)/[1 - (3\lambda(\langle\phi\rangle^2)/8\pi^2)\ln(Q^2/2\langle\phi\rangle^2)], \\
1/\lambda(\langle\phi\rangle^2) = 1/\lambda(\langle\phi\rangle^2) - (3/8\pi^2)[\ln(Q^2/2\langle\phi\rangle^2)].
\end{cases}
\tag{5.14}
$$

　　有效参数 $\lambda(Q^2)$ 随着 Q^2 增加。如果要求 $\lambda(Q^2)$ 从 $\langle\phi\rangle = 176$ GeV 直到某标度 Λ，此处 $1/\lambda(\Lambda^2) = 0$(在质量标度 Λ 处强希格斯自耦合) 具有良好行为，则 $1/\lambda(\langle\phi\rangle^2) \sim 3/8\pi^2 \ln(\Lambda^2/2\langle\phi\rangle^2)$。

　　将参数 λ 同希格斯质量联系起来 (附录 A)，$M_H = \sqrt{2\lambda}\langle\phi\rangle$，则希格斯质量作为希格斯四次耦合常数发散处的质量尺度的函数，对它的最大值有一个约束。

$$
(M_H)_{\max} \sim 4\pi\langle\phi\rangle/\sqrt{3\ln(\Lambda^2/2\langle\phi\rangle^2)}.
\tag{5.15}
$$

　　这一约束并没有什么内容，除非知道四次耦合在什么尺度上变得很强。图 5.37 中显示了最大希格斯质量的标度依赖性。如果标度是 1 TeV，那么它对已有的 1.7 TeV 极限情形未添加什么新内容。另一方面，如果标度是 10^{16} GeV(第 6 章，超对称大统一尺度)，则极限减到 160 GeV。数值上，$(M_H)_{\max} \sim 1.26$ TeV$/\sqrt{\ln(\Lambda^2/2\langle\phi\rangle^2)}$。如果直到大统一标度没有新的物理，则偏向轻的希格斯质量。

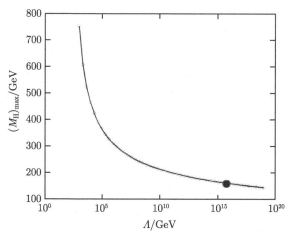

图 5.37　最大希格斯质量作为标度的函数，在该标度希格斯自耦和变得很强。图中的黑点表示近似的大统一 (GUT) 标度 (第 6 章)

记住在此质量处希格斯粒子是窄的，有一个相当大的截面，以及几个可利用的衰变模式——b 对 (ttH)、τ 轻子对 (qqH)、光子对、WW*(qqH) 和 ZZ*。于是，如果接受大统一质量标度是相关的，那么预期 LHC 的希格斯搜索将会非常成功，也许 Fermilab Tevatron 的 CDF 和 D0 都可达到，这取决于加速器的性能。目前的精确电弱数据也支持低质量的希格斯玻色子 (第 4 章)。

练 习

5.1　用式 (5.2) 估计顶夸克对的截面，并与第 4 章中 COMPHEP 的结果相互对照。

5.2　对于亮度 $10^{34}/(\text{cm}^2 \cdot \text{s})$，一年 ($10^7$ s) 的时间间隔，估计在 LHC 120 GeV 希格斯的数量、W 的数量，以及产生的非弹事例总数量。

5.3　证明 WW 与夸克对的希格斯衰变宽度比为 $\Gamma_{\text{WW}}/\Gamma_{q\bar{q}} \sim 1/6(M_H/m_q)^2$。因此对于 WW 高于阈值时规范玻色子的衰变占主导地位。

5.4　计算 150 GeV 希格斯衰变为胶子对、b 夸克对以及光子对的宽度。

5.5　假定胶子-胶子聚合，数值计算 $(\text{d}\sigma/\text{d}y)_y = 0$。

5.6　计算出质量为 150 GeV、600 GeV、1200 GeV 希格斯的 WW 衰变宽度。

5.7　计算 WW 聚合产生与直接产生的希格斯玻色子的比值。

5.8　通过展开希格斯势，找出 H 的三次与四次耦合，该势是关于希格斯场中真空期待值。

5.9　用 COMPHEP 重新产生图 5.20 中的分布。

5.10　重新产生图 5.11[①] 中的估计，在图中加上 1000 GeV 希格斯的点。从 S/B 的观点看，是否 1 TeV 的希格斯要比 300 GeV 的更难找到？

5.11　对于两个质量标度，一个适合电弱对称性破缺，一个适合大统一理论 (第 6 章)，$\Lambda \sim 10^3$ GeV，$\Lambda \sim 10^{16}$ GeV，计算式 (5.15)。

5.12　用 COMPHEP 来检查 "标示喷注" 过程，u, d → d, u, H。检查费恩曼图。计算质量为 200 GeV 希格斯的截面并且和图 5.3 给出的预言比较。

5.13　用 COMPHEP 画出标识喷注的快度分布，并与图 2.15 比较。

5.14　用 COMPHEP 检查过程：u, U → Z, H, H，截面是否大到足以在 LHC 观测到？

5.15　用 COMPHEP 探索希格斯衰变过程，H → 2*x，对几个不同的质量求出总的宽度及分支比。记住 COMPHEP 只有直接 "衰变"。

参 考 文 献

1.　Pauss, F., and Dittmar, M., ETHZ-IPP PR-98-09, hep-ex/9901018 (1999).

2.　Spira, M. and Zerwas, P. M., Lecture Notes in Physics-512, Berlin, Springer-Verlag (1997).

---

① 原文为 "图 5.10"，有误。—— 译者注

3. Braccini, S., arXiv: hep-ex/0007010 (2000).

4. Kauer, N., Plehn, T., Rainwater, D., and Zeppenfeld, D., Phys. Lett. **B 503**, 113 (2001).

5. Baur, U., Ellis, R. K., and Zeppenfeld, D., Fermilab-Pub-00/297 (2000).

6. Djouadi, A., Kilian, W., Muhleitner, M., and Zerwas, P. M., arXiv: hep-ph/9904287 (1999).

7. Djouadi, A., Kalinowoski, J., DESY 97-079 (1997).

8. The CMS Collaboration, CMS Technical Proposal, CERN/LHCC 94-38 (1994).

9. The ATLAS Collaboration, ATLAS-Detector and Physics Performance-Technical Design Report, CERN/LHCC/99-15 (1999).

10. Choi, S. Y., Miller, D. J., Muhlleitner, M. M, and Zerwas, P. M., arXiv: hep-ph/0210077 (Oct. 4. 2002).

11. Dittmar, M., ETHZ-IPP PR-99-06 and HEP-EX/9907042 (1999).

拓 展 阅 读

ATLAS Collaboration, Technical Proposal, CERN/LHCC 94-43 (1994).

Carena, M.and J. Lykken, Physics at Run Ⅱ: The Supersymmetry/Higgs Workshop, Fermi-lab-Pub-00/349.

CMS Collaboration,Technical Proposal, CERN/LHC 94-38 (1994).

Donaldson, R. and J. Marx, Physics of Superconducting Supercollider-Snowmass 1986, Singapore, World Scientific Publishing Company (1986).

Ellis, N. and T. Virdee, Experimental challenges in high-luminosity collider physics, Ann. Rev. Nucl. Part. Sci. (1994).

Gunion, J., H. Haber, G. Kane, and S. Dawson, The Higgs Hunters Guide, Addison-Wesley Publishing Co. (1990).

第6章

超对称及高能物理的开放问题

有件事在发生而你却一无所知，对吗，琼斯先生？[①]

—— 鲍勃·迪伦[②]

图图，我有种感觉，我们再也不在堪萨斯了。[③]

—— 朱迪·加兰德[④]

前 5 章紧密关注了第 1 章结尾提出的诸多问题中的前两个。那些问题和电弱对称性的自发破缺有关，这一破缺被假定来自希格斯场的真空期待值。它给出了 W 和 Z(以及光子) 一个专门的质量值，$M_Z = M_W/\cos\theta_W$。它也通过汤川耦合赋予标准模型所有费米子以质量，但未指定大小。

此外，一旦其质量已知，标准模型预言了所有希格斯的相互作用。由于其质量被 LEP II 的实验搜索设置了一个下限 (大于 110 GeV)，而更一般的考虑给出上限 (小于 1 TeV)，那么假定该粒子实际存在，则可以筹划一个几乎可以在 LHC 保证成功的标准模型希格斯搜寻策略。的确，LHC 及其实验设施正是出于此目的而正在被建造起来[⑤]。

对于一个已知的希格斯质量，其宽度已被预言，且可以和实验数据对比。我们也需要测量单一及协同产生截面 (H 协同 W、Z、顶夸克对产生)，那将揭示希格斯

---

① 原文："*Something is happening and you don't know what it is, do you, Mr. Jones?*" 这是鲍勃·迪伦的 *Ballad of a thin man* 的一段歌词。—— 译者注

② Bob Dylan (1941 —)，美国艺术家、音乐家。—— 译者注

③ 原文："*Toto, I've a feeling we're not in Kansas anymore.*" 这句话出自 1939 年美国影片《绿野仙踪》(*The Wizard of Oz*) 中的桃乐茜 (Dorothy)。它已成为一种文化隐喻，意为不再身处熟悉的地方。—— 译者注

④ Judy Garland (1922—1969 年)，美国女演员。—— 译者注

⑤ CERN LHC 实际在 2008 年投入运行。—— 译者注

同胶子、顶夸克及规范对耦合的信息。我们需要尽可能多地测量衰变分支比例。这些数据将会告诉我们是否希格斯如标准模型所预言的那样同费米子质量耦合。如果希格斯更重的话,所预言的和规范玻色子对的耦合也需被证实。

如果可能测量希格斯玻色子对产生,它将告诉我们希格斯玻色子的三重自耦合。对衰变到双光子的观察将可能排除 $J = 1$ 希格斯态。如果运动学上允许,希格斯衰变中规范对的角分布可以确定近衰变阈值处希格斯母本的量子数。所有这类系统研究将允许 LHC 的实验家们确定,是否在给定质量某个新发现的共振态具有一些,或全部标准模型预言的希格斯玻色子性质。

在希格斯玻色子 (或别的能解释 W 和 Z 质量的粒子) 被发现后,依然遗留着在第 1 章末尾提出的其他 10 个问题。当调查高能物理悬而未决的问题时,我们将看到对它们的阐明可能导致额外的实验信号,LHC 也将密切检查这些信号。这些讨论明显超出了标准模型范围。多数高能物理学家认为第 5 章概述的希格斯搜索不可能在 LHC 导致单一共振态的发现 —— 它具有某个基本标量场的全部性质。这一判断只能由实验检验。但是,它主要基于物理学家的 "审美" 品味。标准模型中存在的过多任意参数及其在量子辐射修正下不稳定的事实 —— 这是由于存在一个很大的大统一理论[①] 或普朗克质量标度造成的 —— 表明标准模型不是一个基础理论,而是一个不完备的有效理论。

3–为什么有且仅有三个轻的代?

6.1　代

普遍感觉标准模型并不完备,因为除了其他困难,还存在很多任意参数,它们之间具有未得到解释的规律性。在这些参数当中,大多和费米子质量以及夸克弱混合矩阵元有关。费米子质量在标准模型中没有解释。特别是,同一代夸克和轻子的弱双重态具有可比较的质量。这是否暗示夸克和轻子之间,以及因此强和电弱相互作用之间的深层关系?正如本章后面要讨论的,存在 GUT 能标,即此处强相互作用和电弱相互作用的作用强度相等,是这个观点的额外证据。

标准模型的夸克和轻子弱双重态,除质量外,相同的粒子重复了三次,参见图 1.2。为什么这会发生?显然我们并未着眼于典型的激发谱,比如,氢原子的巴耳末 (Balmer) 线系。一套只有三项的光谱线系其动力学一定非比寻常。已经穷尽标准模型已知的力 (忽略引力),我们也不理解是什么力引起了代际间质量劈裂。

---

① 简便计,下文将直接使用缩写 GUT。—— 译者注

一个有限数目轻的代的证据是什么？当在标准大爆炸宇宙学模型中使用核合成模型时，氘的原初丰度联系着中微子代的数目。数据暗示存在三代轻中微子。也有可从 LEP 对撞机获取的精密测量。Z 衰变宽度已经以很高的精度被测量 (第 4 章)。在没有味改变模式允许下，Z 玻色子衰变为夸克及轻子对：

$$Z \longrightarrow q\bar{q}, l^+l^-, \nu\bar{\nu}. \tag{6.1}$$

没有探测到中微子。通过测量 "不可见的"Z 衰变率除以到中微子对的衰变率 (第 4 章)，就得到轻中微子种类数目。结论是有且仅有三种轻中微子 (Z 阈值以下)。这一发现同原初氘丰度导出的早前更弱的测量一致。

$$N_\nu = 3. \tag{6.2}$$

这些实验事实仅有些许或没有已知的解释。导致三代存在的动力学则是几乎没有线索的事。因此，这一问题目前没有答案，提示的缺乏意味着在不远的将来不大可能找到一个解释。"谁点的这道菜？"—— 对这一由拉比在 μ 子发现时提出的问题的答案甚至在多年后仍不断躲避我们。

夸克和荷电轻子显示出一种类似的 "代" 结构。存在三 "代" 具有完全相同相互作用及不同质量的夸克和轻子。注意图 6.1 中从电子到顶夸克质量跨越了 5 个数量级 (也参见图 1.1)。实际上，我们所说的代只是最低质量的电子、电子中微子的复制，以及通常物质的上夸克、下夸克电弱双重态在更高质量的复现。"通常的"物质世界是由被胶子黏合起来的第一代夸克的束缚态所构成的。

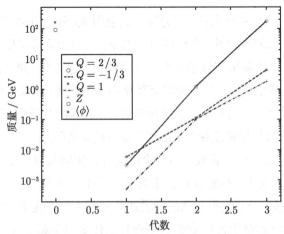

图 6.1　荷电为 2/3 和 −1/3 的夸克以及荷电为 1 的轻子质量图。此图中微子假定无质量而没有显示。同时显示的有 Z 质量和设定电弱标度的希格斯真空场

可见,代的观念是相当模糊的。顶夸克质量是 175 GeV,同它的双重态 "伙伴",质量约 4.5 GeV 的 b 夸克有很大的劈裂。第三代轻子伙伴,1.78 GeV 的 τ 轻子,在质量上同 b 夸克相差近 3 倍 (附录 D),同顶夸克相差约 100 倍。如图 6.1 所示,第一代和第二代之间质量的劈裂也是相当大的。

代际 "动力学" 真是非同寻常。不仅 "谱线" 系列终止于三代,而且质量对 "代量子数"(图 6.1) 的依赖是近似指数式的。一定存在某种相当非凡的力才能造成这种古怪的光谱。

4–如何解释夸克轻子质量以及混合的模式?

6.2 混 合 参 数

如将在后面提到的,宇宙间一定存在 CP 违反,这样它由大部分物质构成,而仅有少量反物质。在标准模型语境,容纳一个复的弱混合矩阵 $\boldsymbol{V}_{qq'}$ —— 见附录 A(CKM 矩阵)—— 的最小代数目为 3。如此,标准模型中足够复杂到能容纳 CP 违反 —— 即复的混合矩阵 —— 最经济的代数也和 N_v 一致。但现在看来,具体而言,与大爆炸宇宙学协调的标准模型并没有足够强的 CP 违反来解释观测到的约 10^{-9} 的重子–光子比。CP 违反的条件是必要的,但是细致计算表明标准模型还不充分。

在强相互作用当中,带色的夸克和胶子是无味的。因此,弱的味道量子数必须成对产生,因为夸克的味在强相互作用中守恒。味在电荷改变的弱衰变中发生改变。例如,最熟悉的应属 β 衰变,在夸克层面是 $u \to d + W^+ \to d + e^+ + \nu_e$。

多年来,进行了很多实验用以确定 $\boldsymbol{V}_{qq'}$ 矩阵元,它们在夸克弱衰变中刻画耦合强度。这一矩阵完全是唯象的,因为我们同样对区分弱作用本征态和强作用本征态一无所知。这就像在电磁学中知道矢量 $\boldsymbol{D}$ 和 $\boldsymbol{E}$ 而对介质极化没有本质的理解一样。CKM 矩阵 $\boldsymbol{V}_{qq'}$ 近似表示为

$$
\boldsymbol{V}_{qq'} \sim \begin{bmatrix} 1 & \theta_c & A\theta_c^3 p \\ -\theta_c & 1 & A\theta_c^2 \\ A\theta_c^3(1-p) & -A\theta_c^2 & 1 \end{bmatrix} \begin{bmatrix} u \\ c \\ t \end{bmatrix}, \quad p = \rho + i\eta.
$$
$$
\qquad\qquad\qquad\quad d \qquad\quad s \qquad\quad b
$$

$$(6.3)$$

这一矩阵定义了强夸克本征态之间的弱衰变转变的强度。矩阵是幺正的,意味着耦合强度是普适的,在规范理论中本该如此 (附录 A)。复参数 $p = \rho + i\eta$ 尚未被良好的测量 (图 6.2)。数值上这些参数大小约为 $\theta_c \sim 0.2$,$A \sim 1$。

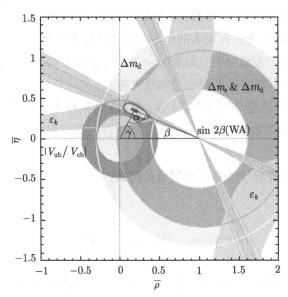

图 6.2 对 "幺正三角"(unitary triangle) 有贡献的 CKM 矩阵元的实验数据。画出的矩阵元定义为 $p = \rho + \mathrm{i}\eta$，其中 p 在式 (6.3) 中定义 [1](惠允使用)。阴影面积对应于不同实验数据的输入所定义的区域。约束的重叠定义了幺正三角极限

衰变振幅正比于夸克混合矩阵，衰变率正比于其平方。显然，$\mathrm{u} \to \mathrm{d} + \mathrm{W}^+$，$\mathrm{c} \to \mathrm{s} + \mathrm{W}^+$，及 $\mathrm{t} \to \mathrm{b} + \mathrm{W}^+$，"对角" 跃迁是最强的 (术语称为 "卡比波偏好")，为什么 $\boldsymbol{V}_{\mathrm{qq'}}$ 是近似对角的？为什么 $\mathrm{b} \to \mathrm{c} + \mathrm{W}^-$ 非对角跃迁如此缓慢？$\Gamma(\mathrm{q} \to \mathrm{q'}) \sim V_{\mathrm{qq'}}^2 \sim \theta_c^4$，相对于非对角跃迁 $\mathrm{s} \to \mathrm{u} + \mathrm{W}^-$，$\Gamma \sim \theta_c^2$，$\boldsymbol{V}_{\mathrm{qq'}}$ 是复的吗？是幺正的吗？$\mathrm{Im}(p)$ 可否 "解释"CP 违反？代际的弱衰变动力学是什么？如何计算 $\boldsymbol{V}_{\mathrm{qq'}}$ 矩阵元？为什么 $\theta_c \sim 0.2$？这里存在明显的模式，但是我们尚不知道如何回答这些显而易见的问题。

由于混合矩阵是幺正的，每一行给出一个约束。传统上指的是 $\boldsymbol{V}_{\mathrm{ub}}$、$\boldsymbol{V}_{\mathrm{cb}}$、$\boldsymbol{V}_{\mathrm{tb}}$。"幺正三角形" 复矩阵元的测量具有如图 6.2 所示的精度。以目前的精度水平，三角形是封闭的，暗示没有超出标准模型的新物理的需要。显然随着在几个加速器上主要的实验努力，数据将在不远的将来得到显著改进。眼下还不能对 CP 违反下一个决定性的结论。

一个重要的实验努力是在正负电子对撞机研究弱衰变。这一研究的目的是以比目前所知精确得多的方式确定混合矩阵的复矩阵元，开始回答前述那些问题中的部分。当前的着眼点是确定 p 参数，并因此查看是否包含 b 夸克的复合强子衰变具有 CP 违反效应，使得该效应在没有任何新物理来源的情况下仅凭标准模型混合矩阵 $\boldsymbol{V}_{\mathrm{qq'}}$ 就能一致的解释。

5–为什么已知的质量标度如此不同?

$\Lambda_{\text{QCD}} \sim 0.2 \text{ GeV} < \langle\phi\rangle \sim 174 \text{ GeV} \ll M_{\text{GUT}} \sim 10^{16} \text{ GeV} < M_{\text{PL}} \sim 10^{19} \text{ GeV}.$

6.3　质 量 标 度

QCD 标度是当强力变得很强时的质量。它和介子 ($q\bar{q}$ 束缚态) 质量有相同的数量级,如所预料,因为强子是强力所束缚的态。已知当质量减小时强力变得更强,导致完全的夸克和胶子禁闭。

下一个质量标度是希格斯电弱 (EW) 真空期待值,它可以和 W 以及 Z 质量标度相比。最后 "已确立的" 刻画 "已知" 力的能标是引力,它具有能量 $U_G(r) = G_N M^2/r$,可以与电磁势 $U_{\text{EM}}(r) = -e^2/r$ 相比。在 "普朗克质量" $M_{\text{PL}} = \sqrt{4\pi\hbar/G_N}$ 处,其中 G_N 是牛顿普适引力常数,引力 "精细结构常数",$G_N M^2/4\pi\hbar \sim 1$,引力变得很强。我们应意识到,由于没有可重正化的量子引力理论,我们无法将经典牛顿引力外推至普朗克质量。

的确,引力未被包含在标准模型之中。包括引力将穷尽迄今观测到的所有已知基本力。如何解释巨大的 "沙漠"—— 电弱标度和普朗克标度之间的 10^{17} 因子?由于辐射修正,事实上,在量子场论中要维持这样巨大的标度差异极其困难。

实际上,怎样在量子圈修正下保持标度稳定?这称为 "等级问题"(hierarchy problem)。量纲论证表明,如果没有某些修补,由于引力子 (假定的引力的自旋 2 量子) 圈,希格斯质量在量级上将经受巨大的移动,$\delta M_H^2 \sim (\alpha/\pi)M_{\text{PL}}^2$。探索强与电弱相互作用的 "小" 质量标度以及引力的大质量标度特征之间的联系显然是必要的。标准模型未能免受这一大质量标度向下传递的辐射修正。许多物理学家感到这一问题本身表明标准模型不是一个自洽和完备的理论。

6.4　GUT

直到最近人们才发现弱相互作用并非从根本上弱,而是和电磁相互作用具有相同内禀的强度。之所以看上去弱,是因为其力的携带者的质量很大,它们被禁闭在短距离 $\lambda_W \sim \hbar c/M_W$ 上。因此,释放约 1 MeV 能量的 β 衰变以极低的反应率发生。

在标准模型里电弱统一留给我们仅两种基本力:强的 "色" 力和电弱 "味" 力,尽管这个统一并不完备,因为标准模型不能预言温伯格角,只能由实验确定。也许强相互作用和电弱作用是相关的从而所有标准模型相互作用都是统一的。这样的话，轻子和夸克相关并可能相互转化。质子也将不稳定，这和实验 (以及我们持久的个体存在) 明显冲突。

GUT 统一的质量标度 M_{GUT} 必须足够大，这样质子衰变率 $\Gamma_{\text{p}} \sim 1/M_{\text{GUT}}^4$ 才会小于实验设定的限制。并没有基础的对称性附加一个已知的守恒定律来要求质子的稳定性。"重子数守恒" 只是人为设定的。在什么质量标度强、弱、电磁力具有相等的强度? 为了回答这些问题，首先需要探索力的强度如何依赖于质量标度。

量子场论中真空涨落造成耦合常数的 "跑动"。对于 "跑动" 耦合的数学细节详见附录 D。我们已知如何随质量标度 "演化" 或 "跑动" 耦合强度。让我们从 Z 质量开始，看一下标准模型中三种力的耦合跑动将我们带到何处。存在三种而非两种 (力) 是因为有三种不同的规范群，弱相互作用的 SU(2)、电磁相互作用的 U(1)、强相互作用的 SU(3)，每种规范群都有一个普遍的耦合常数。温伯格角由实验确定。

一般而言，量子场论中相互作用强度依赖于考察的距离。预期精细结构常数随质量标度 Q 以 $1/\alpha(Q^2) = 1/\alpha(m^2) + b[\ln(Q^2/m^2)]$ 的方式 "一般性" 的变化。一个特殊的理论，SU(3)(强力)、SU(2)(弱力)、U(1)(电磁力)，定义了参数 b，它代表了构成这一理论及其耦合的玻色子和费米子特定量子圈的效应。

在电磁学中，e^+e^- 真空对屏蔽了 "裸" 电荷，这意味着距离越短电磁力越强; $b = -2n_{\text{f}}/12\pi$，其中 n_{f} 是在标度 Q 处可产生虚对的费米子数。对 SU(3)，强相互作用在短距离变弱。这是由于胶子本身携带色荷而光子不带电。类似地，对 SU(2)，W 和 Z 自耦合具有诸如 $\varphi_Z\bar{\varphi}_W\varphi_W$ 和 $\varphi_W\bar{\varphi}_W\varphi_W$ 三重态顶角 —— 因为它们携带弱 "荷"。于是可以预期由于弱荷的反屏蔽，SU(2) 耦合强度随着质量标度的增大而变弱。

我们利用在质量 M_Z 处的精准数据去寻找强、电磁及弱力的统一。式 (6.4) 引用了一组代表性的数据集。不同耦合的标记是 SU(N) 数 N。强力与电磁力的数值已在第 4 章给出。出于群结构的技术原因，必须使用电磁耦合常数的倒数 $1/\alpha(M_Z) = 128.3$，减去弱耦合常数倒数的 3/5。弱耦合常数是 $\alpha_{\text{W}} \sim 1/30 = \alpha_2$，如在附录 A 引用的。

$$
\begin{cases}
\alpha_3^{-1}(M_Z) = 8.40 = 1/0.119, \\
\alpha_2^{-1}(M_Z) = 29.67, \\
\alpha_1^{-1}(M_Z) = (\alpha^{-1}(M_Z) - \alpha_2^{-1}(M_Z))(3/5) = 59.2.
\end{cases}
\tag{6.4}
$$

然后我们随 b 值 "跑动" 耦合常数，$b_3 = (33 - 2n_{\text{f}})/12\pi$，$b_2 = (22 - 2n_{\text{f}} - $

$1/2)/12\pi$[①]，以及 $b_1 = -2n_f/12\pi$(附录 D)。费米子圈对所有三个系数贡献相同的负 (屏蔽) 常数。此外，强力和弱力的 b 系数还有 "荷电" 玻色子造成的反屏蔽项，它主导整体行为。b_2 中的 $-1/2$ 因子来自希格斯玻色子圈的贡献。作者强烈鼓励读者利用这里提供的信息 "跑动" 耦合常数。这种尝试是完全值得的，这样可获得对大质量标度敏感性的经验。

追踪 "有效的" 费米子 (质量小于 $1/2$ 质量标度 Q 的费米子) 数目 n_f，即得到如图 6.3 所示作为质量函数的耦合常数行为。三种力在质量 $M_{GUT} \sim 10^{14}$ GeV 处近似的汇聚于 $\alpha_{GUT} \sim 1/43$。这是一个极不平凡的结果。三种力似乎统一在一个很高，离普朗克质量并不太远的质量标度处。

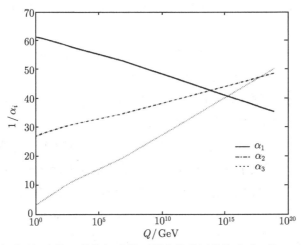

图 6.3　作为质量标度的函数的标准模型耦合常数倒数的跑动，从 Z 质量开始。我们从 Z 上下跑动大约位于两个极限 (Λ_{QCD}, M_{PL}) 之间的质量

跑动导致的结果是第二个可能的结果：在从 Z 质量到 GUT 能标的广大质量范围内，没有新的物理出现。如果接受 GUT 的现实，这就是另一个极其非平庸的结论。

6–为什么电荷是量子化的?

似乎在某个能标 $M_{GUT} \sim 10^{14}$ GeV 时存在耦合的近似统一。在能标小于 1 TeV 时在标准模型中看到的不同的力是同一个大统一力的显示。由于强力区分开夸克和轻子，这必定意味着夸克和轻子在某种实际意义上是同一种粒子。因此应当将夸克和轻子结合进 GUT 多重态，对某个 GUT 对称群最简单的可能性就是 SU(5)。在某种程度上，以未知的动力学，SU(5) 群在目前的质量标度破缺到 SU(3)、SU(2) 及 U(1) 子群。

---

① 原书误印为 "12_π"。—— 译者注

可能的第一代 SU(5) 基础表示如下所示。记住夸克拥有三种颜色，这意味着 d 夸克在多重态中出现不同的三次。

$$[d_{\mathrm{R}} d_{\mathrm{B}} d_{\mathrm{G}} \mathrm{e}^{+} \nu_{\mathrm{e}}] : 3(-1/3) + 1 + 0 = 0. \tag{6.5}$$

这一看似无伤大雅的陈述具有深远的后果。在一个群多重态的群生成元的投影之和为零。例如，在量子力学中，对于由角动量 $\sum_{-l}^{l} m$ 标记的多重态，m 的角动量投影之和为零。以电子电荷为单位，电荷 Q/e(电荷是 GUT 的耦合) 必须是量子化的。此外，夸克必须具有 1/3 分数电荷，因为存在三种夸克颜色 —— SU(3)。现在可以理解为什么电荷必须量子化，以及为什么夸克具有 1/3 整数电荷。这是由于夸克和电子在 SU(5) 中相联系。回想在标准模型中电荷量子化是人为设置的。

此外，三种耦合常数的统一允许预言电磁和弱耦合之间的关系。回想温伯格角的引入，以及不得不从实验确定其大小。但是现在知道 GUT 有一个单一规范耦合常数。这样 α 和 α_{W} 必须相关。SU(5) 预言 $\sin\theta_{\mathrm{W}} = e/g_{\mathrm{W}} = \sqrt{3/8}$，$\sin^2\theta_{\mathrm{W}} = 0.375$。这一预言显然只适用于 GUT 能标 M_{GUT}。

但是，我们已经了解如何跑动耦合常数。这样可以将 GUT 的预言倒推至 Z 质量处，这里温伯格角已被十分精确的测量。当沿质量向下跑动时电磁耦合减小而弱耦合增强 (图 6.3)。因此温伯格角减小。这里未加证明给出的预言是 $\sin^2\theta_{\mathrm{W}}(M_{\mathrm{Z}}) \sim (3/8)/[1 + b\ln(M_{\mathrm{Z}}^2/M_{\mathrm{GUT}}^2)]$，其中 $b = 55\alpha(M_{\mathrm{GUT}}^2)/18\pi$。数值结果 $\sin^2\theta_{\mathrm{W}}(M_{\mathrm{Z}}) = 0.206$，近似同 θ_{W} 的测量值，$\sin^2\theta_{\mathrm{W}} = 0.231$ 吻合，尽管这吻合远在实验误差之外。显然，这是 GUT 模型一个有重大意义的预言。我们鼓励感兴趣的读者导出温伯格角的表示，并在数值上求出其大小。

除去耦合常数的预言外，还有 GUT 质量关系。因为同一代的夸克和轻子属于同一 GUT 多重态，参见式 (6.5)，它们具有相同的质量。在 GUT 质量标度的预言同 GeV 质量标度的实验仅粗糙的一致。

$$\begin{cases} m_{\mathrm{d}} = m_{\mathrm{e}}\ (3-9)\mathrm{MeV} = 0.5\ \mathrm{MeV}, \\ m_{\mathrm{s}} = m_{\mu}\ (60-170)\mathrm{MeV} = 105\ \mathrm{MeV}, \\ m_{\mathrm{b}} = m_{\tau}\ (4.1-4.8)\mathrm{GeV} = 1.78\ \mathrm{GeV}. \end{cases} \tag{6.6}$$

很难精确定义永久禁闭的夸克的质量，因为它们不是一个渐近定义的量子态的可观测量。因此式 (6.6) 暗示了一个可能的质量范围。这些关系仍未能被良好地满足。它们只是验证了我们所说的 "代"—— 具有 "相似" 质量的一对夸克和一个荷电轻子。

可以通过如下步骤取得一些进展：取在 GUT 能标有效的预言，然后将质量标度向下演化到目前可到达的能标。这一手续大体上改进了同实验的一致。在图 6.1 中可以看到，典型地，夸克要比轻子更重。粗浅的理解，这一事实是因为夸克具有强相互作用，于是夸克质量从 GUT 标度 "跑动" 至吉电子伏标度，比轻子质量演化更迅速，就像耦合常数那样。因此，夸克预期比对应的荷电轻子更重。例如，通过将质量跑动到 1 GeV (附录 D)，SU(5) 成功地预言了 $m_b \sim 2.9 m_\tau$。

但是，除非实验上已知 GUT 规范群以及假设的 GUT 破缺机制被理解，否则夸克/轻子质量关系的问题将不会产生精确的预言。

7–为什么中微子有如此小的质量？

标准模型中中微子被假定是无质量的，然而我们仅确切地知道它们的质量在轻子和夸克质量尺度是相当小的。这一假设主要是个经济问题，因为没有要求无质量中微子的规范条件。相反，胶子和光子是规范玻色子，精确的、未破缺的 SU(3) 和 U(1) 规范对称性要求它们无质量。

因此，如果中微子具有质量并不令人惊讶，吸收一个有质量的中微子到标准模型也没有问题，正如有质量的夸克和荷电轻子是标准模型中的基本粒子一样。最坏的情况无非是新增三个质量参数，以及四个刻画另一弱混合矩阵 $V_{ll'}$ 的参数。但是要注意，如果中微子有质量，则可以存在味道改变的轻子反应，正如同夸克的情况。比如，$\mu \to e + \gamma$，$\mu \to e + e + e$ 是允许的反应。目前还没有这样的 μ 子衰变模式被观测到。但是，GUT 理论自然具有轻子数和重子数违反。

对中微子质量直接的运动学测量结果和零质量一致。但是，设想也许存在小的中微子质量是有实验上的原因的。宇宙临界质量密度约 5 质子每立方米。低于此密度，宇宙将永远膨胀。在此密度，宇宙是 "平直的"。实验结果，比如宇宙微波背景温度各向异性，表明宇宙是平直的。由于观测到的通常重子 (即中子和质子) 物质密度非常小，需要一个候选粒子来提供使宇宙平直的质量。

来自宇宙背景黑体辐射测量的光子 (近似等于中微子) 对重子之比已知约为 10^9。因此，如果 5 eV 中微子质量存在，它们也许可以提供宇宙平直几何所要求的丢失的临界质量密度。我们将看到，最近观测到的中微子质量差远小于 5 eV，这样丢失的质量密度解释可能不可行。

GUT 假设可以解释为什么中微子质量应该天然是轻的。存在两个分隔很大的质量标度，即 QCD/电弱和 GUT 标度。中微子在费米子当中也是独一无二的，因为不带电，它们可以成为自身的反粒子。这一性质使得其质量产生同其他费米子可能的不同。假定同时存在活跃的轻中微子和质量可以同 GUT 标度相比的惰性重中微子，我们不加证明地声明存在夸克标度上 "小的" 特征质量的中微子是自然的。

利用三代夸克质量的典型数值，预期存在中微子质量的代际等级。

$$m_\nu \sim m_q^2/M_{\mathrm{GUT}} \sim 10^{-12} - 10^{-6} - 10^{-2} \text{ eV}. \tag{6.7}$$

于是中微子存在一个假定的自然的"代"结构，这来自集中在代的观念之下的夸克质量规律性。最近的中微子振荡结果暗示一个非零的中微子质量差异为 0.05 eV。中微子由此随时间"混合"或改变"味道"，非常类似中性 B 介子或 K 介子"混合"。对于一个给定动量的中性粒子，不同的中微子有不同的能量，$E = \sqrt{P^2 + m^2} \sim P + m^2/2P$。随着产生后的时间推移，状态将会发生味振荡，因为这些态具有不同的频率，$E = \hbar\omega$，并且两态间的"拍频"$\Delta\omega \sim \Delta m^2/2P\hbar$ 依赖于不同质量的两态的能量差。目前在世界范围都有在适当地点进行的广泛实验，计划研究中微子振荡。很遗憾这一课题超出本书的范围，这里仅指出该计划成果的一些亮点。

中微子振荡的数据如图 6.4 所示。对第三代中微子弱本征态间的质量差是可比较的，式 (6.7) 给出了一个估计。大气中微子振荡结果是 $\Delta m_{\mathrm{atm}} \sim 0.05$ eV。其他代的中微子预期更轻。确实，太阳中微子数据组暗示实质上更小的质量差异是可靠的，$\Delta m_{\mathrm{sol}} \sim 0.007$ eV。

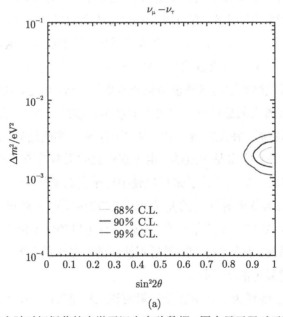

(a)

图 6.4 在味上随时间振荡的中微子混合实验数据。图中显示了对于不同实验以及不同味的中微子其混合角允许的面积和质量差的平方 [2](惠允使用)

(a) 大气中微子；(b) 太阳中微子

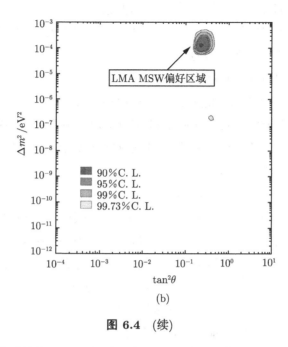

(b)

图 6.4　(续)

注意到在中微子的情况，混合看上去近乎最大，$\sin^2 2\theta \sim 1$，而对夸克，混合很小且混合矩阵几乎对角。至于为什么夸克和轻子混合如此不同，尚没有找到任何线索。

我们的目的并非阐述中微子振荡，而仅是注意到这种振荡要求中微子质量非零。GUT 假设解释了为什么中微子质量相对于其他标准模型粒子如此之小，且观察到中微子质量加强了一个大的，近似 GUT 的质量标度的假设。实验上还不能确定如何从质量差和混合参数过渡到弱本征态自身。最近的宇宙微波背景精确数据意味着 $m_\nu < 0.24$ eV 的限制。众多解决方案之一如图 6.5 所示，其中指出了弱本征态的质量以及本征态中轻子味的混合。

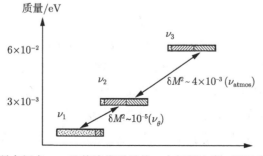

图 6.5　中微子弱本征态 ν_i，及其连带质量的一个可能方案。同时也表明了构成弱本征态的味本征态 ν_e、ν_μ、ν_τ 的百分比。态的混合很大 [3](惠允使用)

从宇宙微波背景我们知道当前中微子温度约 1.9 K，数密度约 300 每立方厘米。因此利用以上引用的质量，中微子不能是下面讨论的 "暗物质" 候选，因为它们仅贡献宇宙临界质量密度的约 1.5%。

8–为什么物质 (质子) 近似稳定?

没有以规范为动机的、使质子稳定的守恒定律。通过特意地要求不存在夸克到轻子的转变，重子数守恒被附加给标准模型。对于物质明显的绝对稳定性，GUT 假设引领我们通向一个更深刻的原因。质子的确不稳定，但是由于极大的 GUT 质量，它有一个极长的寿命。

由于夸克和轻子具有相同的 GUT 耦合以及存在于同一 GUT 多重态，预期它们之间发生转换。的确，在 SU(5) 以及其他 GUT 模型中，存在质量为 GUT 质量标度的 "轻子夸克"(leptoquark)，拥有味和色并诱导夸克 $\leftrightarrow$ 轻子转变。

这样预期质子 (uud 束缚态) 通过轻子夸克为媒介的反应 $u + u \rightarrow e^+ + \bar{d}$ 及 $u + d \rightarrow \nu + \bar{d}$ 衰变。因此 $p \rightarrow e^+ + \pi^0$ 或 $\nu + \pi^+$，因为 π 介子是夸克 – 反夸克束缚态，$\pi^0 = u\bar{u}, d\bar{d}, \pi^+ = u\bar{d}$。$\pi$ 介子质量约为 0.14 GeV，而质子质量约为 0.94 GeV，这意味着反应是放热的，或能量上是允许的。

基于量纲考虑，即衰变宽度正比于虚的轻子夸克传播子平方约 M_{GUT}^{-4}，质子寿命应为 $\Gamma_p = 1/\tau_p \sim \alpha_{\text{GUT}}^2 (m_p/M_{\text{GUT}})^4 m_p$ 或 $\tau_p \sim 4 \times 10^{31}$ a。这个估计直接类比以前对 μ 子寿命所作的估计。预期的寿命极长，因为宇宙的年龄 "不过" 约 10^{10} a。因此在此模型中物质是操作定义上的 (operationally) 稳定，而非绝对稳定。

在搜寻质子衰变中最易使用的末态是 $e^+ + \pi^0$。当前对质子寿命的实验限制是约 10^{32} a。这一限制和简单的 SU(5) GUT 模型中质子衰变寿命谨慎得多的估计并不一致。这样就需要更严苛的审视 GUT 方案。我们已经就已有的开放问题获得了一些洞察，但是大统一实际上并非如所希望的那样好。我们将寻求进一步的改进。

9–为什么宇宙由物质构成?

目前宇宙物质–反物质是非常不对称的。基本上，宇宙中没有任何原初反物质的证据。多年以来已经知道这种不对称的必要条件是 CP 对称性违反、重子数不守恒，以及宇宙曾经历一个远离热平衡态的相。现在我们已经讨论了这样的事实，三代的存在允许 CP 违反，"幺正三角"(图 6.2) 的初始数据暗示 CKM 矩阵有复的矩阵元。CP 违反已经在 K 介子和 B 介子衰变中观测到了。

GUT 不可避免地具有轻子夸克诱导的转变所致的重子数不守恒反应。为了解释质子的准稳定性，已假定它们是重的。这样，在 GUT 中仍然存在解释宇宙中物质不对称的机会，尽管和重子光子比的数据，$N_B/N_\gamma \sim 10^{-9}$ 吻合的细致计算也许不可能。至少我们取得了一些进展，物质主导性在 GUT 模型中自然出现而不再仅仅是一个专门的假设。遗憾的是，标准模型未包含足够大的 CP 违反。

6.5　超对称性 ——　质子稳定性和耦合常数

我们知道耦合常数的精确统一以及质子寿命的复杂的限制存在一些困难 (图 6.3)。这些连同其他困难如温伯格角，可以通过引入一种新的假设的自然界对称性，叫作超对称性 (SUSY)① 得到解决。这是一种将玻色子与费米子联系起来的对称性，在标准模型里没有迹象或线索。

这一对称性的生成元包含熟知的彭加勒时空生成元和一个联系着自旋为 J 的态及 $J - 1/2$ 的态的旋量。超对称在自然界中的实现顺理成章地意味着所有标准模型粒子都存在自旋相差 1/2 单位的超对称伙伴。对任何这类超伙伴粒子都还没有实验证据，所以该对称性一定发生了严重破缺以致对所有 SUSY 粒子产生了很大的、目前实验难以达到的质量。当前对夸克超对称伙伴的质量限制约为 200 GeV。迄今除了加倍基本粒子数目的代价外，还没有取得进展。为什么要从事这一看上去癫狂，实验上动机不明的研究？

回想在量子圈图的计算中费米子和玻色子贡献反号 (参见第 4 章，那里顶夸克增加 W 质量而希格斯的贡献减小 W 质量)。现在由于每个费米子都有一个相同质量的玻色子超伙伴，未破缺的 SUSY 在辐射修正下非常稳定，因为伙伴粒子的圈贡献相互抵消了。

圈积分也依赖于圈中粒子的质量 (第 4 章)。因此 "破缺的"SUSY 将有助于解决 "等级难题" —— 两个大不相同的质量标度 (电弱和 GUT) 的辐射稳定性 —— 只要 SUSY 伙伴的质量不是太大。我们用新的未观测到的粒子增殖换取了 GUT 能标下的辐射稳定性。如果 SUSY 将能解决等级难题，可以论证破缺的 SUSY 质量必定出现在 (100 ~ 1000) GeV 的质量范围。这一范围在 LHC 是可达到的，这样 LHC 将在实验中非常积极地搜索 SUSY。

但是目前有关于 "SUSY–GUT" 的任何 "证据" 吗？还只有相当间接的迹象。回到大统一的议题上。我们在谱里加入 SUSY 粒子再看耦合的跑动。细致的跑动行为被圈中的这些新粒子所改变。统一的证据现在更强有力了，$M_{\mathrm{GUT}} = 2 \times 10^{16}$ GeV 以及 $1/\alpha_{\mathrm{GUT}} \sim 24$。这一情况的图形示意如图 6.6 所示。注意在约 1 TeV 质量 SUSY 伙伴变得 "活跃" 时跑动耦合行为中的 "扭结"(kink)。小质量行为和图 6.2

---

　① 为方便计，以下将直接使用 SUSY。—— 译者注

中所示标准模型的一样。

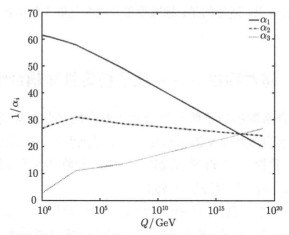

图 6.6 作为质量标度函数的标准模型耦合常数倒数的跑动,在质量 1 TeV 处加入 SUSY 伙伴谱

显然,统一的情况对标准模型的结果有许多改进。特别是增加的 GUT 质量,以及质子寿命对它的强烈依赖,$1/M_{GUT}^4$,解决了我们遇到的质子寿命的实验限制难题。给定耦合的对数依赖性,可以得到结论,超对称 "扭结" 发生在特殊的质量处。在所显示的情形下,使用了 1 TeV 质量,但耦合在很广的范围内对该质量几乎不敏感。

由于在 GUT 质量标度从规范耦合数值 3/8 向下的演化被改变了,在 Z 质量处 $\sin^2\theta_W$ 的预言也发生改变。起始点的 GUT 质量增加,在圈中现在有额外的 $Q > 1$ TeV 的 SUSY 粒子。预言值从 0.206 到 0.23,显著地改进了和实验值 0.231 的一致性。关于温伯格角的理论与实验测量在百分之几误差内相符是 SUSY 存在的有力的间接证据。

等级难题与两个极端不同的质量标度的存在有关。面对包含更大质量标度粒子的圈造成的辐射修正,很难维持更低的质量标度,如希格斯玻色子质量。我们已经在普朗克质量的情况下提到过这一点。现在假设存在一个稍微低一点的 GUT 质量标度,如果处于一个比 GUT 标度低的质量,它干预且基本上擦除了关于普朗克标度的信息。对希格斯质量的修正是二次发散的。从 GUT 质量 M_{GUT} 到电弱标度,希格斯质量位移非常大。

$$\delta M_H^2 \sim (\alpha_{GUT}/\pi)(M_{GUT}^2). \tag{6.8}$$

在没有超对称时为了维持希格斯质量,两个量级为 M_{GUT} 的数减除产生一个小的数 M_H,这是极其 "精细的调整"(fine tuning)。在 SUSY GUT 中,由于等质量的玻色子和费米子对这些圈积分贡献异号,大的辐射修正抵消到很高阶。于是 SUSY 解决了 "等级难题"。SUSY 质量在低得多的质量标度上,希格斯质量得到由 SUSY 质量 M_{SUSY} 和其标准模型伙伴质量 M 之间的质量差造成的辐射修正:

$$\delta M_{\text{H}}^2 \sim (\alpha_{\text{GUT}}/\pi)(M_{\text{SUSY}}^2 - M^2). \tag{6.9}$$

有两个预言同 LHC 实验密切相关。首先,如果 $M_{\text{SUSY}} < 1$ TeV,SUSY 仅仅解决了等级难题。因此这些态将最可能在 LHC 可达到。

其次,我们未加证明地断言某些超对称模型将希格斯质量约束在 $M_{\text{H}} < M_{\text{Z}}$。那么圈图中顶夸克及其 SUSY 伙伴 (式 (6.10)) 的辐射圈修正暗示希格斯质量从 Z 质量增加。于是可近似导出一个上限 $M_{\text{H}} < 130$ GeV,比第 4 章引用的限制更严苛些。

$$\delta M_{\text{H}}^2 \sim 3\alpha_{\text{W}}/2\pi(m_{\text{t}}/M_{\text{W}})^2 m_{\text{t}}^2[\ln(M_{\text{SUSY}}^2/m_{\text{t}}^2)]. \tag{6.10}$$

如是,若 SUSY 正确,那么某些简单模型预期,某些简单模型不仅预期,而且要求一个轻的希格斯,这在 LHC 是完全可以达到的 (第 5 章)。SUSY 的这一预言在不久的将来即可检验。此外,已经知道希格斯势中的参数 λ 设定了希格斯质量及其 "跑动"(第 5 章),而且它必须为正,因为真空场的非零取值 (真空期待值)。我们不加证明地断言,如果要保留希格斯机制,那么 SUSY 模型中重的顶夸克质量是必要的。观测到的大的顶夸克质量 (图 6.1) 可以视为 SUSY 的另一个成功预言。大的 CP 违反在 SUSY 中自然发生也是准确的,因为 SUSY 引入的许多新耦合常数可以是复杂的。因此,SUSY 可以改进标准模型里的 CP 违反强度的缺陷。

6.6 SUSY-LHC 截面

SUSY 粒子已经在 Tevatron 被仔细地搜索过,本应在第 4 章的 Tevatron 物理中将其引入讨论。我们现在来做这件事,这样更适合叙事的脉络。通常假定有一个量子数联系着 SUSY,就像味,要求在和标准模型粒子相互作用中成对产生。和味不同,这一对称性假定是精确的,这样最轻的 SUSY 粒子 (LSP) 是绝对稳定的。因此,假设 LSP 是中性且弱的相互作用,在设定 SUSY 粒子质量限制上,大多数 SUSY 搜寻使用喷注 (从簇射衰变直到 LSP) 以及丢失的横能 (由 LSP 带走)。在下文中,已知粒子谱的 SUSY 伙伴加一个 "˜" 表示。这样 $\tilde{q}$ 意味着一个 SUSY 夸克或 "超夸克 (squark)"。Tevatron 对撞机尚未发现 SUSY 信号的证据。一个典型的光谱如图 6.7 所示。

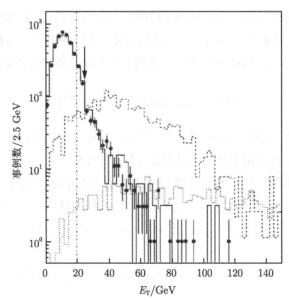

图 6.7 D0 数据中末态有一个光子和至少两个喷注事例的丢失横能分布。同时显示了对于 150 GeV(虚线) 和 300 GeV(点线)SUSY 夸克的预期信号 [4](惠允使用)

来自标准模型过程的 "本底" 迅速下降 (它绝大部分是喷注能量测量不准造成的丢失能量，或 $W \to \nu_e + e$，$Z \to \nu_e + \nu_e$ 衰变)，留下大的丢失能量处的谱被来自夸克的 SUSY 伙伴的可能信号所主导。很显然，质量为 150 GeV 的 SUSY 夸克被排除了，而 300 GeV 质量无法被这一数据集完全排除。来自升级后的 Tevatron 更高精度的统计数据将外推质量限制。目前在众多可能模型中选出的一个特殊 SUSY 模型情况下，对 SUSY 质量的限制如图 6.8 所示。

明显地，200 GeV 及以下的质量被排除了。因为我们已论证过，欲解决等级难题的 SUSY 粒子质量必须小于 1000 GeV。遗憾的是，1 TeV 的 (质量) 上限并不直接了当 (图 6.6)，这样如果我们要决定性地排除 SUSY 作为解决等级难题的假设，就得做好在 LHC 远高于此上限的搜索准备。

让我们设想如何在 LHC 继续这一搜索。超夸克和胶微子 (gluinos，夸克和胶子的 SUSY 伙伴) 截面较大，因为它们有强耦合。除去质量的运动学效应，SUSY 粒子的耦合同它们的标准模型伙伴一样。力的相等是圈抵消所必需的，并且是 SUSY 固有的。量纲上，一对质量为 M 的粒子其强产生截面对 $M = 1$ TeV 是 $\hat{\sigma} \sim \alpha_s^2/(2M)^2$ 或约 1 pb。这一截面水平对 LHC 实验能够获取的高亮度 (100 000/pb·a) 是相当显著的，对中性微子是 0.1 pb (α_W/α_s)(1 pb)。

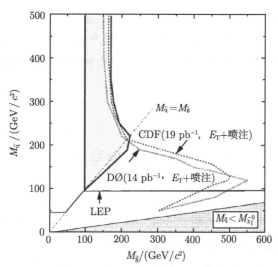

图 6.8 对于 SUSY 夸克 (夸克的 SUSY 伙伴) 和胶微子 (胶子的 SUSY 伙伴)，最小 SUGRA SUSY 模型中来自 Tevatron 及 CERN 对撞机实验的，在 95% 置信水平上的排除轮廓 [5] (惠允使用)。阴影排除区域使用了 CDF 同号双轻子加喷注及丢失的横能数据

截面作为 SUSY 质量的函数的一个完全计算如图 6.9 所示。确实，对 1 TeV 质量，SUSY 夸克和胶子截面近似 1 pb。

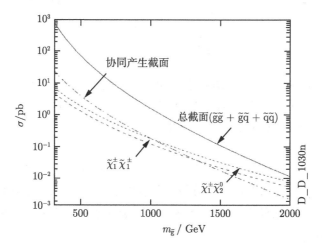

图 6.9 LHC 胶微子产生截面作为其质量的函数。同时显示了中性规范玻色子的 SUSY 伙伴粒子 (中性微子) 的产生截面。这些粒子以 10 到 100 倍的因子更弱的产生 [6] (惠允使用)

对 500 GeV SUSY 胶微子，截面是 100 pb。这样，以设计亮度的 1% 运行一个月就可以产生 10 000 胶微子对。显然，搜寻强产生的 SUSY 粒子将是 LHC 物理计划极早期的主要任务。一旦 LHC 投入运行，实验家必须对敏锐的搜寻任务有备无患。

6.7　SUSY 信号与谱

我们知道，至少对强相互作用的 SUSY 伙伴粒子，截面都大到足以在 LHC 发现。问题是，SUSY 粒子产生的触发装置 (第 2 章) 的那些信号是什么？对于 SUSY 夸克和胶微子，直接的办法就是看喷注和丢失的横能。图 6.10 显示了一个衰变模式的可能集合。同时发生的多喷注、轻子以及丢失的横能提供了一个真正壮观和唯一的迹象去触发并搜索信号。

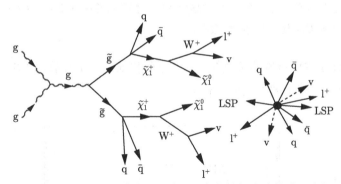

图 6.10　胶微子对产生以及相继衰变的示意图。衰变链的末端伴随两个超对称伙伴粒子的发射。级联衰变导致四夸克喷注 + 两个轻子 (同号)+ 源自 LSP、$\tilde{\chi}_1^0$ 及中微子丢失的横能 [7](惠允使用)

对于 SUSY，规范伙伴粒子也存在非常独特的信号，一个示意表示如图 6.11 所示。非在质壳 W 的 Drell-Yan 产生导致了到胶微子对的衰变。随后级联衰变到 LSP 超规范子 (gaugino) 则导致无喷注 (如果需要，甚至能在触发器中禁戒喷注)、三轻子及丢失的横能。

从根本上而言，在 LHC 上 SUSY 搜索是相当简单的。当然，还存在其他的衰变模式和信号。但是，只要假定 SUSY 粒子的对产生，那么 LSP 的存在使得丢失的横能成为触发探测器以及选择 SUSY 事例的强有力工具。然而，一个警告是，在更复杂的 SUSY 模型里总是存在参数空间的某些很小的区域，实验搜索很困难。

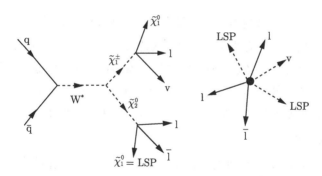

图 6.11 高度非在质壳的 W、W* Drell-Yan 产生示意图，它们虚衰变到超规范子对，
继而衰变到轻子、中微子和 LSP、无喷注和丢失横能的末态。这是一个非常
干净的 SUSY 信号 [7](惠允使用)

在 LHC 胶微子产生的细致蒙特卡罗研究结果如图 6.12 所示。触发器是丢失
的横能加喷注。来自 QCD 喷注产生 —— 它具有由于喷注能量测量不准 (第 2 章)
造成的丢失横能 —— 的标准模型 "本底" 随着横能迅速下降。带有 W/Z+ 喷注的
过程，例如顶夸克对，包含真正丢失的 E_T，但其截面比 QCD 喷注产生更小，后
者有实验测量不准诱发的丢失横能 E_T。很明显，在 1000 GeV 有效质量以上，来
自 600 GeV 胶微子的信号在所有标准模型本底占支配地位 (注意图 6.12 纵轴是对
数的)。

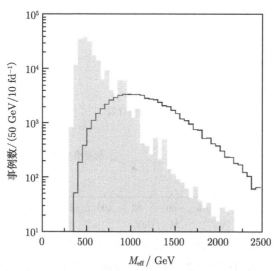

图 6.12 包含喷注和丢失横能的 LHC 事例的有效质量 (所有横动量的标量和) 分布。
图中显示了 600 GeV 超夸克的谱 (实线)，由于 QCD 喷注事例的本底谱，
以及 W/Z 加上喷注本底事例 (阴影区域) 的谱。在有效质量 1000 GeV 以
上，SUSY 信号在截面中处于支配地位 [8](惠允使用)

　　我们已经检查了可以搜索那些质量在 250 GeV 以上的，直到因为 SUSY 截面随质量的下降而耗尽的所有事例。在这里考虑 250 GeV 质量标度是因为它大致对应目前 Tevatron 对撞机实验的 SUSY 质量范围 (图 6.8)，在 LHC，实验家们想要获得质量范围全覆盖的搜索。LHC 实验因此能无缝衔接 CDF 和 D0 实验的 SUSY 搜索，并在质量上接续至 2 TeV。上限是重要的，因为如果 SUSY 太重，那么它就不是 "等级问题" 的答案。

　　在 SUSY 中，存在一系列到 LSP 的级联衰变。衰变的拓扑允许确定 LHC 一些 SUSY 粒子质量差。特别是在一些特定的情况下，存在特别尖锐的谱边界。这给了我们 SUSY 粒子光谱学的另外一个处理。如图 6.13 所示的一个例子，其中显示了双轻子质量分布，其中事例选择为轻子，都在一个横动量截断之上且所有喷注都被禁戒。如能看到的，对 $\tilde{\chi}_2^0 \to \tilde{\chi}_1^0 + l^+ + l^-$，预期存在一个尖锐的运动学边界对应的中性荷电微子质量差 (图 6.11)。因此我们可以不仅仅发现 SUSY，而是学到关于实验上将可获得的复杂光谱学，以及 SUSY 是否在自然界实现的知识。

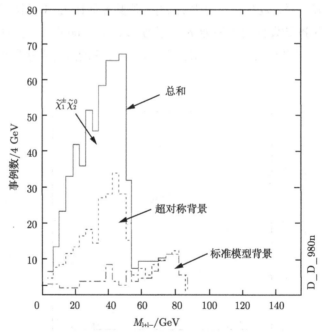

图 6.13　多轻子、无喷注事例的双轻子质量谱。超过 81 GeV 的质量已被删除。亮度对应一年 10% 的设计亮度 (10 fb^{-1})。锐利的边缘对应两个中性荷电微子的质量差 [9](惠允使用)

　　COMPHEP 程序包有一个 SUSY 模型可用于计算截面。例如，在 "MMSM"，带有 200 GeV 胶子质量的过程 $g + g \to \tilde{g} + \tilde{g}$ 的 LHC 截面为 3.4 nb，与图 6.9 中

所示截面一致。

在 COMPHEP 中使用 SUSY 模型有许多复杂之处，因为粒子数相当大。不过，SUSY 分支比和产生截面可以如愿进行研究。

作为一个例子，在图 6.14 中显示了 MMSM(最小)SUSY 模型的粒子成分。这一相当冗长的表格已被截断在第一代夸克。除了首选的标准模型粒子，选择有四个希格斯粒子，因为希格斯"扇区"在 SUSY 中激增。还有两个荷电微子、四个中性微子，以及一个胶微子。这完成了规范玻色子的 SUSY 伙伴粒子列表。剩余选项是标准模型轻子和夸克的 SUSY 伙伴粒子。考虑到粒子组成所增加的复杂性，本书一般避免调用 SUSY 模型。但是感兴趣的读者可以有意地花一些时间，使用 COMPHEP 提供的这一额外工具研究 SUSY 动力学的可能影响。

```
   Full   name  | P | aP|2*spin| mass |width |color
 photon         |A  |A  |2     |0     |0     |1
 Z boson        |Z  |Z  |2     |MZ    |wZ    |1
 W boson        |W+ |W- |2     |MW    |wW    |1
 gluon          |G  |G  |2     |0     |0     |8
 neutrino       |n1 |N1 |1     |0     |0     |1
 electron       |e1 |E1 |1     |0     |0     |1
 mu-neutrino    |n2 |N2 |1     |0     |0     |1
 muon           |e2 |E2 |1     |Mm    |0     |1
 tau-neutrino   |n3 |N3 |1     |0     |0     |1
 tau-lepton     |e3 |E3 |1     |Mt    |0     |1
 u-quark        |u  |U  |1     |0     |0     |3
 d-quark        |d  |D  |1     |0     |0     |3
 c-quark        |c  |C  |1     |Mc    |0     |3
 s-quark        |s  |S  |1     |Ms    |0     |3
 t-quark        |t  |T  |1     |Mtop  |wtop  |3
 b-quark        |b  |B  |1     |Mb    |0     |3
 Light Higgs    |h  |h  |0     |Mh    |wh    |1
 Heavy higgs    |H  |H  |0     |MHH   |wHh   |1
 CP-odd Higgs   |H3 |H3 |0     |MH3   |wH3   |1
 Charged Higgs  |H+ |H- |0     |MHc   |wHc   |1
 chargino 1     |~1+|~1-|1     |MC1   |wC1   |1
 chargino 2     |~2+|~2-|1     |MC2   |wC2   |1
 neutralino 1   |~o1|~o1|1     |MNE1  |0     |1
 neutralino 2   |~o2|~o2|1     |MNE2  |wNE2  |1
 neutralino 3   |~o3|~o3|1     |MNE3  |wNE3  |1
 neutralino 4   |~o4|~o4|1     |MNE4  |wNE4  |1
 gluino         |~g |~g |1     |MSG   |wSG   |8
 1st selectron  |~e1|~E1|0     |MSe1  |wSe1  |1
 2nd selectron  |~e4|~E4|0     |MSe2  |wSe2  |1
 1st smuon      |~e2|~E2|0     |MSmu1 |wSmu1 |1
 2nd smuon      |~e5|~E5|0     |MSmu2 |wSmu2 |1
 1st stau       |~e3|~E3|0     |MStau1|wStau1|1
 2nd stau       |~e6|~E6|0     |MStau2|wStau2|1
 e-sneutrino    |~n1|~N1|0     |MSne  |wSne  |1
 m-sneutrino    |~n2|~N2|0     |MSnmu |wSnmu |1
 t-sneutrino    |~n3|~N3|0     |MSntau|wSntau|1
 u-squark 1     |~u1|~U1|0     |MSu1  |wSu1  |3
 u-squark 2     |~u2|~U2|0     |MSu2  |wSu2  |3
 d-squark 1     |~d1|~D1|0     |MSd1  |wSd1  |3
 d-squark 2     |~d2|~D2|0     |MSd2  |wSd2  |3
```

图 6.14　显示了 MMSM 粒子内容的 COMPHEP 粒子表 (SUSY 夸克截断在第一代)

10–"暗物质" 由何构成？"暗能量" 是什么？

首先需要解释何为 "暗物质"。宇宙看上去有一个临界 (或闭合) 的能量密度。这一能量密度定义了广义相对论中的几何，它是否有正的曲率，或平直，或负曲率。既有理论上的也有现今实验的许多原因，在宇宙学中人们更倾向于一个平直解，比如 "暴涨"，以及因此的 "临界" 能量密度，它定义了一个从封闭 (正的) 到开放 (负的) 的几何。

可以试着由可观测的物质确定这一能量密度。如果简单计数恒星，那么只能解释闭合密度的 0.01。然而实验上看上去宇宙近似平直 (比如，超新星作为 "标准烛光"，大致线性的速度 (多普勒频移)– 距离 (观测亮度) 的关系)。那种物质是由什么构成的？顺带说，也许看似古怪，但是仍不清楚宇宙中的大部分能量采取何种形态。我们带着这样尴尬的陈述进入了 21 世纪。

取代计数可见质量，也可以试着使用牛顿力学去动力学地测量一个物体的质量。这一方法也具有能测量不发光物质的优势。当试图动力学地测量星系质量时，我们想要着眼于轨道速度 (使用多普勒频移测量)v 作为半径的函数。牛顿的能量守恒告诉我们 $GM(r)/r = v^2$，其中 $M(r)$ 是在半径 r 内找到的质量。如果有一个均匀的中心质量密度，则 $M(r) \sim r^3$，$v \sim r$。超出中心发光区域，如果所有质量都按照发光质量分布，那么 $M(r) \sim$ 常数，并且速度随着距离的下降预期将是 $v \sim 1/\sqrt{r}$。这一状况在太阳系是熟悉的，体现在开普勒定律中，轨道周期的平方正比于轨道半径的立方。

对于典型星系，$v(r)$ 作为 r 的函数的一些数据如图 6.15 所示。实际上，在小 r 处，确实观测到预期的 $v(r)$ 关于 r 线性增长。但是，直到 60 千秒差距也没有观测到速度的下降，远超出典型星系的发光区域。而是看到 $v(r)$ 趋于常数，意味着 $M(r) \sim r$，这是 "暗物质" 或不发光物质对星系动力学的贡献。

这是不是 SUSY 伙伴 —— 大爆炸稳定的 LSP 遗迹的证据？标准模型并不包含 "暗物质" 候选粒子，新近发现的在振荡实验中观察到的中微子质量差 (小于 0.05 eV)—— 如果它们暗示着它们自身的质量 —— 过小以致无法达到临界密度，后者要求 20 eV 的中微子质量。另一方面，SUSY 无疑可提供一个暗物质候选。

事实上，相当重的 SUSY 粒子、LSP 中轻微子，也有弱的截面，这是解决 "暗物质" 难题必需的事实。论证如下：暗物质存在于宇宙封闭密度的大约 1/3，当中轻微子湮灭率降到宇宙膨胀率之下，它就同参与宇宙膨胀的其他粒子 "退耦"。质量为 M 的弱相互作用粒子湮灭截面一般来说是 $\sigma_{\mathrm{A}} \sim \alpha_{\mathrm{W}}^2/M^2$。

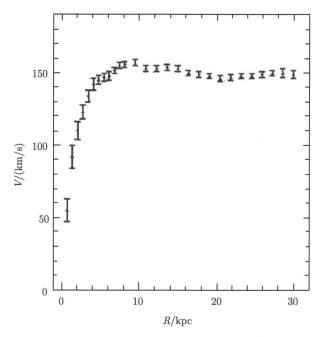

图 6.15 星系内物质的轨道速度作为距离星系中心处半径的函数。该速度在远超出星系发光的核心处被观测到是一常数 [10] (惠允使用)

于是 "大爆炸" 遗留的中轻微子 "遗迹"LSP 丰度依赖于中轻微子质量 M。更大的截面意味着更长的耦合时间，继而意味着更低的当前丰度。在临界密度对 LSP 密度的限制设置了一个 "宇宙学上有趣的" 质量限制，如图 6.16 所示。数值上，这是个很强的线索 —— 一个质量为 1 TeV 的粒子，如果它是暗物质来源，必定具有弱相互作用的截面。因此 SUSY"自然地" 拥有弱相互作用的中轻微子作为一个暗物质候选。

在一个叫作 SUGRA 的特殊的 SUSY 模型化身里，LHC 的实验能够迅速地对 SUSY 粒子设置限制，这样小于 2 TeV 的被排除了，如图 6.16 所示。因此，在 LHC 也许我们能或者发现 SUSY 或者作为被提出用以解决等级难题的模型而果断地剔除它。LHC 实验也将迅速地对 LSP 质量设置限制，它扩展了宇宙学上有兴趣的暗物质范围。

最近有证据表明，宇宙的能量密度由 "暗能量" 主宰 (时至今日约 70%)。这种 "物质"，和宇宙学常数一样，具有负压强，并加速了宇宙的膨胀。似乎存在一个不为零的宇宙学常数，如同爱因斯坦曾假设的。公正地说，如果证据成立，我们对该 "物质" 是什么没有任何线索 —— 这是个有待探索的令人激动的谜题。

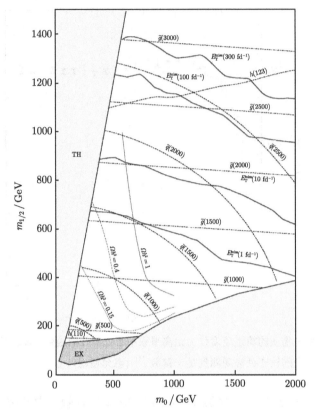

图 6.16 SUSY SUGRA 质量参数空间当中可以被 LHC 实验所排除的围线。存在的
限制以阴影显示。(实线) 显示了 1 fb^{-1}、10 fb^{-1}、100 fb^{-1} 及 300 fb^{-1} 的
围线限制。(虚线) 指示了常数超夸克和胶微子质量的围线。在 LHC 以全亮
度运行的一年当中，如果 SUSY 夸克和胶微子 (图 6.11) 质量小于 2 TeV，
那么它们将被排除。在这一模型中，搜索敏感度将容易排除可能是暗物质候
选的 LSP。这些候选很好的位于 $\Omega h^2 = 1$ 的围线内 [6](惠允使用)

11–为何宇宙学常数如此之小?

6.8 宇宙学常数 (和 SUSY?)

希格斯场的真空期待值为 174 GeV，对应质量密度 (质子质量 0.94 GeV) ∼
174 GeV/(0.00115 fm)^3 ∼ 130 质子/(0.001 fm)^3 ∼ 1.3 × 10^{56} 质子/m^3。既然已观测
并精确测量了 W 和 Z 的质量，这一真空场似乎存在。另一方面，宇宙真空能密度
("暗能量") 已知接近临界值约 5 p/m^3。希格斯场的电弱真空期期待值因此比它大
10^{56} 倍，这彰显出巨大的不协调。

最近的观测, 比如超新星速度对距离的测量偏离线性的哈勃定律, 暗示了宇宙加速膨胀, 支持非零的、大小接近临界密度的宇宙学常数。这本身就是极其有意思的, 因为它意味着真空能密度 (比如暴涨所需的) 的确存在, 并且按照标准模型真空能密度的尺度来讲极端得小。

这一事实并没有解释两个真空能数值的巨大不一致。我们断言如同其他圈图, 玻色子和费米子真空虚圈对真空能的贡献异号, 如果耦合是 SUSY 有关的, 对宇宙学常数的贡献也许会被减小, 但差异仍然是 "天文数字"。我们尚未形成任何貌似可信的设想, 使得真空能同标准模型 + SUSY GUT 环境下的实验相符。

但是, 如同标准模型中的其他规范对称性那样, 如果 SUSY 作为局域对称性被使用, 那么会产生许多有意思的结论。局域 SUSY 理论, 一般称为 "超引力", 对真空能既有正的也有负的贡献。这转而意味着也许能够有一个宇宙学常数同观测一致。但是, 这距离任何现实的计算还十分遥远。

12– 引力如何融入强、电磁及弱力?

6.9　SUSY 和引力

由于 SUSY 是一个吸引人的理论, 它解决了等级问题、质子衰变极限, 改善了耦合常数的统一, 以及对温伯格角的预言, 并提供了暗物质候选者, 似乎很自然地, 人们试图通过类比已知的标准模型规范对称性使 SUSY 成为局域对称。一个局域对称的 SUSY 理论由于既有自旋又有庞加莱生成元, 将是一个广义坐标变换的理论。因此, 一个局域 SUSY 理论, 在经典极限下, 十分自然地包括广义相对论。由于一直以来还不能在标准模型中包括引力, 这一事实引起特别的兴趣。但是注意, 该理论是经典的, 不是一个可重正化的量子理论。

普朗克标度和 SUSY 破缺标度, $M_S \sim 10^{11}$ GeV, 可以被构造出来, 其相互作用类似于中微子 "跷跷板" 机制赋予标准模型的 SUSY 伙伴粒子质量, $\sim M_S^2/M_{PL} \sim 1000$ GeV。但是, 一个点粒子的局域 SUSY 模型尽管包含经典引力, 仍不是一个可重正化的场论。

为什么不可以包含引力? 让我们看看引力耦合常数的 "跑动"。为引力分配一个精细结构常数以对牛顿经典引力作最直观的外推。由于引力修改了时空特有的构造, 不能指望这样一种外推到强引力区域仍然有效, 它只是象征性的。

回想当引力精细结构常数变得很强时, $\alpha_G = G_N M^2/4\pi\hbar c \sim 1$, 普朗克标度出现在质量标度 $M_{PL} = \sqrt{4\pi\hbar c/G_N} = 1.2 \times 10^{19}$ GeV。在图 6.17 中将可重正化规范

理论的 "跑动" 同这一直观的外推进行了比较。引力对质量的二次能量依赖性比标准模型力的对数变化强得多。正是引力这种糟糕的高能行为使其不可重正。

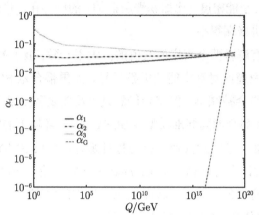

图 6.17 对质量对数依赖的标准模型力及经典上认为是质量标度平方的引力, 其耦合常数的跑动。在极高质量标度下存在一个近似的统一

很明显, 有微弱的迹象表明标准模型统一的大质量标度 (GUT 尺度) 离引力直观的跑动的交点并不太远。考虑到还没有一个引力的完全的量子理论, 这一事实是激动人心的。也许伴随一个正确的引力量子理论, 一个完全的所有已知力的统一是可能的。的确, 在 "弦论"(或量子引力理论的候选) 合适的标度小于普朗克标度, 这样就减小了分歧。

一个有关引力的点粒子可重正化理论似乎不大可能。使用在一维延展的粒子 ("弦") 作为基本实体, 具有良好行为的引力理论是可能的, 但是仅在高维度空间成立。不仅引力在这个弦构想中自然出现, 而且 SUSY 亦如此。这些其他维度通常假设在普朗克长度尺度上是 "紧致化的"(compactified), 以致我们察觉不到它们的存在。事实上, 标准模型规范对称性在一些具有紧致子空间的弦论中好像几乎是自然出现的。更大胆的推断是, 代的数目也许同紧致空间的拓扑有关。

最近另外一个 "大" 的额外维的可能性被提出来作为等级难题的另外的解决方案。这些额外维度可能也能为引力耦合与标准模型规范耦合的统一提供线索。如果引力在所有的额外维存在而所有其他标准模型规范力被禁闭在四维时空, 那么引力变得很强的标度也许是 1 TeV 的电弱标度而非普朗克质量标度。

人们熟知引力仅在大于约 1 mm 以上的距离才具有 $1/r$ 的势。在低能实验室的实验中, 牛顿势有一个 $1 + d/r^2$ 因子的修正, 其中 d 是可测量的偏差。研究在毫米尺度上引力对平方反比定律的偏差的实验室实验已准备就绪。

大额外维的引力被认为很弱, 因为它 "渗漏" 进其他维度而标准模型力不会。这是自然的,因为弦理论仅在一个很大维度的空间才有良好行为。如果大的额外维是等级难题的解,那么必然的,应该存在引力子交换效应,也许可以在新一代探查电弱质量标度的对撞机获得。一个明显的迹象是引力子逃逸进额外维造成的能量丢失。LHC 及其他将搜寻这些新的现象。关键信号将是类似引力那样,带有自旋为 2 的洛伦兹特性 (例如角分布) 的反应,以及同质量/能量耦合而无需考虑其他变量 (引力既是 "味盲" 又是 "色盲")。

迄今为止这些 "万有理论" 几乎没有任何可检验的实验预言,也许只停留在哲学或形而上学而非物理的领域内。时间将证明一切。

强子对撞机物理的总结

- LHC 将探索希格斯粒子质量的完全允许的区域 (100~1000 GeV)。精确的数据表明希格斯粒子是轻的。如果它确实如此那么也许可以通过观测到 $b\bar{b}$、$\gamma\gamma$、$\tau^+\tau^-$、W^*W 及 Z^*Z 的衰变来探索其耦合。

- 一个 GUT 标度的出现意味着新的动力学。GUT 解释了电荷量子化,预言了 θ_W 的粗略数值,允许物质主导的宇宙,并解释了小的中微子质量。但是,它在质子衰变、精确的温伯格角预言、对希格斯质量标度的二次辐射修正等级问题上,失败了。

- 标度保护 (等级问题) 可以在 SUSY 中实现。SUSY 提高了 GUT 标度,使质子准稳定,温伯格角的 SUSY 预言同精确的数据吻合。SUSY LSP 提供了对星系 "暗物质" 的解释的一个自然候选者。一个局域的 SUSY 大统一可以包括引力在内。它也能降低宇宙学常数问题。一个普通的 GUT 耦合以及维持圈图相消要求 SUSY 质量小于 1 TeV。LHC 将充分探索该质量范围,要么证明要么否证这一吸引人的假设。

- 如果存在额外维,那么 LHC 非常适合研究太电子伏质量标度,额外维如果是等级问题的解决方案,它们的效应应在那里显现。

- LHC 获取的数据也许将不能告诉我们质量、夸克以及中微子混合矩阵元的代的规则性,我们对于 "谁点的这道菜" 仍然没有任何线索。

练　习

6.1　结合衰变宽度标度率 M^5 以及 $V_{qq'}^2$,估计 $c \to s$ 关于 $b \to c$ 的衰变宽度。它们是否相容?

6.2　估计从 $Q = 1$ m 到 $Q = 1000$ m 时,$1/\alpha_R(Q^2/m^2)$(附录 D) 的变化。

6.3　在 GUT 质量下估计 α_1^{-1}, $\alpha_1^{-1}(M_Z) = 59.2$。

6.4　在 GUT 质量下估计 α_3^{-1}, $\alpha_3^{-1}(M_Z) = 8.40$, 它与练习 6.3 中的耦合常数接近吗?

6.5　从 GUT 标度下的 $\sin^2\theta_W = 0.375$, 估计 Z 质量标度下的温伯格角。

6.6　假设中子是 (udd) 夸克的束缚态, 证明基本衰变模式 $d + d \rightarrow e^- + \bar{d}$, $u + d \rightarrow \nu + \bar{d}$ 保持电荷守恒, 并导致可观测的衰变 $n \rightarrow e^- + n^+$, $n \rightarrow \nu + \pi^0$。

6.7　显式地解决 GUT 质量 10^{14} GeV 下质子寿命的估计。当从 GUT 尺度变化到 10^{16} GeV, 它将发生怎样的变化?

6.8　假设 SUSY 粒子与它们的标准模型伙伴有相同的耦合。对于一个 2 TeV 质量的 SUSY 质量估计其类点截面, $\hat{\sigma} \sim \alpha^2/(2M)^2$, 并与蒙特卡罗模型相比较。胶子源因子 $(1 - M/\sqrt{s})^{12}$, 是否对一致性有所改进?

6.9　对于围绕一个质量分布的轨道的引力问题做一个完整的计算, 表明在一个均匀分布内部的速度趋于 r, 而在分布之外的速度趋于 $1/r$。

6.10　证明希格斯场的真空期待值贡献 10^{56} 倍宇宙闭合密度的能量密度。

6.11　证明如果把宇宙闭合密度归因于真空场, 则有一个 0.001 eV 的真空期待值, $\langle\phi\rangle \sim$ 0.001 eV。

6.12　用 COMPHEP 估计 Z 衰变宽度及分支比 $(Z \rightarrow 2 * x)$。和第 4 章中的数据进行比较。中微子的分支比是多少?

6.13　对照 COMPHEP 中的标准模型参数, 找出夸克混合矩阵元素。

参 考 文 献

1. Pitts. K., Fermilab Conf-00-347-E and hep-ex/0102010 (2001).

2. Scholberg, K., arXiv: hep-ex/0011027(2000).

3. Fisher, P., Kayser, B., and McFarl K., Ann. Rev. Nucl. Part. Sci., **49**, 481 (1999).

4. D0 Collaboration, Phys. Rev. Lett., **82**, 29 (1999).

5. CDF Collaboration, Phys. Rev. Lett., **87**, 251803-5 (2001).

6. Pauss, F. and Dittmar, M., ETHZ-IPP PR-98-09, hep-ex/9901018 (1999).

7. Pauss, F., CMS Note, 1998-097 (1998).

8. Gaines, I., Green, D., Kunori, S., Lammel, S., Marriffino, J., Womersley, J., and Wu, W., Fermilab-FN-642, CMS-TN/96-058 (1996).

9. Abdullin, S., Antunovic, Z., Charels, F. et al., CMS Note, 1998/006 (1998)

10. Kolb. E and Turner. M., The Early Universe, Palo Alto, CA, Addison Wesley Publishing Company (1990).

拓 展 阅 读

Bailin, D. and A. Love., Supersymmetric Gauge Field Theory, Bristol, Institute Physics Publishing (1994).

Riotto, A. and M. Trodden, Recent progress in baryongenesis, Ann. Rev. Nucl. Part. Sci. (1999).

Ross, G., Grand Unified Theories, Menlo Park, CA, Benjiamin/Cummings Publishing Co. (1985).

West, P., Introduction to Supersymmetry and Supergravity, Singapore, World Scientific, (1990).

附录A

标 准 模 型

科学不能解决自然界终极之奥秘。那是因为，归根结底，我们自身是自然界的一部分，因此我们自身成为我们试图解决的秘密的一部分。[①]

—— 马克斯·普朗克

没有答案，将来也不会有。从来就没有答案。此即答案。[②]

—— 格特鲁德·斯泰因[③]

本附录给出一些标准模型的计算细节。对于无量纲作用量 S、拉氏量 L 和拉氏量密度 ℓ 定义为 $S = \int L \mathrm{d}t = \int \ell \mathrm{d}^4 x$，$L = \int \ell \mathrm{d}^3 x$。由于 $[S] = 1$，拉氏密度的量纲为 $[\ell] = M^4$。又由于拉氏密度中标量场的 "动能项" 形如 $\partial \bar{\phi}^* \partial \phi$ 以及 $[\ell] = M^4$，所以标量场的量纲是质量量纲，即 $[\phi] = M$。例如，与场量二次 "势能项" 的耦合 g 是无量纲的，即 $\ell \sim g\phi^4$，$[g] = 1$，这一情况适用于希格斯势。

首先通过考虑自由粒子的狄拉克方程去讨论费米子和规范玻色子的标准模型耦合。对于狄拉克方程和狄拉克矩阵 γ 描述的自由费米子波函数 ψ，自由粒子拉氏密度 ℓ 能够通过规范变换 $\partial \to D = \partial - \mathrm{i}eA$，其中导数包含光子场 A 和电荷 e，用来发现费米子和光子场的相互作用度 ℓ_I。用 ψ 表示费米场，ϕ 表示标量场；φ 表示矢量规范场；用 m 表示费米子质量，M 表示玻色子质量。

---

① 原文："*Science cannot solve the ultimate mystery of nature. And that is because, in the last analysis, we ourselves are part of nature and therefore part of the mystery that we are trying to solve.*" —— 译者注

② 原文："*There ain't no answer, there ain't going to be any answer. There never has been an answer. That's the answer.*" —— 译者注

③ 格特鲁德·斯泰因 (Gertrude Stein, 1874—1946 年)，美国作家、诗人、剧作家。—— 译者注

上述代换应已熟知，因为它在经典力学和非相对论量子力学中均出现过。

$$\ell = \bar\psi(\mathrm{i}\partial\!\!\!/ - m)\psi, \quad \partial\!\!\!/ = \partial_\mu\gamma^\mu. \tag{A.1}$$

这一规范变换导致拉氏量中相互作用为费米子流 J_μ 和规范场 A_μ 的普适耦合，耦合强度为 e。因此，规范代换给出了电动力学。

$$\ell_I = e\bar\psi\gamma_\mu\psi A^\mu = J_\mu A^\mu \tag{A.2}$$

接下来以类比方式去探究标准模型中的其他力。强相互作用被假设以同夸克"色荷"普适耦合的无质量"胶子"传递，色荷被随意地称为红、绿、蓝 (R, G, B)，耦合常数为 g_s。粗略地讲，强作用精细结构常数是 $\alpha_s = g_s^2/4\pi\hbar c \sim 0.1$，大约比电磁精细结构常数 $\alpha \sim 1/137$ 大 14 倍。由于量子圈图修正，耦合参数并非真的是常数。此外，只有距离小于约 1 fm 的短程情况，强耦合常数才有好的定义，此时它小于 1，表明弱耦合。这意味着并不能像电磁作用一样在长程定义强耦合。相反，短程时耦合变弱。因此，对于本书特别关注的大横动量，或短程反应，强相互作用可微扰的处理。

色量子数的记号 (R, G, B) 没有实质含义。简洁起见，我们也无法具体探究相信夸克存在三种色的原因。只需指出：由于长程时被强的强力"禁闭"了色荷，观测到的强相互作用粒子，如质子，是无色的；因此无法观测到自由的夸克。此外，像 uuu 束缚态 (核子共振态 Δ^{++}, $J = 3/2\hbar$, $L = 0$) 这样的粒子由于是费米子，其整体波函数必须是交换反对称的，尽管它在味 (uuu)、空间 ($L = 0$)、自旋 (↑↑↑) 上是对称的。这里箭头表示 u 夸克在对称的 $J = 3/2\hbar$ 自旋态下的自旋指向。如果 uuu 为费米子则注定存在额外的色自由度，且态对色自由度必须是反对称的。存在三色的证据来自于正负电子湮灭为 μ 子对和夸克对两种截面的比较。对于后者，必须对末态中所有色荷求和，导致预期的截面是无色情况的 3 倍。这一 3 倍因子已被实验证实。

正如电动力学的情况，费米子 (带色夸克) 的协变导数要求矢量规范场的存在，并指定普适的相互作用。我们断言 N 维特殊幺正群 SU(N) 具有 $N^2 - 1$ 个生成元，因此色 SU(3) 群 (3 代表 R、G、B) 要求 8 个带色胶子作用其生成元。为理解以下大部分的内容，读者并不必通晓群论，将胶子设想为诸如 R$\bar{\text{B}}$、R$\bar{\text{G}}$ 之类即可。

一个夸克对和一个胶子组成的三次顶角维持着色"荷"。例如，R 夸克能发射出 R$\bar{\text{G}}$ 胶子，而转变为 G 夸克，如图 A.1 所示。

8 个无质量胶子 $g_c(c = 1, 2, \cdots, 8)$ 与夸克色三重态 (R, G, B) 以普适耦合参

数 g_s 及一些由 SU(3) 群性质规定的常数耦合，本书将不涉及这些 SU(3) 群常数，它们并不是必需的。对更深入地阅读，感兴趣的读者可参考第 1 章后的参考文献。

因此，通过类比电磁力的情形，强力就被建立起来：

$$\begin{cases} \mathrm{U}(1) \to \mathrm{SU}(3), \\ -\mathrm{i}e \to g_s, \\ A \to g_c. \end{cases} \tag{A.3}$$

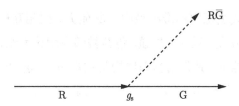

图 A.1　夸克-胶子顶角的图示。红色夸克发出由红、绿组成的胶子，并变为绿色夸克

你也许会说，等一下，假定强力由无质量胶子传递，因此，正如引力和电磁力，预期强力也是长程的，且与距离的平方反比。然而，我们知道核力实际上是非常短程的。

讨论强力的完备理论 —— 量子色动力学 (QCD) 远超出了本书的范围。只需指出夸克这样的带色客体被要求禁闭于一个由 QCD"截断" 参数定义的空间范围上的 $\Lambda_{\mathrm{QCD}} \sim 0.2\ \mathrm{GeV} \sim 1\ \mathrm{fm}$，从而解决这一佯谬。在此以及更大的距离上，强力总是非常强的。这就导致了无色强子 (如质子、中子) 内夸克的永久禁闭，这也使得可观测的无色夸克束缚态之间的力呈现有效的短程特征，即使胶子是无质量的。

现在转向弱力。在 20 世纪 30 年代费米提出弱相互作用的第一个理论。它描述四费米子以有效耦合常数 G 为强度在一点相互作用。它是不 "可重正化的"，即更高阶过程导致发散，这意味着该理论的深切的困难。人们需要一个更基本的理论，它在 20 世纪 60 年代末和 70 年代初逐步形成。在这一理论中再次进行了同成功的电动力学理论的类比，成为成功的可重正量子场论的原型。

以夸克及轻子双重态为基本表示的弱味群为 SU(2)。因此，有三个 W 玻色子生成元。电磁作用的 U(1) 群有一个力的携带者 B^0。弱相互作用由矢量玻色子 $\mathbf{W} = (\mathrm{W}^+, \mathrm{W}^0, \mathrm{W}^-)$ 传递，它们与夸克及轻子的弱双重态通过 "弱荷" 或味，普适的耦合。电荷 Q 与夸克或轻子同位旋投影的弱同位旋 I_W，以及 "人为" 设定的 "超荷"Y_W 相联系，$Q = (I_3 + Y/2)_\mathrm{W}$。这样对于轻子，超荷被定义为 $Y_\mathrm{W} = -1$，而对夸克 $I_\mathrm{W} = 1/3$。

U(1) 群有一个生成元 B^0，带有耦合 g_1，而 SU(2) 群有三个生成元 **W**，带有耦合 g_2。**W** 是弱同位旋三重态，因此它显然携带弱荷。本附录采用以下简化但传统的约定：W 代表 φ_W 场，Z 代表 φ_Z 场，A 代表光子场 φ_γ。在群空间中协变微商被构建为一个标量，因为它出现在标量拉氏量中。SU(2) $\otimes$ U(1) 组合理论的协变微商为

$$D = \partial - \mathrm{i}[g_1(Y_{\mathrm{W}}/2)B^0 + g_2\boldsymbol{I}_{\mathrm{W}} \cdot \boldsymbol{W}]. \tag{A.4}$$

这一组合的 SU(2) 和 U(1) 理论包含两个中性玻色子。由于物理的矢量玻色子作用于弱本征态，而非强本征态夸克，所以存在温伯格电弱混合角 θ_{W}，它使两个中性规范玻色子以量子力学的方式发生混合。我们需要就可观测的电弱本征态 A 和 Z 写出协变微商，即

$$\begin{cases} \begin{bmatrix} A \\ Z \end{bmatrix} = \begin{bmatrix} \cos\theta_{\mathrm{W}} & \sin\theta_{\mathrm{W}} \\ -\sin\theta_{\mathrm{W}} & \cos\theta_{\mathrm{W}} \end{bmatrix} \begin{bmatrix} B^0 \\ W^0 \end{bmatrix}, \\ D = \partial - \mathrm{i}\begin{bmatrix} (g_1 Y/2\cos\theta_{\mathrm{W}} + g_2 I_3\sin\theta_{\mathrm{W}})A + g_2 I^+W^- + I^-W^+ + \\ (g_2 I_3\cos\theta_{\mathrm{W}} - g_1 Y/2\sin\theta_{\mathrm{W}})Z \end{bmatrix}. \end{cases} \tag{A.5}$$

同电荷的耦合固定为 Qe，因为这对光子场是已知的

$$\begin{cases} g_1(Q - I_3)\cos\theta_{\mathrm{W}} + g_2 I_3\sin\theta_{\mathrm{W}} = Qe, \\ g_1\cos\theta_{\mathrm{W}} = g_2\sin\theta_{\mathrm{W}} = e, \\ g_1 g_2 = e\sqrt{g_1^2 + g_2^2} \end{cases} \tag{A.6}$$

现在看到弱力和电磁力统一成为"电弱"力。要求电荷 e 和 SU(2) 耦合以 $e = g_2\sin\theta_{\mathrm{W}}$ 联系起来。温伯格角测量的结果是量级为 1 的数。因此就上述基本拉氏量的层次而言，电磁耦合 e 具有与"弱"耦合相近的强度。弱相互作用本质上并不弱。

既已认定物理的光子场 A 及其耦合 Qe，我们罗列协变微商中包含新 W 玻色子和 Z 玻色子的剩余项如下：

$$\begin{aligned} D = & \partial - \mathrm{i}[eQA + g_2(I^+W^- + I^-W^+) + CZ], \\ C = & -g_1(Q - I_3)\sin\theta_{\mathrm{W}} + g_2 I_3\cos\theta_{\mathrm{W}} \\ = & \sqrt{g_1^2 + g_2^2}(-Q\sin^2\theta_{\mathrm{W}} + I_3\sin^2\theta_{\mathrm{W}} + I_3\cos^2\theta_{\mathrm{W}}) \\ = & \sqrt{g_1^2 + g_2^2}(I_3 - Q\sin^2\theta_{\mathrm{W}}). \end{aligned} \tag{A.7}$$

  W 与弱同位旋的升、降算符 I^+ 和 I^- 耦合，因此 W 玻色子在存在电荷改变的 β 衰变过程中担任作用。Z 和费米子的耦合更加复杂，它依赖于弱同位旋投影 I_3 和费米子电荷 Q，不过，Z 与夸克和轻子的耦合强度也是 e 的量级。下面将 g_2 替换成 g_W，这是传统上弱 SU(2) 耦合常数的记号。

  这些耦合常数之间的关系如图 A.2 所示，可帮助记忆这些耦合，它们通过温伯格角所规定的旋转相联系。

$$g_2 = g_W$$
$$D = \partial - \mathrm{i}[eQA + g_2(I^+W^- + I^-W^+) + \sqrt{g_1^2 + g_2^2}(I_3 - Q\sin^2\theta_W)Z]$$
$$= \partial - \mathrm{i}[eQA + g_W(I^+W^- + I^-W^+) + g_W/\cos\theta_W(I_3 - Q\sin^2\theta_W)Z]. \quad (A.8)$$

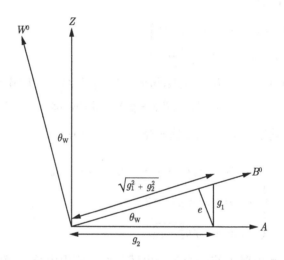

图 A.2 电弱耦合以及温伯格角的图形关系

温伯格角规定了两个弱耦合常数 g_1 和 g_2，同电磁耦合常数 e 之间的关系：

$$\begin{cases} \cos\theta_W = e/g_1 = g_2/\sqrt{g_1^2 + g_2^2}, \\ \sin\theta_W = e/g_2 = g_1/\sqrt{g_1^2 + g_2^2}, \\ \tan\theta_W = g_1/g_2. \end{cases} \quad (A.9)$$

  上述弱相互作用的描述只适用于由 V-A (矢量–轴矢量) 性质诱导出的夸克和粒子波函数的 "左手" 分量。夸克、轻子均有质量的事实说明它们的波函数必定也存在右手分量。假设右手分量是弱单态，并指定轻子超荷为 $Y_R = 2Q_1 = -2$，弱单态 "上" 夸克及 "下" 夸克分别为 $Y_R = 2Q_q = 4/3$ 和 $-2/3$。这些指定与弱左手双重态需满足的关系 $Y_L = 2(Q - I_3)$ 一致。

已经注意到式 (A.8) 所示的 Z 玻色子与夸克、轻子的一般耦合。因为根据定义，弱单态有 $I_3 = 0$，L 和 R 同 Z 玻色子的耦合出现差异。因此在 Z 玻色子与轻子或者夸克耦合的反应中预期存在宇称违反效应。对于轻子、"上"夸克和"下"夸克，由于它们具有不同的荷，L 和 R 耦合的混合也有不同。温伯格角实际上就是通过测量这些宇称违反效应得以确定的 (式 (A.7))。

大大依赖于与电磁机制的类比，对于标准模型里的三种基本力，矢量玻色子和夸克、轻子的耦合都由规范性代换规定。光子作为洛仑兹矢量通过一个普适强度 Qe 耦合。

$$\begin{cases} l^+l^-\gamma, q\bar{q}\gamma\text{耦合} \\ Qe\gamma_\mu \end{cases} \tag{A.10}$$

弱荷改变的 W 与轻子的弱耦合是一个带有普适强度 $g_W = e\sin\theta_W$ 的洛仑兹矢量–轴矢量 (V-A，宇称违反的左手耦合)：

$$\begin{cases} l^-\bar{v}_l W^+\text{耦合} \\ g_W\gamma_\mu(1-\gamma_5) \\ q\bar{q}'W-\text{耦合} \\ g_W\gamma_\mu(1-\gamma_5)V_{qq'}. \end{cases} \tag{A.11}$$

上式中同夸克 (强本征态) 的耦合有额外的顶角因子 $V_{qq'}$，它是一个幺正的 3×3 混合矩阵，用以规定强、弱本征态关系，并维持普适的弱耦合强度。一般而言，三代夸克的混合矩阵由两个实参数和一个复参数 (共四个参数) 定义。因此，由于矩阵元不是纯实的，标准模型里这些电荷改变的弱相互作用允许 CP 破缺 (CP 指电荷电轭和宇称反演的联合操作)。事实上，在奇异夸克和底夸克衰变中已观测到 CP 违反。

对于弱中性流，耦合有着类似的强度，它依赖于夸克和轻子量子数，且是味对角化的 (通过构造)：

$$\begin{cases} q\bar{q}Z\text{耦合} \\ g_W(I_3 - Q\sin^2\theta_W)/\cos\theta_W. \end{cases} \tag{A.12}$$

对于强相互作用，胶子作为洛仑兹矢量与带色夸克以普适强度 g_s 耦合，

$$\begin{cases} q\bar{q}g\text{耦合} \\ g_s\gamma_\mu. \end{cases} \tag{A.13}$$

截至目前只是声称弱玻色子具有质量，而光子、胶子无质量。不过，并不能在拉氏量中简单加入一个矢量质量项，因为这将破坏规范对称性。这一情况可能从经

典电动力学中已熟悉。有质量的光子将不能维持重新定义电磁势的规范自由度。因而必须间接地诱导出 W 和 Z 的质量。

长程时弱相互作用被发现是弱的，因此弱玻色子必须具有质量。这一情况通过引入一个新的基本标量场 —— 希格斯场得以补救。如果希格斯场诱导出玻色子和费米子质量项在拉氏量中是单态的，希格斯粒子被选择为电弱二重态就是必要的。假设希格斯场 ϕ 有一个 $\langle\phi\rangle$ 非零的真空态。在拉氏量密度中其动能项为 $\ell \sim (\partial\bar{\phi}^*)(\partial\phi)$。

对于希格斯双重态的中性组元，协变微商，式 (A.8) 中由 $Q=0$ 示意性地得到 $D \sim \partial - \mathrm{i}g_\mathrm{W}[W + Z/\cos(\theta_\mathrm{W})]$，其中包含 W 和 Z，但不含光子。进行协变微商替换后给出拉氏量密度为

$$\begin{cases} (\partial\bar{\phi})^*(\partial\phi) \to (D\bar{\phi})^*(D\phi). \\ \phi \sim \begin{bmatrix} 0 \\ \langle\phi\rangle \end{bmatrix}, \\ (D\bar{\phi})^*(D\phi) \sim [g_2^2\langle\phi\rangle^2/2]\bar{W}W + [(g_1^2 + g_2^2)\langle\phi\rangle^2/2]\bar{Z}Z + e^2(0)\bar{A}A. \end{cases} \tag{A.14}$$

希格斯拉氏量中规范替代的结果是拉氏量出现包含希格斯真空场平方的新的四次项。回忆拉氏量中矢量玻色子的明显质量项，利用拉氏密度中相对论动量矢量的 "长度"，$\ell = \bar{\varphi}(P_\mu P^\mu - M^2)\varphi = \bar{\varphi}(\partial_\mu\partial^\mu - M^2)\varphi$ (第 1 章)，形如 $\ell \sim -M^2\varphi^2$。

所以这种四次项就产生出 W 和 Z 的特定质量。这些质量依赖于可观测的标准模型参数，即

$$\begin{cases} M_\gamma = 0, \\ M_\mathrm{W} = g_2\langle\phi\rangle/\sqrt{2}, \\ M_\mathrm{Z} = \langle\phi\rangle\sqrt{g_1^2 + g_2^2}/\sqrt{2} = M_\mathrm{W}/\cos\theta_\mathrm{W}. \end{cases} \tag{A.15}$$

现在可以计算这些质量的数值大小。μ 子寿命，$\tau_\mu = 1/\Gamma_\mu$，由费米常数 G 所决定，$\Gamma_\mu = G^2 m_\mu^5/192\pi^3$。反过来，作为一个有效耦合，$G$ 与基本耦合常数 g_W 和玻色子传播子有关，后者在低动量转移时就是玻色子质量的平方：

$$\begin{cases} G/\sqrt{2} = g_\mathrm{W}^2/8M_\mathrm{W}^2, \quad G \approx 10^{-5}\ \mathrm{GeV}^2, \\ M_\mathrm{W}/g_\mathrm{W} = \langle\phi\rangle/\sqrt{2}, \\ \langle\phi\rangle^2 = \sqrt{2}/4G, \quad \langle\phi\rangle = 174\ \mathrm{GeV}. \end{cases} \tag{A.16}$$

W 和 Z 的质量从希格斯场的真空值 $\langle\phi\rangle = 174\ \mathrm{GeV}$ 导出。除了通过 Z 传递相互作用中轻子和夸克对的宇称违反效应的测量，温伯格角也能由虚 Z 玻色子交换所传递的弱 "中性流过程"，比如 $\bar{\nu}_\mu + e^- \to \bar{\nu}_\mu + e^-$ 测量出来 (式 (A.12))。

为验证标准模型的自洽性, 考察所有这些观测能否给出相同结果是重要的。利用 α 和 θ_W 值, 还可给出弱精细结构常数 α_W:

$$
\begin{cases}
\sin^2 \theta_W \sim 0.231, \quad \theta_W \sim 28.7°, \quad \sin \theta_W = 0.481; \\
\alpha \sim 1/137, \quad \alpha_W = \alpha / \sin^2 \theta_W \sim 1/31.6, \quad g_W \sim 0.63.
\end{cases}
\tag{A.17}
$$

这样, 从希格斯场真空值和弱耦合常数可预言 W 和 Z 的质量。这些预言被 20 世纪 80 年代在 CERN 的质子–反质子对撞机实验中发现的 W 玻色子和 Z 玻色子而得到证实。

$$
\begin{cases}
M_W = g_W \langle\phi\rangle / \sqrt{2} \sim 80 \text{ GeV}, \\
M_Z = M_W / \cos \theta_W \sim 91 \text{ GeV}.
\end{cases}
\tag{A.18}
$$

最后需指出的是, 在真空态附近存在着希格斯场激发, 它们可被解释为一种场量子, 记为 ϕ_H。希格斯场与标准模型玻色子的相互作用也可由规范原理给出。为了解这一点, 将希格斯场在真空处展开。除给出玻色子质量的四次项外, 还有希格斯量子 ϕ_H 和弱规范玻色子相互作用的三次项 $\phi_H WW$ 和 $\phi_H ZZ$, 以及四次项 $\phi_H \phi_H WW$ 和 $\phi_H \phi_H ZZ$, 即

$$
\phi = \begin{bmatrix} 0 \\ \langle\phi\rangle + \phi_H \end{bmatrix},
\tag{A.19}
$$

$$
(D\bar{\phi})^*(D\phi) = [g_2^2 \langle\phi\rangle^2 + \phi_H]\overline{W}W + [(g_1^2 + g_2^2)\langle\phi\rangle^2 + \phi_H]\bar{Z}Z/2.
$$

明显三次型耦合形如 $(g_W^2 \langle\phi\rangle)\phi_H \overline{W}W + [(g_W^2 \langle\phi\rangle)\phi_H / \cos^2(\phi_W)]\phi_H \bar{Z}Z$。由于 $M_W / g_W \sim \langle\phi\rangle$, 这些项分别正比于 $g_W M_W$ 和 $g_W M_Z$。于是希格斯标量场以弱耦合强度和规范矢量玻色子的质量相耦合。这些项说明如果能量允许, 希格斯粒子将衰变为 W 和 Z 对。四次型耦合则形如 $g_W^2 \phi_H \phi_H \overline{W}W + [g_W^2 / \cos(\theta_W^2)]\phi_H \phi_H \bar{Z}Z$。

希格斯粒子与费米子的耦合代数上是简单的, 这在本书第 1 章已经给出。从假定的汤川耦合 $g_f \bar{\psi}\phi\psi$, 以及狄拉克拉氏量密度中的质量项 $m_f \bar{\psi}\psi$(式 (A.1)), 容易得出费米子质量项为 $g_f \langle\phi\rangle$。标准模型并未给定希格斯粒子与费米子的耦合, 因此无从预言费米子质量。不过, 汤川型相互作用的猜想意味着希格斯粒子是以正比于费米子质量的强度与费米子耦合的。

附录B

一个COMPHEP工作范例

人是使用工具的动物…… 失去了工具人类一无是处, 而有了它则无所不能。[①]

— 托马斯·卡莱尔[②]

学习是头脑的天然食粮。[③]

— 西塞罗[④]

COMPHEP 是一个免费软件, 可以从其作者在莫斯科罗蒙诺索夫国立大学的网页获取: theory.npi.msu.ru/ kryukov/comphep.html。你可以从该站点下载该程序的压缩包, 还可以找到在线用户手册, 也可以参考本附录末尾的参考文献。WINDOWS 及 Linux 操作系统的不同版本都可以下载。我们推荐读者在进一步阅读本附录之前先阅读用户手册。

COMPHEP 程序包允许我们进行具有一定复杂性的蒙特卡罗计算。但是计算的只有分布, 而且只包括 "树" 图, 因此不能单独使用 COMPHEP 程序包来计算个体事例。此外也无法用此软件包计算高阶量子 "圈图" 等。同样, 紧随产生之后的衰变也没有直接包含在 COMPHEP 中。最后, 计算只是在基本粒子水平上进行, 因此出射粒子 (例如夸克和胶子) 的强子化在 COMPHEP 中不作处理。初始态质子的分布函数是可以选择的, 这样就可以模拟质子 –(反) 质子反应。不过, COMPHEP 是完全独立的程序包, 在尝试更加复杂的程序前, 可以使用它来更好的理解。

---

① 原文: "*Man is a tool using animal ··· without tools he is nothing, with tools he is all.*" —— 译者注

② Thomas Carlyle (1795—1881 年), 苏格兰哲学家、评论家、讽刺作家、历史学家。—— 译者注

③ 原文: "*Learning is a kind of natural food for the mind.*" —— 译者注

④ Cicero (公元前 106—公元前 43 年), 古罗马政治家、演说家、法学家和哲学家。—— 译者注

如同 DOS 程序中常见的那样，使用 F1 键可以获得帮助。使用 "Enter" "Escape" "Delete" 键以及上/下/左/右箭头可进行控制。

在首页菜单里指定模型。除非你有非常好的理由，否则请选择 "Standard Model" (标准模型)。下一页菜单中有几项子任务，包括 "Edit Model" (编辑模型) 等。较低水平的任务有 "Parameters" (参数)、"Constraints" (约束)、"particles" (粒子) 及 "Lagrangian" (拉氏量)。参数表如图 B.1 所示。希格斯的质量正是在此表中定义，你可以按照自己的意愿进行编辑。

```
Name | Value      |> Comment
EE     |0.31223    |Elementary charge (alpha=1/128.9, on-shell, MZ point, PDG96)
GG     |1.238      |Strong coupling (LEP/SLD average alphas=0.122, PDG96)
SW     |0.4730     |sine of the electroweak mixing angle (PDG96)
s12    |0.221      |Parameter of C-K-M matrix  (PDG96)
s23    |0.041      |Parameter of C-K-M matrix  (PDG96)
s13    |0.0035     |Parameter of C-K-M matrix  (PDG96)
Mm     |0.1057     |muon mass
Mt     |1.777      |tau-lepton mass        (PDG96)
Mc     |1.420      |c-quark mass  (pole mass, PDG96)
Ms     |0.200      |s-quark mass  (pole mass, PDG96)
Mb     |4.620      |b-quark mass  (pole mass, PDG96)
Mtop   |175        |t-quark mass  (pole mass)
MZ     |91.1884    |Z-boson mass           (PDG96)
MH     |100        |higgs mass
wtop   |1.7524     |t-quark width          (tree level 1->2x)
wZ     |2.49444    |Z-boson width          (tree level 1->2x)
wW     |2.08895    |W-boson width          (tree level 1->2x)
wH     |0.004244   |Higgs width            (tree level 1->2x)
```

图 B.1 COMPHEP 标准模型参数表。前三项规定了 Z 玻色子质量标度下的三种耦合常数，后三项规定了 CKM 矩阵或夸克混合矩阵的矩阵元。随后的质量项定义了标准模型的其他任意参数 (第 6 章)

"Constraints" 表指定了按照 Z 玻色子质量和温伯格角 (附录 A) 表示的 W 质量。表格的其余部分则按照图 B.1 中所示的参数定义了 CKM 矩阵，$V_{qq'}$。"particles" 表如图 B.2 所示，其中指定了 COMPHEP 计算中可用的粒子。可以通过改变 "parameters" 或 "particles" 表中的各项来编辑标准模型。COMPHEP 中的超对称

```
Full   name  |A   |A+  |2*spin| mass |width |color
photon        |A   |A   |2     |0     |0     |1
gluon         |G   |G   |2     |0     |0     |8
electron      |e1  |E1  |1     |0     |0     |1
e-neutrino    |n1  |N1  |1     |0     |0     |1
muon          |e2  |E2  |1     |Mm    |0     |1
m-neutrino    |n2  |N2  |1     |0     |0     |1
tau-lepton    |e3  |E3  |1     |Mt    |0     |1
t-neutrino    |n3  |N3  |1     |0     |0     |1
u-quark       |u   |U   |1     |0     |0     |3
d-quark       |d   |D   |1     |0     |0     |3
c-quark       |c   |C   |1     |Mc    |0     |3
s-quark       |s   |S   |1     |Ms    |0     |3
t-quark       |t   |T   |1     |Mtop  |wtop  |3
b-quark       |b   |B   |1     |Mb    |0     |3
Higgs         |H   |H   |0     |MH    |wH    |1
W-boson       |W+  |W-  |2     |MW    |wW    |1
Z-boson       |Z   |Z   |2     |MZ    |wZ    |1
```

图 B.2 标准模型中的粒子以及它们的符号名称。按照惯例，反粒子用大写字母给出。自旋是 0、1/2、1，色表示为单态、三重态 (夸克) 以及八重态 (胶子)(第 1 章)。中微子定义为无质量的，所有稳定粒子都赋予一个零宽度

(第 6 章) 选项具有一个非常详尽的粒子表，简洁计我们没有在此给出。它们在选择 "MSSM" 超对称模型时出现。

"Lagrangian" 选项显示了 COMPHEP 中用来计算所有反应矩阵元的明确拉氏量。你可以在首页菜单中通过改变迄今已讨论过的那些表格来定义你自己的模型。

然后出现的是菜单任务 "Enter process"。对于本范例，我们选择研究在 100 GeV 质心能量下 b 夸克对的胶子–胶子产生。图 B.3 中显示了对话屏幕。

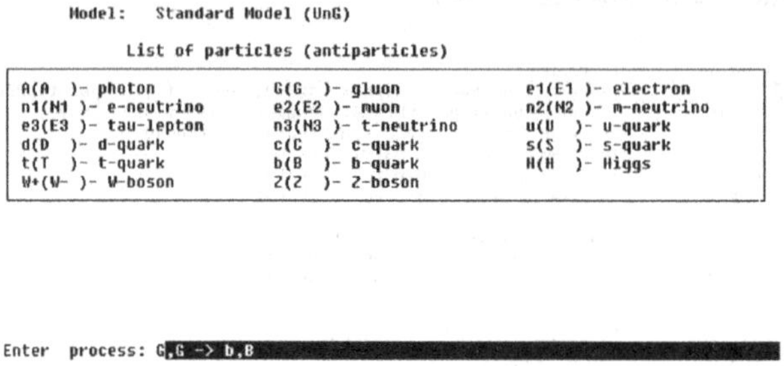

```
Model:   Standard Model (UnG)

               List of particles (antiparticles)

A(A  )- photon        G(G  )- gluon        e1(E1 )- electron
n1(N1 )- e-neutrino   e2(E2 )- muon        n2(N2 )- m-neutrino
e3(E3 )- tau-lepton   n3(N3 )- t-neutrino  u(U  )- u-quark
d(D  )- d-quark       c(C  )- c-quark      s(S  )- s-quark
t(T  )- t-quark       b(B  )- b-quark      H(H  )- Higgs
W+(W- )- W-boson      Z(Z  )- Z-boson
```

Enter process: G,G -> b,B

图 B.3 b 夸克对的胶子–胶子产生的用户键入过程截屏。请注意给出的表格中带有粒子的符号以方便使用。100 GeV 的质心能量会在稍后设置。还有一个选项用于从所有费恩曼图中排除一组标准模型粒子。本例未作任何排除

下一页菜单有一个 "View diagrams"(图形显示) 子任务。范例结果如图 B.4 所示。其中显示的是用户指定过程的所有标准模型费恩曼图集合。该菜单中有一些选项可用于删除任何一组已生成的费恩曼图。不过必须记住，COMPHEP 详尽计算出量子力学上正确地由这些图表示的振幅之和的复平方来获得反应振幅的平方。因此，假如排除任何一个部分，那么截面的结果就可能不是正的。如果后面得到一个负的截面，那么应该确保没有无意中排除一些图。

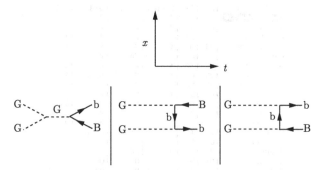

图 B.4 b 夸克对的胶子–胶子产生过程的费恩曼图。按照惯例，时间方向从左至右，空间方向从下至上。这三个图表示胶子–胶子湮灭和 b 夸克交换

对这些图感到满意之后，就可调用与费恩曼图有关的各矩阵元进行平方的 "Squaring" 菜单。然后调用 "Symbolic calculations"(符号计算) 菜单, 此菜单进行适用于非极化截面的自旋求和及平均。我们会将 COMPHEP 作为一个独立程序包使用, 因此不写出任何供其他蒙特卡罗程序包使用的中间结果, 目标是要让读者迅速学会进行一组自足的计算以阐明本书的主题。所以只调用 "Numerical Interpreter"(数值解释器) 菜单。

在部分子层面计算截面, 要在下一页菜单中调用 "Vegas"[1]。这意味着为了获得截面要对矩阵元和问题中的物理量的相空间权重进行蒙特卡罗计算。对于那些简单的情况, 建议的 5 次迭代和 10 000 次蒙特卡罗实验会快速完成。其他情况下, 用户可以恰当地选取实验次数和迭代次数。显示的每自由度的 χ^2 值较小就说明程序收敛。

首先设定分布。在本例中, 我们选择散射角, 即入射胶子与出射 b 夸克之间的夹角。在给定的质心能量, 两体散射只有一个自由变量, 我们选择的是散射角。图 B.5 中显示了可用的运动学变量清单, 可以显示它们的分布并对它们进行截断。考虑到可以指定由数个粒子构成的一个集合, 因此也就可以执行许多不同的截断。粒子按顺序标注。在本例中, 正如在后文中将会看到的, 入射胶子是 1 和 2, 而出射粒子是 3 和 4。你可以在运行过程中通过检验 "子过程" 来检查编号。

```
     This table  applies cuts on the phase space. A phase space function
is described in the first column. Its limits are defined and the second
and the third columns. If one of these fields is empty then a one-side
cut is applied.
     The phase space function is defined by a key character and a particle
set following this character without separators. For example, "C13"
means cosine of angle between the first and the third particles.
     The following key characters are available:
     A  - Angle  in degree units;
     C  - Cosine of angle;
     J  - Jet cone angle;
     E  - Energy of the particle set;
     M  - Mass of the particle set;
     P  - Cosine in the rest frame of pair;
     T  - Transverse momentum P_t  of the particle set;
     S  - Squared mass of the particle set;
     Y  - Rapidity of particle.
     U  - user implemented function.
See manual for details.

     If you use C-version of this program,  you can define the parameter
limits by an algebraic formula, which contains numbers and identifiers
enumerated in the "Model parameters" menu. Parentheses "()" and
operation "+,-,/,*,**,sqrt()" are also permitted.
      For the  Fortran realization  only numbers are permitted into these
fields. To define ranges  of 'S'-type variable the user must input
GeV units value V which will be transformed to V*abs(V).
```

图 B.5 COMPHEP 中的可用变量, 可以对它们进行截断, 也可以显示它们的分布。选项包括用户指定的一组粒子的角度、能量、质量、横动量或快度

范例中的 χ^2 值为 0.66, 这表明收敛性良好。对所有角度积分所得的截面是 2.65 nb, 截面有较小的显示误差。角分布如图 B.6 所示, 这是通过调用 "Display

---

[1] "Vegas" 是一种蒙特卡罗计算程序。——译者注

Distributions"(显示分布) 任务并依次通过设定直方图组距数目菜单、"linear/log" 选项和其他菜单项而生成的。COMPHEP 中的图形窗口非常简单明了,因此留给读者去探索所有选项。

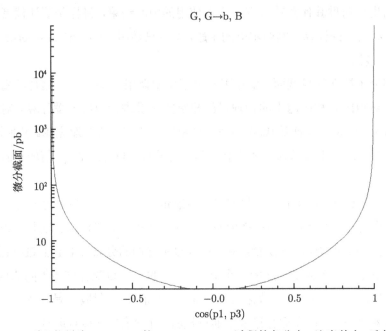

图 B.6 质心能量为 100 GeV 的 $g + g \to b + b$ 过程的角分布。注意前向–后向的对称性,这是由于初始态是由两个全同粒子构成的。COMPHEP 的截面单位是 pb,能量/质量单位是 GeV

现在考虑质子–(反) 质子对撞机的物理学,因此需要指定如何将初始态定义得稍好一些。目前是在 "Vegas" 菜单中,因此点 "Esc" 键,并进入 "IN state" 菜单。一般而言,使用 "Escape" 键来返回菜单树。在这页菜单中,选择 14 TeV 质子对质子碰撞。对话框如图 B.7 所示。

(sub)process:G, G→b, B

Monte Carlo session:

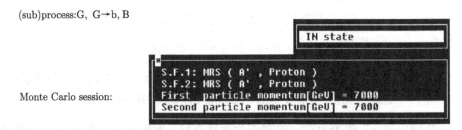

图 B.7 在 "IN state" 对话菜单中选择质子。对于参数化分布函数有两个选项,每个选项又可选择两个拟合函数。本书中所有计算都选择 MRS A 数据拟合,不过读者可以尝试另一个,即 CTEQ 拟合,以确信结果对分布函数的选择不敏感

设置好质心能量为 14 TeV 的质子 – 质子碰撞，回到 “Vegas” 并用 10 000 次实验的 5 次迭代计算截面。χ^2 值相当大，截面也比我们曾求得的部分子截面要大得多。问题在于，当散射角接近于 0° 时，散射振幅会有一个奇点。这是卢瑟福散射的一般特征。可以通过在开始 “Vegas” 积分之前设置截断来避免这一奇点。图 B.8 中解释了可能的截断。

(sub)process: G, G→b, B
Monte Carlo session:
Subprocess
IN state
Model parameters
QCD scale
Breit-Wigner
Cuts
Kinematics
Regularization
Vegas
Simpson

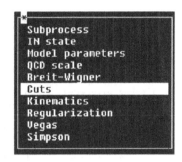

图 B.8 在进行相空间积分之前设置矩阵元截断的菜单

在这一特例中所选择的这些截断是两个 b 夸克的横动量都大于 5 GeV 的情况。这些截断排除了那些任意小的散射角，因为 0° 就意味着零横动量。图 B.9 中显示了 “运动学” 输出，而图 B.10 中则显示了由用户输入而设定的截断表。

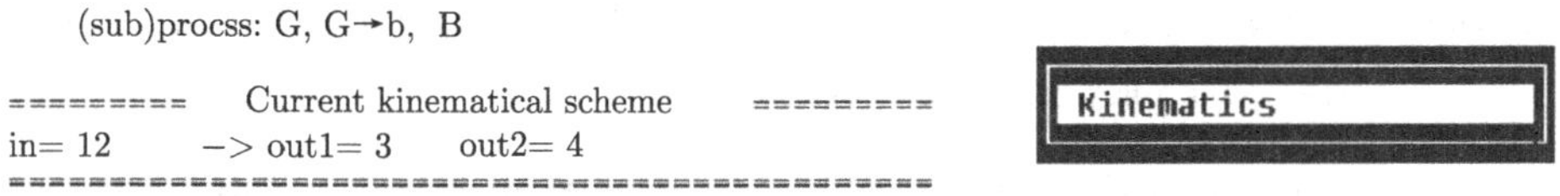

(sub)procss: G, G→b, B
========= Current kinematical scheme =========
in= 12 –> out1= 3 out2= 4
Kinematics

图 B.9 本范例中的粒子运动学标签。粒子由初始态粒子开始按顺序编号

(sub)process: G, G→b, B
Cuts 2
Clr-Rest-Del-New-Size
Parameter |> Min bound <|> Max bound <
t3 |5.0 |14000.
t4 |5.0 |14000.
Cuts

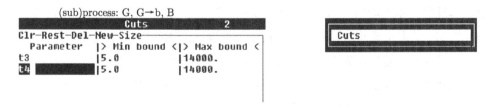

图 B.10 本工作范例中用户定义的截断。两个 b 夸克横动量都必须大于 5 GeV。定义截断是输入行的逻辑 “和”

截断后的 “Vegas” 输出如图 B.11 所示，χ^2 值仍然非常大，这说明需要更好地选择截断，才能得到良好行为的解。读者应注意到，COMPHEP 的使用并不仅仅是

接通一个“黑盒子”等着结果出现。同生活中的大多数事情一样，这里也需要品味和判断。正如在第 4 章和第 5 章中看到的，b 夸克在 LHC 中的截面确实相当大。

(sub)process: G, G → b, B

Vegas

Start integration
Itmx = 5
nCall = 10000
Clear statistic

Set Distributions
Display Distributions

#IT	Cross section [pb]	Error %	nCall	chi**2
1	1.6171E+007	9.95E+001	9826	
2	3.4433E+007	7.60E+001	9826	
3	4.6575E+007	3.47E+001	9826	
4	6.9380E+007	1.78E+001	9826	
5	7.6600E+007	2.94E+000	9826	
< >	7.4454E+007	2.91E+000	49130	4.88
1	7.9702E+007	1.12E+000	9826	
2	7.7916E+007	7.40E-001	9826	
3	7.8326E+007	6.60E-001	9826	
4	7.8620E+007	6.62E-001	9826	
5	7.8620E+007	8.10E-001	9826	
< >	7.8430E+007	3.36E-001	98260	2.89
1	8.6862E+007	9.76E+000	9826	
2	8.1023E+007	2.78E+000	9826	
3	7.8903E+007	9.94E-001	9826	
4	7.8537E+007	1.08E+000	9826	
5	7.9802E+007	7.74E-001	9826	
< >	7.8684E+007	2.82E-001	147390	2.31
1	7.9080E+007	6.13E-001	9826	
2	7.8677E+007	5.86E-001	9826	
3	7.9922E+007	6.47E-001	9826	
4	7.9167E+007	2.10E+000	9826	
5	7.9172E+007	8.29E-001	9826	
< >	7.8897E+007	2.12E-001	196520	1.99

图 B.11 b 夸克对的质子–质子反应的“Vegas”对话框，b 夸克横动量作了截断。注意约 10 mb 的较大截面以及较大的 χ^2 值

图 B.12 显示了当质子–质子对的每个 b 夸克都具有大于 5 GeV 的横动量时，LHC 的 14 TeV 质子–质子碰撞中的 b 夸克角分布。请注意典型的卢瑟福散射的前向和后向的散射峰。这个特征从胶子–胶子这一子过程一直持续到质子–质子整体过程。同时也请注意，接近 90° 散射的截面为 100 GeV 能量质子–质子比率的 10^5 倍。这表明截面的大部分是来自子能量远低于 100 GeV 的胶子散射，这是由于胶子截面对能量，以及胶子结构函数对 x 的强烈依赖。

到此这个范例就完成了。我们鼓励读者去尝试自己的一种或多种选择。对于那些没有自由变量的过程，你可以找到参数变化和相关图形。在“Vegas”的“Simpson”菜单中可以学习基本粒子的子过程。菜单“Model patameters”也允许改变模型的各部分，如可以更改希格斯粒子质量。还有一些有用的选项可供研究衰变。通过调用“x”，或者“单举”(inclusive) 粒子，就可以求出分支比。例如，输入 $H \to 2*x$ 过程，就会给出 COMPHEP 模型中允许的所有两体希格斯粒子衰变的衰变率。

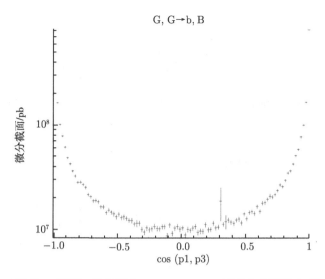

图 B.12 LHC pp 散射，显示了在 p + p → b + b̄ 过程中出射的 b 夸克的角分布

结果也可以写成.txt 文件格式，这些文件随后可以输入其他程序，并将结果画成图。事实上，本书主体部分显示的许多图就是这么画的。例如，H → b + b̄ 过程中没有自由变量，而 COMPHEP 允许改变好几个参数。用户提供变化的希格斯粒子质量输入如图 B.13 所示。得到的 b 夸克对衰变宽度与希格斯粒子质量之间的函数关系图出现在第 5 章中。

process: H→2*x (5 subprocesses)

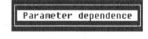

Total width :	0.004871 GeV		
Modes and fractions :		e2 E2 –	0.02%
e3 E3 –	4.34%	c C –	8.33%

min= 130
max= 200
Number of points= 51
s S – 0.17%
b B – 87.15%

图 B.13 在 H → b, B 例子中 "Numerical Interpreter" 的选项。结果得到一幅 COM-PHEP 图，其中画出了衰变成 b 夸克对的衰变宽度与希格斯粒子质量之间的函数关系

参考文献列出了用户手册，这是一份完备的文档。图 B.14 和图 B.15 是取自该文档中的两个图。它们显示了在一次 COMPHEP 运行过程中，在符号阶段和数值阶段菜单的一般流程。

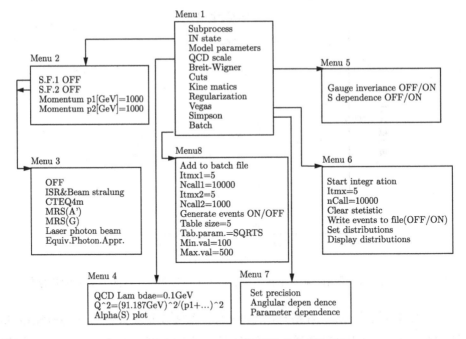

图 B.14　COMPHEP 符号阶段的菜单条目

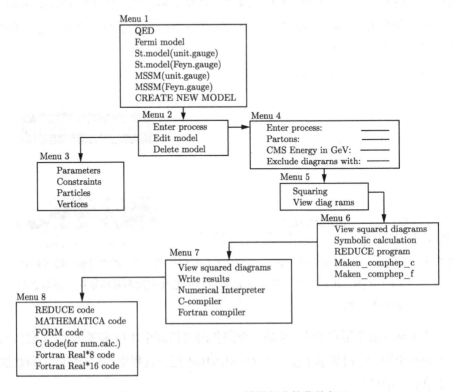

图 B.15　COMPHEP 符号部分的菜单条目

　　如果没有在一定程度上熟悉 COMPHEP 或与此相当的程序包，是很难完全领会到正文介绍的材料的。我们强烈鼓励读者通过精通此程序而领会本书。一些 "零敲碎打" 对于获取 COMPHEP 程序能力和限制的感觉是很有助益的。

拓 展 阅 读

Kovalenko, A. D. and A. Pukhov, Nucl. Inst. Meth. Phys. Res. **A 389** (1997).

Pukhov, A., E. Boos, M. Dubinin, V. Edneral, V. Savrin, S. Schichanin, and P. Semenov, Archive for COMPHEP User's Manual, xxx.lanl.gov/format/hep-ph/9908288.

Pukhov, A., E. Boos, M. Dubinin, V. Edneral, V. Savrin, S. Schichanin, and P. Semenov, User's Manual, COMPHEP V 33, Preprint INP-MSU 98-41/542.

附录C

运 动 学

万物皆运动之能量。[①]

—— 普·维拉亚·汗[②]

自然中，万物狂猛趋就其位，而安静处之。[③]

—— 弗朗西斯·培根[④]

本附录采用 $c = 1$ 单位制。一个单粒子的运动学由其动量矢量 $\boldsymbol{P}$ 和静质量 m 定义。相对论动量矢量有四个分量，$P_\mu = (E, \boldsymbol{P})$，其中 E 是粒子的能量。$\boldsymbol{P}$、E 以及 m 之间的关系由相对 c 的速度定义，$\beta = v/c$，$\gamma = 1/\sqrt{1 - \beta^2}$。关系式 $E = \gamma m$，$P = \beta \gamma m$，$E^2 = P^2 + m^2$，$P/E = \beta$，可以视为一个带有两边 m 和 P 的直角三角形，斜边为 E，或者两边及斜边分别为 1、$\beta \gamma$ 和 γ，如图 C.1 所示。

现在转向单粒子相空间。对于单粒子非相对论性相空间式 (C.1)，从经典麦克斯韦–玻尔兹曼统计而言是熟悉的。它规定所有笛卡儿动量分量是等概率的。粒子动量的大小是 P。平行于束流的动量分量记为 $P_\parallel$，而垂直分量定义为 P_T。立体角元是 $\mathrm{d}\Omega$，方位角是 ϕ，

$$\mathrm{d}\boldsymbol{P} = \mathrm{d}P_x \mathrm{d}P_y \mathrm{d}P_z = P^2 \mathrm{d}P \mathrm{d}\Omega = \mathrm{d}P_\parallel P_T \mathrm{d}P_T \mathrm{d}\phi. \tag{C.1}$$

经典单粒子相空间的相对论推广在式 (C.2) 中给出，其中 y 是运动学变量，称

[①] 原文: "*Everything is energy in motion.*" —— 译者注

[②] 似应为 "Pir Vilayat Inayat Khan" (1916—2004 年)。—— 译者注

[③] 原文: "*In Nature things move violently to their place and calmly in their place.*" 本句引自弗朗西斯·培根的《论高位》(*Of Great Place*)。—— 译者注

[④] Francis Bacon (1561—1626 年)，英国科学家、散文作家、哲学家、政治家。—— 译者注

为快度。单粒子相空间就是带约束的四维动量体积，约束是粒子具有被尖锐成峰的狄拉克 δ 函数所设置的给定质量。快度是径向速度的相对论类比。粒子能量是 E，这样当 $E \to m$，$\mathrm{d}y \to \mathrm{d}v_\parallel$，在此极限下式 (C.1) 得到恢复。

$$
\begin{cases}
\mathrm{d}^4 P \delta(E^2 - P^2 - m^2) = \mathrm{d}\boldsymbol{P}/E = P_{\mathrm{T}} \mathrm{d}P_{\mathrm{T}} \mathrm{d}\phi \mathrm{d}y, \\
\mathrm{d}y = \mathrm{d}P_\parallel / E.
\end{cases} \tag{C.2}
$$

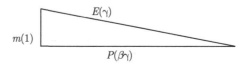

图 C.1 静止质量 m、动量 $\boldsymbol{P}$ 以及能量 E 之间的关系

如果横动量被动力学所限制，对于非弹性碰撞中产生的任意粒子，预期一个关于 y 的均匀分布，如果产生的粒子携带走的动量不大的话。一般来说，将看到几乎所有产生的粒子都是关于快度均匀分布的，至少在相对于束流的大角度 (小快度) 上。

我们断言快度在洛仑兹变换下可加。这样，快度就是速度的相对论推广。又注意到单粒子相空间对于小的 y 在 (y, ϕ) 区域均匀分布。如果粒子质量相对于横动量较小，上述定义的快度可以由第 2 章定义的赝快度变量近似。因此，第 2 章所示探测器有意地划分为等单粒子相空间的 "像素"。这一事实也是第 2 章以及后面的正文各个图中使用 (η, ϕ) 坐标的迟来的说明。

可以将式 (C.2) 中的表达式积分，$\mathrm{d}y = \mathrm{d}P_\parallel / \sqrt{P_\parallel^2 + P_{\mathrm{T}}^2 + m^2}$，以发现能量和快度的关系。

$$
\begin{cases}
E = m_{\mathrm{T}} \cosh y, \\
m_{\mathrm{T}}^2 = m^2 + P_{\mathrm{T}}^2.
\end{cases} \tag{C.3}
$$

也可以利用 E、$\boldsymbol{P}$ 和 m 的关系来导出这一公式。这一等式是 $E^2 - P_\parallel^2 = P_{\mathrm{T}}^2 + m^2 \equiv m_{\mathrm{T}}^2$。比较双曲等式，$\cosh^2 y - \sinh^2 y = 1$，可以容易地确定式 (C.3)，以及 $\sinh y = P_\parallel / m_{\mathrm{T}}$，$\tanh y = P_\parallel / E$。

因此，对于无质量单粒子，或者质量远小于横动量的粒子，$m_{\mathrm{T}} \sim P_{\mathrm{T}}$，$P_{\mathrm{T}} = E \sin\theta$：

$$
\begin{cases}
\cosh y = 1/\sin\theta, \\
\sinh y = 1/\tan\theta, \\
\tanh y = \cos\theta.
\end{cases} \tag{C.4}
$$

在这个特殊极限情形，可以找到极角和快度的简单关系。利用式 (C.4) 易见，

$$e^{-y} = \tan(\theta/2). \tag{C.5}$$

因此，在这一极限下使用快度 y 和赝快度 η 的等式是合理的。

现在从单粒子运动学转入两粒子系统。我们详细说明界定初始态的质子和 (反) 质子中的两个部分子情形。进一步假定使用的参考系是质子-(反) 质子质心系。如图 C.2 可见，部分子分别具有径向动量 $p_1 = x_1 P$ 和 $p_2 = x_2 P$，其中 P 是质子-质子质心系中的质子动量。x 是"部分子"或存在于质子内的类点组分所携带的质子动量的比例。

图 C.2 在 pp 质心系中始于 pp 碰撞的部分子-部分子散射初始态的示意表示

初始态的质量 M，以及动量分数 x，可从相对论能量动量守恒得到。四维动量 $P_\mu = (E, \boldsymbol{P})$，具有不变 $P_\mu \cdot P^\mu = M^2$ 的"长度"。简而言之，单粒子关系可移植到粒子系统。例如，在质心系质子-质子初始态，$(P_1 + P_2)_\mu = (E_1 + E_2, \boldsymbol{0}) \sim (2P, \boldsymbol{0})$，质心能量的平方 s 是 $s = (P_1 + P_2)_\mu \cdot (P_1 + P_2)^\mu = (E_1 + E_2)^2 \sim 4P^2$。假定部分子无质量且无横动量，两个部分子系统的质量 M 则为

$$\begin{cases} M^2 = (P_1 + P_2)_\mu \cdot (P_1 + P_2)^\mu \sim (E_1 + E_2)^2 - (\boldsymbol{P}_1 + \boldsymbol{P}_2)^2 \\ \quad \sim P^2[(x_1 + x_2)^2 - (x_1 - x_2)^2], \\ x = P_{\parallel}/P \sim 2P_{\parallel}/\sqrt{s}. \end{cases} \tag{C.6}$$

进一步运算可以借助 x_1 和 x_2 表示初始态的 M 和 x，$x_1 x_2 = M^2/s = \tau$，$x_1 - x_2 = x$。对于质子-质子质心能量 $\sqrt{s}$，产生一个质量为 M 的态的部分子，当 $x_1 = x_2$ 或 $\langle x \rangle = \sqrt{\tau}$ 时，其动量分数出现一个典型值 $\langle x \rangle$。例如，当部分子动量分数 $\langle x \rangle \sim M/\sqrt{s} = 350/1800 \sim 0.2$ 时，Tevatron 顶夸克对被产生并静止于质心系中，$M \sim 2m_{\rm t} \sim 350\,{\rm GeV}$。

既已产生初始态，我们假定它"衰变"到两体末态。反应示意地表示为 $1+2 \to 3+4$。在一个两体"衰变"中，每一个无质量末态部分子的横动量是衰变态质量和衰变角的函数，$P_{\rm T3} = P_{\rm T4} = E_{\rm T} = (M/2)\sin\theta$。

测量到的两个部分子运动学量 y_3、y_4 以及 $E_{\rm T}$ 允许解出变量 x、M 和 $\hat\theta$。利用上面得到的结果，可以将 M、x 和 x_1、x_2 定义的初始态相联系，这样就完全刻画了两体过程的运动学。这些关系源自能量动量守恒以及上面定义的快度。例如，利用 $E_{\rm T} = M_{\rm T}\cosh y$，$P_{\parallel} = M_{\rm T}\sinh y$，质量可以借助测量到的末态变量表达：

$$M^2 = 2E_\mathrm{T}^2[\cosh(y_3 - y_4) - \cos(\phi_3 - \phi_4)]. \tag{C.7}$$

对于 "背靠背" 的情形，极限是 $M^2 \to 2E_\mathrm{T}^2[\cosh(y_3 - y_4) + 1]$。如果 $y_3 = y_4$，$M \to 2E_\mathrm{T}$，或者 $\hat{\theta} = 90°$。

图 C.3 显示了两体末态的一些运动学定义。注意到两体初始态一般不是部分子–部分子动量中心系，尽管平均而言它是的。因此，复合态 x 和 M 在整体的质子–(反) 质子质心系运动。这样在质子–(反) 质子参考系中，两体末态不是在极角上背靠背分布，和在末态质心系的情形一样。

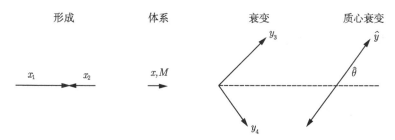

图 C.3 两体部分子散射的图示。质子和 (反) 质子中包含初始态部分子。它们形成了一个以动量比 x、快度 y 运动的质量 M 的中间态。这一态随后 "衰变" 到两体末态，在 pp 质心系中具有测到的横动量 E_T、快度 y_3 和 y_4

简略而言，在部分子–部分子质心参考系，$\hat{y}_3 = \hat{y}$，$\hat{y}_4 = -\hat{y}$，并且由于快度在洛伦兹变换下是可加的，在部分子–部分子质心系，$y_3 = y + \hat{y}$，$y_4 = y - \hat{y}$，其中 y 是质子 – 质子质心系中的两体态的快度。于是可将系统快度 y 和部分子 – 部分子质心系喷注快度 $\hat{y}$ 用 y_3、y_4 表示，$y = (y_3 + y_4)/2$，$\hat{y} = (y_3 - y_4)/2$。

在衰变当中，能量动量守恒要求每个无质量部分子携带系统质量 M 一半的能量/动量，并且横动量是 $p_\mathrm{T} = E_\mathrm{T} = (M/2)\sin\hat{\theta}$。也可以借助 $\hat{y}$ 得到部分子–部分子质心系散射角，$\tanh\hat{y} = \cos\hat{\theta}$(式 (C.4))。这样和实验测量的部分子横能 E_T，以及利用 y_3、y_4 表示的 $\hat{y}$，可以解出 M 和 $\hat{\theta}$。例如，$M = 2E_\mathrm{T}/\sin\hat{\theta} = 2E_\mathrm{T}/\cosh\hat{y}$。最后 y 和 M 给出 x 和 M，可以通过 $y = P_\parallel/m_\mathrm{T} = xP/M$，$x = (2M/\sqrt{s})\sinh y = M/\sqrt{s}[\mathrm{e}^y - \mathrm{e}^{-y}] = x_1 - x_2$ 以解出初始态部分子动量 x_1 和 x_2，

$$\begin{cases} x_1 = [M/\sqrt{s}]\mathrm{e}^y, \\ x_2 = [M/\sqrt{s}]\mathrm{e}^{-y}. \end{cases} \tag{C.8}$$

于是从两体末态的测量能够推断初始态部分子的 x 值，并测量散射角。

附录D

跑 动 耦 合

万物皆变，无不变之存在。[①]

—— 佛陀

你可以跑却无处藏身。[②]

—— 佚名

在量子场论中三种标准模型作用的耦合 "常数" 明显被置于协变导数里，而进入基本的拉氏量 (附录 A)。这些耦合取一些 "有效的" 数值，它们是所考察的质量标度的函数。这一效应归因于高阶图引起的量子修正。

这一效应首先在量子电动力学 (QED) 中导出，人们发现在小距离上观察时，电子电荷增加了。借助物理术语来理解，它归因于真空中虚的正负电子对的存在，以及电荷发射与再吸收的虚光子的虚衰变。这些虚的电荷对引起了电荷屏蔽 (screening)。在可极化的电介质中，一个诱导出的偶极矩降低了外场，有效地降低了电荷平方除以介电常数 ε。因此这一效应被称为 "真空极化" (vacuum polarization)。

电子–正电子圈图如图 D.1 示意的表示。

在电子的康普顿波长所设定的距离标度 $\lambda_e \sim \hbar/m_e \sim 400$ fm，电子电荷被虚的 γ 到 $e^+ + e^-$ 对的涨落所屏蔽。这样随着质量尺度减小，α 增大了，而随着质量增加电磁作用缓慢增强。观念上看，"裸" 的电荷被电子对所包围。虚电子对的一方被相反荷电的主电荷吸引，使得真空极化。因此一个给定距离的观察者将发现电荷减少了，或者说被 "屏蔽" 了，是随距离减少的量。

我们断言一阶微扰论下 "重正化" 的电荷 $e_R(Q^2)$ 由式 (D.1) 给出，其中 m 是

[①] 原文: *"Everything changes, nothing remains without change."* —— 译者注

[②] 原文: *"You can run but you can't hide."* —— 译者注

电子质量，Q 是电荷被测量处的质量标度。

$$e_{\mathrm{R}}^2(Q^2) \sim e^2[1 + \alpha/12\pi \ln(Q^2/m^2)]. \tag{D.1}$$

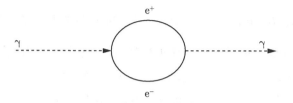

图 D.1 一个光子虚衰变为电子–正电子对，随后湮灭为原来的光子

在精细结构常数里这个效应是一阶的，并且对数地依赖于观测 Q 的质量标度。现在在数学细节上稍深入一些，看看是否能够理解这一依赖性。一个重源，即发射一个光子后无反作用的电荷，这种简单情况的示意如图 D.2 所示。光子虚衰变为一个费米子对，费米子对先于和外部费米子相互作用而湮灭为原来的光子。

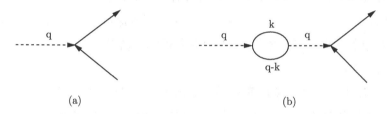

图 D.2 一个光子虚衰变为一个电子 – 正电子对，该对随后湮灭为原来的光子。光子重源的运动学定义 (a) 与一个质量为 m 的费米子相互作用的最低阶；(b) 与一个虚电子–正电子圈相互作用的次最高阶 (next hightest)

到最低阶，电荷 e 是出现在拉氏量中的 "裸" 电荷，传播子是库仑作用势 $V(r)$ 的傅里叶变换。在玻恩近似下我们取初始态 $|i\rangle$ 和末态 $|f\rangle$ 为自由粒子平面波态，这导致振幅 A：$A \sim \langle f|V(r)|i\rangle \sim \int \mathrm{e}^{i\boldsymbol{k}_f \cdot \boldsymbol{r}} V(r) \mathrm{e}^{-i\boldsymbol{k}_i \cdot \boldsymbol{r}} \mathrm{d}\boldsymbol{r} \sim \int \mathrm{e}^{i\boldsymbol{q} \cdot \boldsymbol{r}} V(r) \mathrm{d}\boldsymbol{r} = V(\boldsymbol{q})$。动量转移 q 是：$q^2 = |\boldsymbol{q}|^2$，$\boldsymbol{q} = \boldsymbol{k}_f - \boldsymbol{k}_i$。在电磁学情况下，$V(r) \sim \alpha/r$，$V(q) \sim \alpha/q^2$。于是最低阶反应的幅度是 $A_0 \sim \alpha/q^2$ (卢瑟福振幅)。

圈积分在式 (D.2) 中给出，通过检查图 D.2 可大致读取它。γ 因子是狄拉克矩阵，归因于作用顶角的矢量性质 (附录 A)，"斜线" 记号定义为 $\not{a} = a_\mu \gamma^\mu$。但是，粗略的理解这些论证并不需要狄拉克矩阵的知识。

显示于图 D.2(b) 中更高阶过程的存在导致振幅的改变是

$$\delta A \sim \alpha^2 \int \mathrm{d}k^4 (1/q^2)[1/(\not{k} + m)][1/((\not{q} - \not{k}) + m)](1/q^2). \tag{D.2}$$

其中有两个光子传播子、两个额外的顶角，以及两个虚费米子传播子。方括号中的两项代表圈中粒子的两个费米子传播子，$1/(k\!\!\!/ + m) = (k\!\!\!/ + m)/(k^2 - m^2)$，所有的圈动量 k 都将被积掉。完成这个积分，发现它是发散的。发散是由于行为不佳的项，$\delta A \sim \int \mathrm{d}^4 k (m/k^2)(m/k^2) \sim \int k^3 \mathrm{d}k/k^4 \sim \ln k$。这就是对数发散的来源。

但是，通过在圈动量附加一个截断参数 Λ，仍然能够提取关于质量标度的振幅 A 的行为。然后可定义一个 "重正化的" 或有效耦合常数 α_R，这样总的振幅 $A \sim A_0 + \delta A$，在给定动量转移时和最低阶振幅具有相同的形式，$A \equiv \alpha_R(q^2)/q^2$，其中 $\alpha_R(q^2) = \alpha_R(m^2)[1 + \alpha_R(m^2)/12\pi \ln(-q^2/m^2)]$。与式 (D.1) 比较，可以看出已重新得到质量标度 $Q^2 = -q^2$ 下电荷行为的最低阶表达。

$$\begin{cases} A \sim \alpha/q^2 \{1 - \alpha/12\pi[\ln(\Lambda^2/m^2) + \ln(-q^2/m^2)]\}, \\ A \sim \alpha_R(m^2)/q^2 [1 + \alpha_R(m^2)/12\pi \ln(-q^2/m^2)]. \end{cases} \tag{D.3}$$

这似乎是可行的：当微扰论所有阶计算都完成时，重正化的耦合常数仍然是可计算的 $(1/(1-x) = 1 + x + x^2 + x^3 + \cdots)$，并且保留了对反应进行处质量或动量转移标度的同样的对数依赖，如同在最低阶，$\alpha_R(Q^2) = \alpha_R(m^2)[1 - (\alpha_R(m^2)/12\pi) \ln(Q^2/m^2)]$。

如同在式 (D.4) 中引证的，审视精细结构常数的倒数如何 "演化" 是最自然不过的事了。在被观测的标度点 Q, m 的重正化精细结构常数，其倒数之差对数依赖于质量平方的比值：

$$1/\alpha_R(Q^2) = 1/\alpha_R(m^2) - 1/12\pi \ln(Q^2/m^2). \tag{D.4}$$

对于电磁相互作用，可以将电荷移至很远处作为对 α 的一种操作性定义方式。照惯例，精细结构常数在大距离，或小质量处定义为 $\alpha = \alpha(0) \sim 1/137$。实验上，在 Z 玻色子质量尺度，$\alpha(M_\mathrm{Z}) = 1/129$。耦合唯一变强的地方是在巨大的能标 $\Lambda_\mathrm{QED} = me^{(6\pi/\alpha)}$，那里 $1/\alpha(\Lambda_\mathrm{QED}^2) = 0$(第 6 章关于大统一标度)。这样，"跑动" 耦合常数方案可以用于所有有实际兴趣的质量标度。

QCD 存在类似效应，但是更为复杂：光子不带电而胶子间存在相互作用。胶子自耦合导致强耦合的强度实际上随着质量增加而降低，与电磁荷的行为相反。带色荷胶子的反屏蔽效应克服了带色荷夸克的屏蔽效应。正如在图 A.1 所看到的，带色胶子的虚发射将移除 "源" 夸克附近的色荷，导致色荷的反屏蔽效应。QCD 的 "跑动" 耦合常数意味着当 $Q^2 \to \infty$, $\alpha_s(Q^2) \to 0$。

$$1/\alpha_s(Q^2) = 1/\alpha_s(m^2) + [(33 - 2n_\mathrm{f})/12\pi] \ln(Q^2/m^2). \tag{D.5}$$

式中，n_f 是 "有效的"，或问题的质量标度 Q 处的量子圈阈值以上的，费米子代的数目。费米子项是负的 (屏蔽)，大小来自熟知的 QED(式 (D.4))。胶子以正的因子 33 出现意味着它们反屏蔽色荷。很明显胶子效应占主导，并且最终效应是反屏蔽的。

这对夸克有深刻的意义。随着距离的增加，力变得更强，最终引起夸克永久禁闭在其本身无色的强子，如质子内部。反之，在大的质量标度强相互作用变弱。确实，这是我们关注大横动量的原因。在相空间的这一区域，强相互作用是简单并且可微扰计算的。

对于强相互作用，由于在大距离 (低能) 耦合很强，无法分隔这些荷。然而利用式 (D.5) 定义一个强相互作用变强的能标 Λ_{QCD}，$\alpha_s(\Lambda_{\mathrm{QCD}}^2) \sim \infty$，$1/\alpha_s(\Lambda_{\mathrm{QCD}}^2) = 0$，$\Lambda_{\mathrm{QCD}} \sim 0.2$ GeV。强耦合被观测到是跑动的 (第 4 章) 并按惯例定义在 Z 质量处，$\alpha_s(M_Z^2) \sim 0.13$。这样强相互作用精细结构常数对于大于 0.2 GeV 的质量标度有很好的定义。

$$\alpha_s(Q^2) = 12\pi/[(33 - 2n_{\mathrm{f}}) \ln(Q^2/\Lambda_{\mathrm{QCD}}^2)]. \tag{D.6}$$

弱相互作用的情形是类似的。弱玻色子自身是弱电荷的携带者，并且它们是反屏蔽的。费米子是屏蔽的，但是净效应再一次是反屏蔽的。结果是

$$1/\alpha_{\mathrm{W}}(Q^2) = 1/\alpha_{\mathrm{W}}(m^2) + [(22 - 2n_{\mathrm{f}} - 1/2)/12\pi] \ln(Q^2/m^2). \tag{D.7}$$

因子 22 来自弱 "带荷" 的 W 和 Z 的反屏蔽，而费米子项现在是熟知的。新的项 $-1/2$ 来自电弱圈图中希格斯玻色子的存在。

第 6 章使用了这三个耦合常数，连带其超对称推广。此外，第 4 章引证了由于量子圈图导致的 W 和 Z 质量的演化、强耦合的跑动，以及第 5 章希格斯玻色子质量随着质量标度的演化。很明显，出现在拉氏量中的常数的 "跑动" 是量子场论的一个基本效应。它现今也已成为高能物理精确测量的一部分，并且是间接探测极高质量标度的手段。

在大统一理论中的一个例子是质量随标度的跑动。一个态的质量可以由传播子的行为定义。例如，一个有质量的玻色子的传播子为 $1/(q^2 + M^2)$。但是，传播子被量子圈所修正从而质量自身跑动。假定在大统一标度 τ 轻子和 b 夸克质量相等的 SU(5) 关系成立，演进到更低标度 Q 的质量比是

$$[m_{\mathrm{b}}(Q)/m_{\tau}(Q)] = [\alpha_3(Q)/\alpha_{\mathrm{GUT}}]^{1/(4\pi^2 b_3)}[\alpha_1(Q)/\alpha_{\mathrm{GUT}}]^{-1/(16\pi^2 b_1)}. \tag{D.8}$$

b_1 和 b_3 项在 6.4 节中已定义过。

这一关系相当好地预言了近似吉电子伏质量尺度下观测到的质量比。我们鼓励读者画出式 (D.8)，并检查质量的跑动行为。注意到弱相互作用对式 (D.8) 并无贡献，因为狄拉克质量项，或自能费恩曼图，连接左手和右手狄拉克旋量，而从构造上，弱相互作用仅涉及左手旋量。同时注意，在吉电子伏质量尺度 SU(5) 预言夸克比荷电轻子更重的一般原因是夸克具有强相互作用，它在小质量尺度是很强的。